항공정비관리

Aviation Maintenance Management

김천용 · 최세종 공저

머리말

오늘날 과학 기술의 급격한 발전으로 항공기 설계 및 제작 기술이 더욱 첨단화됨에 따라 항공 정비사들은 신세대 항공기를 정비하기 위하여 새로이 개발된 첨단의 장비와 복잡한 절차를 사용하여 항공기 정비를 수행하고 있다. 이러한 흐름을 반영하듯 항공정비학과가 많은 대학과 전문학교에서 개설되어 운영되고 있으며, 대학원에서도 항공정비관리학과가 개설되는 등 항공정비학 자체로 하나의 학문체계로 자리를 잡아가고 있다.

저자는 35년의 항공사의 경험을 바탕으로 2011년부터 대학에서 강의를 시작했으며, 최근 수년간 항공정비관리 과목을 수업하면서 적합한 교재를 찾기 위해서 큰 노력을 기울였다. 그러나 국내에 항공정비관리로 출판된 서적들을 보면 대부분 군에서 운용되는 정비관리체계를 소개하거나, 정비관리와는 무관한 내용들로 구성된 교재들이었다. 결국은 Harry A. Kinnison 박사의 항공정비관리 교재를 활용하여 강의를 진행하였다. 영어원서를 교재로 활용하는 것은 다소 버거웠지만, 최고의 교재라는 생각이 들었다. 따라서 항공정비를 가르치는 교수로서 세계적인 우리나라 항공산업의 규모에 걸맞은 우리나라의 항공 정비관리 교재 집필을 결심하게 되었다.

그 결과 미 연방청(FAA)의 규정에 따라 집필한 Harry A. Kinnison 박사의 교재를 기반으로 우리나라 항공안전법을 비롯한 운항 기술기준, 항공기 기술기준 등의 규정과 국적 항공사의 항공정비조직 내용을 반영하여 항공산업 및 항공사의 항공정비 필수 요목, 정비계획 및 통제, 항공정비규정, 정비프로그램 개발, 항공 안전 및 개선에 필요한 통찰력과 관점을 항공을 전공하는 학생에게 제공한다는 목적을 가지고 항공정비관리 교재를 집필하였다.

따라서 본 교재는 1장부터 5장까지는 항공정비의 기본 철학과 효율적인 정비조직(정비 및 기술) 운영을 위한 기본적인 정보와 전형적인 항공사의 조직 구조에 관한 내용으로 구성하였으며, 나머지 6장부터 15장까지는 정비조직 내의 각 직능 단위의 세부 내용을 다루었다.

끝으로 좋은 책을 출판하기 위하여 항상 최선을 다하시는 노드미디어 박승합 사장님과 편집에 고생하신 박효서 실장님께도 깊은 감사를 드린다.

2022년 여름

한서대학교 태안 캠퍼스 연구실에서 저자 씀

차 례

제4장. 항공 정비문서

제5장. 정비본부 조직

제6장. 기술 관리

제7장. 생산계획 및 통제

제8장. 정비 교육훈련

제9장. 항공기 운항정비

제10장. 공장 정비

제11장. 자재 지원

제12장. 품질 보증

제13장. 품질관리

제14장. 신뢰성관리

제15장. 항공 정비 안전

제 1 장 항공 정비의 이해

우리나라 국토교통부 운항기술기준에 따르면 "정비(maintenance)라 함은 항공기 또는 항공제품의 지속적인 감항성을 보증하는데 필요한 작업으로서, 오버홀(overhaul), 수리, 검사, 교환, 개조 및 결함수정 중 하나 또는 이들의 조합으로 이루어진 작업을 말한다."라고 정의하고 있다. 즉, 항공기 정비란 항공기 및 엔진 기타 장비품의 안전성(감항성)을 정확·신속하게 유지·향상하는데 필요한 기술기준 및 방법 등을 규정한 정비규정에 의하여 실시하는 기술적인 작업내용을 말한다.

이러한 항공 정비행위는 항공기 부품 또는 시스템이 임의 고장 또는 성능 저하 현상이 발생하지 않도록 하여 항공기가 안전한 비행 상태를 유지하도록 한다.

1 항공 정비의 개념

항공 정비의 개념을 이해하기 위해서 열역학 이론 중의 하나인 엔트로피 개념을 살펴보기로 하자.

엔트로피는 모든 물질과 에너지는 오직 한 방향으로만 바뀌며, 질서가 지켜진 상태에서 질서가 깨진 상태로 변화한다는 열역학 제2법칙으로서 이는 곧 우주 전체의 에너지양은 일정하지만, 시간이 지날수록 사용 가능한 에너지양은 점차 줄어드는 지구의 물리적 한계를 의미한다. 즉, 인위적인 조작을 하지 않았을 경우 모든 사건은 엔트로피가 증가하는 방향으로 발생한다. 예를 들어 청소하지 않으면 책상 위에 먼지가 쌓이고, 과일을 그냥 방치하면 썩고, 건전지를 충전하지 않고 놔두면 시간이 지날수록 방전되는 것과 같이 이러한 모든 것들은 엔트로피가 증가해서 발생하는 일들이다. Harry A. Kinnison&Tariq Siddiqui는 정비관리 저서에서 엔트로피의 개념을 톱날에 비유하기도 하였다. 이론적으로는 나무판을 수없이 나눌 수 있지만, 현실에서는 톱날의 너비만큼 나무판은 계속 사라질 것이며 나중에는 나무판이 톱날의 너비보다 작아져서 더 이상 자를 수 없다는 것이다. 간단한 예이지만 현실과 이론은 다르다는 것을 이해할 수 있는 비유이다.

따라서 항공기를 설계하는 엔지니어의 주요 관심사는 설계 중인 시스템의 엔트로피를 최소화하는 것이지만 정비사의 임무는 항공기의 작동 수명 동안 시스템의 엔트로피가 증가하지 못하도록 하는 것이다. 요약하면 엔지니어는 합리적인 한계 내에서 가능한 한 완벽하게(낮은 엔트로피) 시스템을 설계해야 한다. 반면에 항공정비사는 부품의 장탈 및 교체, 시스템 문제 해결, 고장탐구 매뉴얼 등에 따라 시스템에서 결함을 제거하고 원래의 상태로 시스템을 복원하는 것이다.

2 계획 정비와 비계획정비

[그림 1-1]은 일반적인 시스템의 완벽도를 보여주는 그래프이다. 세로축은 완벽도이며, 가로축은 시간을 나타낸다. 이 이론적 논의에서 실제 값은 의미가 없으므로 두 축의 눈금에는 숫자가 없다.

곡선의 왼쪽 끝은 실제 시스템 설계자가 달성한 완벽함을 보여준다. 그러나 시간이 지남에 따라 커브가 아래쪽으로 회전하기 시작한다. 이것은 시간이 지남에 따라 시스템의 자연적인 엔트로피 증가(시스템의 자연적인 악화)를 나타낸다. 시스템의 완벽함이 다소 낮은(임의로 설정된) 수준으로 저하되면 시스템을 설계된 수준의 완벽도(달성 가능한 완벽 수준)로 복원하기 위한 세척, 점검, 서비스, 개조작업, 오버홀 등의 조치를 수행한다. 즉, 엔트로피를 원래 수준으로 줄이는 것이다. 이를 예방정비라고 하며 일반적으로 정기적으로 수행된다. 이는 시스템이 사용 불가능 수준으로 성능이 저하되는 것을 방지하고 작동 상태를 유지하기 위해 수행된다. 일반적으로 계획 정비(scheduled maintenance) 또는 정

시정비라고도 한다. 이러한 정비 수행 간격은 매일(daily), 200 비행시간(flight hour) 또는 100 비행 주기(flight cycle)일 수 있다.

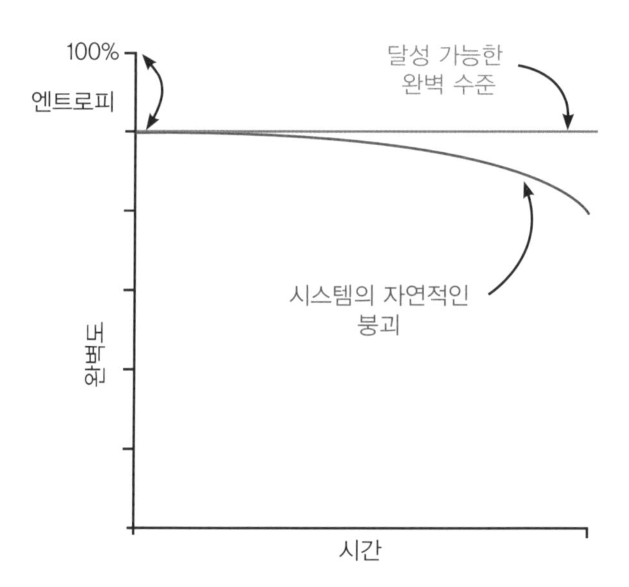

[그림 1-1] 이론과 실제의 차이(Harry A. Kinnison&Tariq Siddiqui)

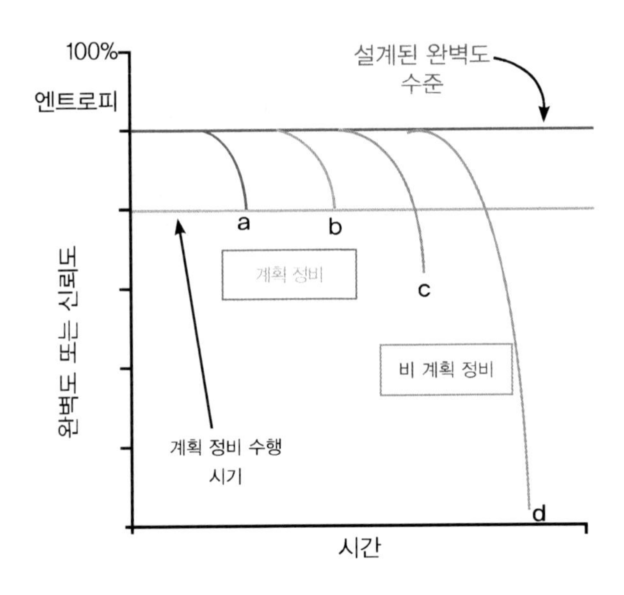

[그림 1-2] 시스템의 신뢰성 회복(Harry A. Kinnison&Tariq Siddiqui)

[그림 1-2]는 시스템을 정상 수준(곡선 a와 b)으로 복원한 것을 보여준다.

물론, 시스템의 상태가 곡선 c와 같이 낮은 수준으로 다소 빠르게 저하되는 경우가 있다. 다른 경우에는 시스템이 완전히 고장 나기도 한다(곡선 d). 이 경우 시스템을 정상 수준으로 복원하는데 필요한 정비작업이 더 필요한데, 종종 광범위한 테스트, 고장탐구, 조정, 또는 부품 및 하위 시스템의 교체, 복원 또는 전체 점검이 필요하다. 이러한 고장은 예측할 수 없는 다양한 시기에 발생하므로 이러한 문제를 해결하기 위해 사용되는 정비작업을 비계획정비(unscheduled maintenance) 또는 불시 정비라고 한다.

3 신뢰성과 개조

우리가 이야기한 완벽도의 수준을 시스템의 신뢰성이라고도 한다. 설계된 완벽한 수준은 해당 시스템의 고유한 안정성으로 알려져 있다. 이러한 완벽한 수준은 실제 정비작업을 통해서 얻는 시스템 수준보다 좋다. 정비를 아주 많이 잘한다고 해서 이미 설계된 완벽한 수준보다 더 높은 시스템 안정성 수준을 얻을 수는 없기 때문이다. 그러나 운영자는 항상 이 수준의 신뢰성(또는 이 수준의 완벽도)을 유지하는 것이 바람직하다. 그러나 항공기를 비롯한 장비품을 재설계의 개념으로 개조하는 것이 중요하다.

[그림 1-3]에서 곡선 A는 이론 시스템의 자연적인 퇴화 모습을 보여준다. 점선은 시스템의 설계된 신뢰도 수준을 보여준다. 그러나 [그림 1-3] 시스템은 이제 설계된 신뢰도 수준보다 더 높은 수준으로 재설계되었다. 즉, 전체 엔트로피의 감소를 회복하면서 이전보다 높은 수준의 신뢰성으로 개조를 위해서는 시스템의 자연 엔트로피를 감소시키기 위해 새로운 구성품, 새로운 재료 또는 새로운 기술이 사용되어야 한다. 때에 따라서는 설계자가 더 엄격한 공차를 적용하거나 설계 기술을 향상하거나 설계의 개념 등을 변경함으로써 인위적으로 엔트로피를 줄일 수 있는 것이다.

그러나 설계자가 시스템의 엔트로피를 줄였지만, 시스템은 여전히 저하된다. 여러 가지 요인에 따라 저하 속도가 원래 디자인과 다를 수 있다. 따라서 곡선의 기울기는 증가, 감소 또는 같이 유지될 수 있다. 어떤 경우이든 시스템의 정비 요구 사항은 여러 가지 방식으로 영향을 받을 수밖에 없다.

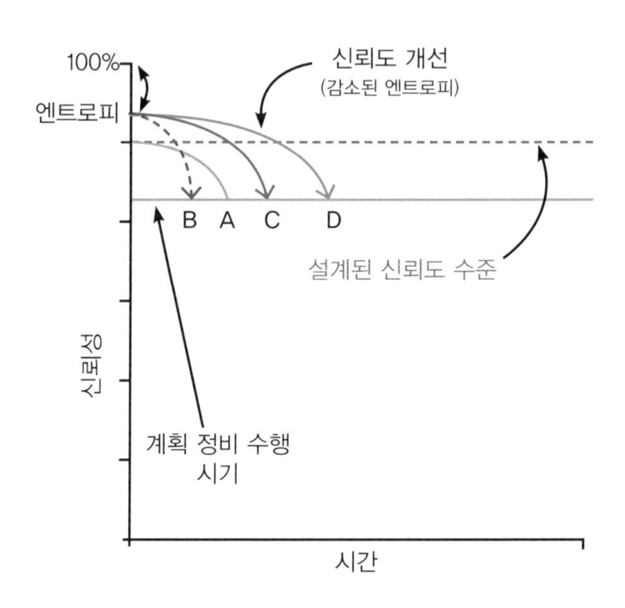

[그림 1-3] 개조(재설계)가 시스템 신뢰성에 미치는 영향(Harry A. Kinnison&Tariq Siddiqui)

곡선 B와 같이 퇴화가 가파르면 예방 정비를 수행해야 하는 지점이 더 일찍 발생할 수 있으며 정비 간격이 더 짧아진다. 결과적으로 정비를 더 자주 수행하여야 한다. 이 경우 해당 수준의 안정성(완벽도)을 유지하려면 더 많은 정비가 필요하다. 시스템의 성능 특성이 개선되지 않으면 이러한 재설계는 허용되지 않을 수 있다. 성능 향상이 더 많은 정비와 정비 비용의 증가를 정당화하는지를 결정해야 한다.

반대로, 붕괴율이 곡선 C와 같이 이전과 같거나 곡선 D와 같이 덜 가파르면 정비 간격이 증가하고 전체적인 정비량은 줄어든다. 따라서 고려해야 할 질문은 정비 비용 절감 효과가 개조(재설계) 비용보다 더 클 것인가의 문제이다. 물론 이 질문에 답은 설계자가 고민해야 할 문제이다.

개조의 주요 요인 중 하나는 비용이다. [그림 1-4]는 친숙하지만 반대되는 모양을 가진 두 가지 그래프를 보여준다.

위쪽 곡선은 완벽도 곡선으로 로그함수이다. 더욱 정교한 디자인 노력으로 완벽한 수준이 높아질수록 완벽도를 많이 증가시키기가 더 어려워진다.

아래 곡선은 시스템을 개선하기 위한 지속적인 노력의 비용을 나타낸다. 불행히도 이것은 지수 곡선이다. 완벽에 가까워질수록 비용이 급격하게 증가한다. 그러므로 엔트로피뿐만 아니라 비용에 의해서도 설계자가 완벽이라는 목표에 한계가 있다는 것은 명백하다. 이러한 두 가지 측면에서 발생하는 제한사항을 해결하는 것은 기본적으로 정비사 직업의식에 책임이 있다.

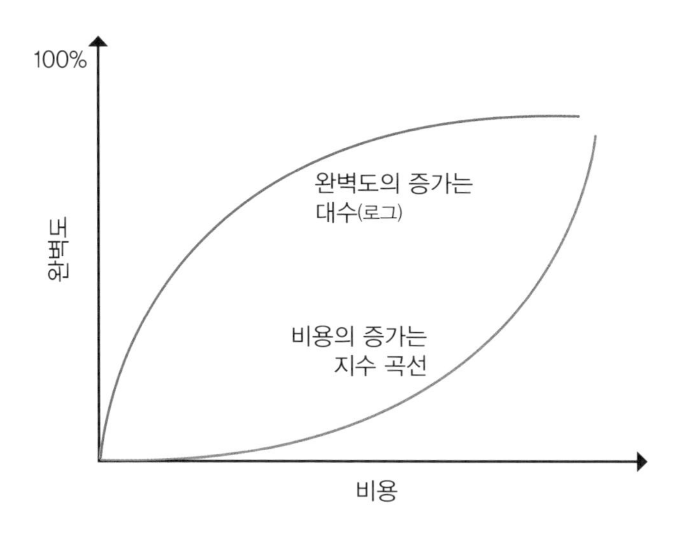

[그림 1-4] 완벽도와 비용과의 관계(Harry A. Kinnison&Tariq Siddiqui)

4 고장률 패턴

엔트로피에 대한 논의에서 결론지을 수 있는 것처럼 정비는 간단하지 않다. 우리가 인식해야 할 중요한 사실은 모든 시스템이나 구성 요소가 같은 비율로 고장 나거나 모두 같은 패턴의 마모와 고장을 나타내지는 않는다는 것이다. 그러므로 항공기 구성품 및 시스템에서 수행되는 정비의 특성은 고장률 및 고장 패턴과 관련이 있다.

미국의 유나이티드 항공사는 수명 고장률에 관한 연구를 통하여 〈표 1-1〉과 같이 6가지 기본 패턴을 발견했다. 세로축은 고장률을 나타내고 가로축은 시간을 나타낸다.

곡선 A는 전형적인 욕조곡선을 보여주고 있다. 이러한 고장률 패턴은 구성품의 수명은 초기에는 높은 고장률을 나타낸다. 이러한 형태를 초기 고장 기간이라고 부르며, 이것은 공학의 버그 중 하나이다. 즉, 설계상의 오류 등으로 인하여 일부 구성품은 설계 불량, 부적절한 부품 또

<표 1-1> 고장률 형태

	A. 초기 고장 기간: 일정한 우발고장률: 확실한 마모 기간(4%)
	B. 초기 고장 기간 없음: 약간 증가하는 우발고장: 확실한 마모 기간(2%)
	C. 초기 고장 없음: 상승하는 우발고장률: 명확한 마모 기간 없음(5%)
	D. 초기 고장률 증가: 일정하거나 약간 상승하는 우발고장: 명확한 마모 기간 없음(7%)
	E. 초기고장기간 없음: 일정한 우발고장률: 명확한 마모 기간 없음(14%)
	F. 초기고장기간: 수명주기 동안 일정한 우발고장률: 명확한 마모 기간 없음(68%)

는 잘못된 사용과 같은 여러 가지 이유로 초기 고장이 발생한다. 일단 버그가 해결되고 장비가 설계 의도대로 정착하면 시간이 지남에 따라 고장률이 떨어져 일정하게 되거나 천천히 높아지게 되는데 이 부분을 우발고장 기간이라고 한다. 곡선 A의 마지막 부분에 표시된 급격한 상승은 마모 고장 기간을 나타낸다. 즉, 구성품의 재질 등이 물리적 한계에 도달했다는 것을 의미한다.

곡선 B는 초기 고장 기간을 나타내지는 않지만, 명확한 마모 기간이 마지막에 나타날 때까지 부품 수명 전체에 걸쳐 안정 또는 약간 상승하는 고장률 특성을 나타낸다.

곡선 C는 초기 고장 기간과 식별 할 수 있는 마모 고장 기간은 없지만, 고장률이 지속해서 증가하면서 어느 시점에서는 사용할 수 없게 된다.

곡선 D는 초기에는 낮은 고장률을 보이지만 일정 수준까지 고장률이 상승하여 안정된 단계에서 대부분의 구성품 수명 동안 그대로 유지된다.

곡선 E는 초기 고장 기간과 특별한 마모 고장 기간이 없으며 수명 내내 꾸준한(또는 약간 상승하는) 고장률을 갖는 이상적인 구성 요소이다.

곡선 F는 초기 고장 기간이 있지만, 수명주기 동안 고장률이 안정적이거나 약간 상승하며 마모 기간이 없는 구성 요소를 보여준다.

유나이티드 항공사(united airlines)의 연구에 따르면 실험에 포함된 품목 중 약 11%(표 1-1의 곡선 A, B 및 C에 표시된 항목)만 작동한계를 설정하거나 반복적으로 마모 상태를 확인할 필요가 있으며, 나머지 89%는 그렇지 않다는 것을 밝히고 있다. 따라서 고장 또는 품질이 저하되는 시간은 항목의 11%(표 1-1의 곡선 A, B 및 C)에서만 유용한 수준 이상으로 예측할 수 있다. 다른 89%(표 1-1의 곡선 D, E 및 F로 표시)에는 다른 접근 방식이 필요하다. 이 변형의 의미는 명확한 수명 한도 또는 마모 기간이 있는 구성품은 계획(정시) 정비를 수행할 수 있다. 계획 정비는 일정을 사전에 수립하고 정비작업을 정비가 가능한 시간에 분산할 수 있으므로 정비작업량을 조절할 수 있다. 그러나 불행히도 나머지 89%는 교체 또는 수리가 완료되기 전에 고장으로 나타난다. 이는 예측할 수 없으므로 불규칙한 시간과 다양한 간격으로 비계획(불시)정비가 요구된다.

이러한 고장의 특성으로 인해 비계획정비와 같은 불시 정비를 줄이기 위해 체계적인 방식으로 정비에 접근해야 한다.

항공업계는 이를 고려하여 항공기와 시스템의 설계 및 제조에 문제를 수용하기 위해 여러 가지 기술을 사용하고 있다.

5 기타 정비 고려사항

항공업계는 정비가 이뤄지기 전에 작동해야 할 품목이 고장으로 초래하는 서비스 중단 문제를 해결하기 위해 장비 이중화(equipment redundancy), 라인 교체 가능 장치(line repalceable unit: LRU) 및 최소 항공기 출발 요건(minimum aircraft dispatch requirements) 등 세 가지 관리 기법을 개발했다.

특정 부품이나 시스템의 장비 이중화 개념은 높은 신뢰성이 바람직한 시스템의 엔지니어링 설계에서 매우 일반적이다. 일반적으로 기본 또는 백업 장치라고 할 수 있는 예비 장치 같은 이중 장치의 경우 한 장치에 장애가 발생하면 다른 장치가 기능을 대신 할 수 있다. 예를 들어, 대부분의 운송용 항공기에는 2개의 고주파(high frequence: HF) 무선통신 장치를 구비하고 있지만, 실제 하나만 사용하고 있으며, 나머지 하나는 고장을 대비한 백업용이다.

이중 장치의 고유한 기능도 정비 요목에 영향을 미친다. 기본 및 예비 장치 모두 비행 승무원이 오작동을 각각 인식할 수 있도록 장착된 경우, 해당 불능 상태를 찾아내기 위해 사전 정비

점검이 필요하지 않다. 한편, 어느 시스템도 그렇게 장착되지 않은 경우, 정비사는 서비스 가능 여부를 판단하기 위해 기본 시스템과 백업 시스템(중간 또는 기타 점검 시)을 모두 점검해야 한다.

그러나 일반적인 보통 백업 시스템은 승무원에게 서비스 가능성을 보여주기 위해 장착된다. 기본적인 원래의 시스템에서 점검을 수행하면 승무원은 나머지가 서비스 가능한지 확인할 수 있다. 장애가 발생하면 계측을 통해 백업 시스템을 사용할 수 있고 사용 가능하다는 긍정적인 징후가 이미 나타난다. 이 배열의 목적은 사용되는 시스템 서비스 가능성을 보장하는 데 필요한 정비량과 계측량 간의 균형을 유지하는 것이다. 때에 따라 기본 시스템이 실패하면 백업 시스템이 자동으로 사용할 수 있도록 전환된다. 비행 중 운항 승무원(조종사)의 요구는 그러한 결정을 내리는 데 있어 주요 관심사이다.

그러나 일반적으로 백업 시스템은 승무원에게 서비스 가능성을 보여주기 위해 계측된다. 정비점검이 다른 점검(즉, 1차 점검)으로 수행될 때 승무원은 정비 가능 여부를 확인할 수 있다. 따라서 장애가 발생하면 백업 시스템을 사용할 수 있고 사용할 수 있다는 확실한 징후를 이미 가지고 있다. 이러한 배열의 목적은 사용되는 계측량과 시스템 서비스 가능성을 보장하는 데 필요한 정비량 간의 균형을 유지하는 것이다. 때에 따라 기본 시스템이 실패하면 백업 시스템이 자동으로 서비스로 전환된다. 비행 중 승무원의 요구는 그러한 결정을 내리는 데 있어 주요 관심사이다.

항공에 사용되는 또 다른 일반적인 개념은 LRU(line replaceable unit)이다.

LRU는 항공기에서 가장 일반적으로 고장이 발생하는 부품을 신속하게 장탈하고 교체할 수 있도록 설계된 부품 또는 시스템이다. 이렇게 하면 정비를 수행하면서 과도한 지연 없이 항공기를 예정된 비행에 사용할 수 있다. 따라서 고장 난 부품은 더는 비행을 지연시키지 않고 필요에 따라 작업장에서 폐기하거나 수리할 수 있다.

항공 정비 지연을 최소화하는 세 번째 개념으로 MEL(minimum equipment list) 최소 장비 목록이 있다. 이 목록은 특정 품목의 고장이 비행의 안전 및 운항에 영향을 미치지 않는다면, 그 품목이 작동하지 않는 상태에서 항공기 운항을 가능하게 한다. 이러한 품목들은 제작사가 신중하게 결정하고 항공기 설계 및 테스트 초기 단계에서 규제(감항) 당국에 의해 승인된다. 제작사는 항공기 모델에 사용할 수 있는 모든 장비와 부속품을 포함하는 마스터 최소 장비 목록(master minimum equipment list: MMEL)을 발행한다. 그런 다음 항공사는 MEL을 만들기 위해 문서를 자신이 운영하는 항공기 구성에 맞게 조정한다. 이러한 많은 MEL 항목은 이중 시스템과 관련되어 있다. MEL의 개념은 비행 임무 요건을 위반하지 않고 정비를 연기할 수 있게 한다. 그러나 정비는 시스템의 작동 요건에 따라 일반적으로 1일, 3일, 10일 또는 30일 이내에 수행해야 한다.

MMEL에 있는 항목들은 새로운 항공기 개발 후반부에 운항 승무원에 의해 확인된다. 따라서 운항 승무원은 어떤 시스템이 성능이 저하된 상태에서도 비행 임무를 안전하게 수행할 수 있는지를 결정한다.

또한 운항 승무원은 이 성능이 저하된 상태를 얼마나 오랫동안(1, 3, 10 또는 30일) 견딜 수 있는지 결정한다. 이는 항공기를 운항하기 전에 일반적으로 결정되지만, 항공기 탑승 운항 승무원은 운항 당시의 실제 조건에 따라 최종 결정을 내린다. 기장(pilot-in-command: PIC)은 주어진 상황에 따라 수리가 이루어질 때까지 운항하지 않기로 하거나, 항공사의 MEL에 따라 나중에 정비를 수행하도록 선택할 수 있다. 정비부서는 해당 결정을 따라야 한다.

MEL과 유사한 목록으로 외형변경목록(configuration deviation list: CDL)이 있다.

이 목록은 특정 패널이 없거나 안전에 영향을 미치지 않는 설계와 다른 외형 구성품이 언급되었을 때 항공기 운항이 가능하여지도록 하는 정보를 제공한다. 필수적이지 않은 장비 및 중요하지 않은 장비품(nonessential equipment furnishing: NEF) 목록은 항공기 감항성 또는 안전성에 영향을 미치지 않는 가장 일반적인 품목으로 되어있다. 이 또한 MEL 시스템의 일부이다.

이렇게 복잡한 항공기의 고장은 무작위로 그리고 부적절한 시기에 발생할 수 있지만, 설계 이중화, LRU 및 MEL 등의 세 가지 관리 조치는 작업 부하를 균등하게 하고 항공기 서비스 중단을 줄이는 데 도움이 될 수 있다.

6 정비프로그램 수립

항공 역사 100년 동안 재료와 절차뿐만 아니라 부품과 시스템의 품질과 신뢰성이 상당히 개선되었지만, 우리는 여전히 완벽함에 도달하지 못했다. 항공기를 비롯한 관련 장비는 아무리 훌륭하거나 신뢰할 수 있더라도 항상 주의를 기울여야 한다.

설계된 신뢰성을 보장하기 위해 정기적인 정비 및 서비스가 필요하다. 현실적인 특성으로 인해, 이러한 부품과 시스템 중 일부는 허용 가능한 수준 이상으로 악화하거나 완전히 나빠질 것이다. 다른 경우, 사용자, 조작자 또는 심지어 이러한 부품이나 시스템을 자주 접하는 정비사까지도 특단의 정비 조치가 필요할 정도로 손상이나 성능 저하를 발생시킬 정도까지 장비를 오용하거나 남용할 수 있다.

부품과 시스템이 서로 다른 방식으로 서로 다른 속도로 고장 나는 것으로 나타났다. 이러한 현상은 다소 불규칙하고 불확실한 비계획정비를 초래한다.

작업량을 균등하게 하고 인력요건이 안정되도록 관리해야 하는데 작업 현장에는 작업이 많을 때가 있는가 하면 작업이 없는 경우도 발생한다.

수명 제한 또는 측정 가능한 마모 특성을 나타내는 구성품은 체계적이고 예정된 정비프로그램 일부가 될 수 있다.

정비 작업 부하를 균등하게 처리하기 위한 관리 노력의 하나로 장비 이중화, LRU 및 MEL 등이 수립되었다. 그러나 항공기에는 편의상 그러한 조정에 적합하지 않은 수많은 구성품과 시스템이 있다.

일반적으로 장비의 검사 및 개조는 항공 감항 당국과 제작사에 의해 지정된 시간 내에 수행되어야 한다. 따라서 항공사의 정비 조직이 다음 사항을 다룰 준비를 해야 한다.

여기서 논의된 프로그램은 수년간 조종사, 정비담당자, 항공사, 제작사, 부품 또는 시스템 공급업체, 감항 당국, 항공 산업 내 전문가 및 비즈니스 조직의 집중적이고 통합된 노력으로 개발되었다. 모든 항공사가 같은 방식이나 스타일로 조직이 구성되고 운영되어야 하는 것은 아니지만, 본서에서 논의되는 프로그램과 활동은 모든 운영자에게 적용될 것이다.

제 2 장 항공기 정비프로그램

국토교통부 항공기 운항 기술기준의 정의에 따르면 '정비프로그램(maintenance programme)'이라 함은 특정 항공기의 안전 운항을 위해 필요한 신뢰성 프로그램과 같은 관련 절차 및 주기적인 점검의 이행과 특별히 계획된 정비행위 등을 기재한 서류를 말한다.

1 정비프로그램의 개발

항공기에 대한 정비프로그램은 예방 정비개념이 주류를 이루었으나 점차 신뢰성관리에 중점을 두고 있다. 따라서 MSG-2 정비기법의 기반인 하드 타임(hard time), 언 컨디션(on-condition: OC), 컨디션 모니터링(condition monitoring: CM)과 B747-400을 비롯하여 A380, A330, B777, B737 등의 항공기는 신뢰성이 크게 향상됨에 따라 경제적인 운용을 고려하여 MSG-3 정비기법인 윤활/서비스(lubrication & servicing), 작동점검(operational check), 육안점검(visual check), 검사(inspection), 기능 점검(functional check), 환원(restoration) 및 폐기(discard) 등의 정비작업으로 병행하여 운영하고 있다.

1.1 정비 운영그룹(MSG) 접근 방식

보잉(boeing)사는 1968년 초대형 항공기 B-747을 개발하면서 정비방식에 대하여 새로운 시각으로 접근하였다. 점보제트기의 출현으로 새로운 항공의 시대가 시작되었고, 회사는 이 새로운 시대에 맞추어서 정비프로그램 개발에 대한 보다 정교한 접근으로 시작해야 한다고 생각했다. 이를 위해 보잉사의 설계 및 정비프로그램 그룹의 대표 팀과 함께 항공기 부품공급 업체와 주요 항공사들이 참여한 정비 운영그룹(maintenance steering group: MSG)을 조직했으며, 미연방항공청(FAA)도 규제 요건이 올바르게 적용될 수 있도록 함께 참여하였다.

정비 운영그룹은 항공기 구조, 기계 시스템, 엔진 및 보조 동력장치(APU), 전기 및 전자 시스템, 조종 및 유압 장치, 구역(zonal) 등 6개의 산업 실무 그룹(industry working groups: IWG)으로 구성하였다. 각 그룹은 적절한 초기 정비프로그램을 개발하기 위해 같은 방식으로 특정 시스템을 다루었다. 시스템 작동, 정비 중요 품목(maintenance significant items: MSI) 및 관련 기능, 고장 모드, 고장 영향 및 고장 원인에 대한 정보로 무장한 이 그룹은 논리 트리를 사용하여 각 항목을 분석하였다.

정비프로그램 개발에 대한 이러한 접근 방식은 구성품의 장비 오작동의 가장 큰 원인으로 보았기 때문에 '하향식' 접근 방식이라고 한다. 분석의 목적은 품목을 수리하고 서비스로 전환시키는 데 필요한 세 가지 프로세스 중 어떤 프로세스를 결정하는 것이었다. 세 가지 방식은 위에서 언급한 HT, OC 및 CM으로 확인되었다.

<표 2-1> MSG-2 과정단계(process steps)

단계번호			분석 활동
시스템/구성품	구조	엔진	
1		1	시스템 및 주요 항목 식별
	1		중요한 구조 항목 식별
2			기능, 고장(결함) 모드 및 고장 신뢰성 식별
	2		고장 모드 및 고장 영향 식별
		2	기능, 고장 모드 및 고장 영향 식별
3		3	동작 신뢰도 관리와 관련된 잠재적 효과가 있는 계획(정시) 정비작업 정의
	3		구조 계획(정시) 검사의 잠재적 효과 평가
4		4	잠재적 효과를 가진 작업 스케줄링(계획화) 만족도 평가
	4		잠재적 효과가 있는 구조 검사 만족도 평가
	5		초기 표본 임곗값의 적절성 확인

정비프로그램 개발에 대한 이 정비 조정 그룹(MSG) 접근 방식은 747에서 매우 성공적이어서 모든 항공기에 적용할 수 있도록 새로운 일반적인 프로세스로 구성하고, MSG-2로 이름을 변경하였다.

MSG-2는 록히드(lockheed) L-1011 및 맥도널 더글러스(McDonnell-Douglas) DC-10 항공기의 정비프로그램 개발에 적용되었으며, 1972년 유럽의 제조업체가 이 프로세스를 약간 수정하여 EMSG로 명명하였다.

MSG-2 프로세스는 〈표 2-1〉과 같이 시스템 및 구성 요소, 구조, 엔진 등의 세 가지 정비영역에서 초기 연구와는 약간의 차이가 있다.

1단계는 분석이 필요한 정비 또는 구조 항목을 식별하고, 2단계에서는 항목과 관련된 기능 및 고장(결함) 모드와 고장의 영향을 식별한다. 3단계는 잠재적 효과가 있을 수 있는 작업을 식별하고, 4단계에서는 해당 작업의 적용 가능성을 평가하고 필요한 것으로 여기는 작업을 선택하며, 5단계는 구조에 대해서만 초기 표본 임계값을 평가한다.

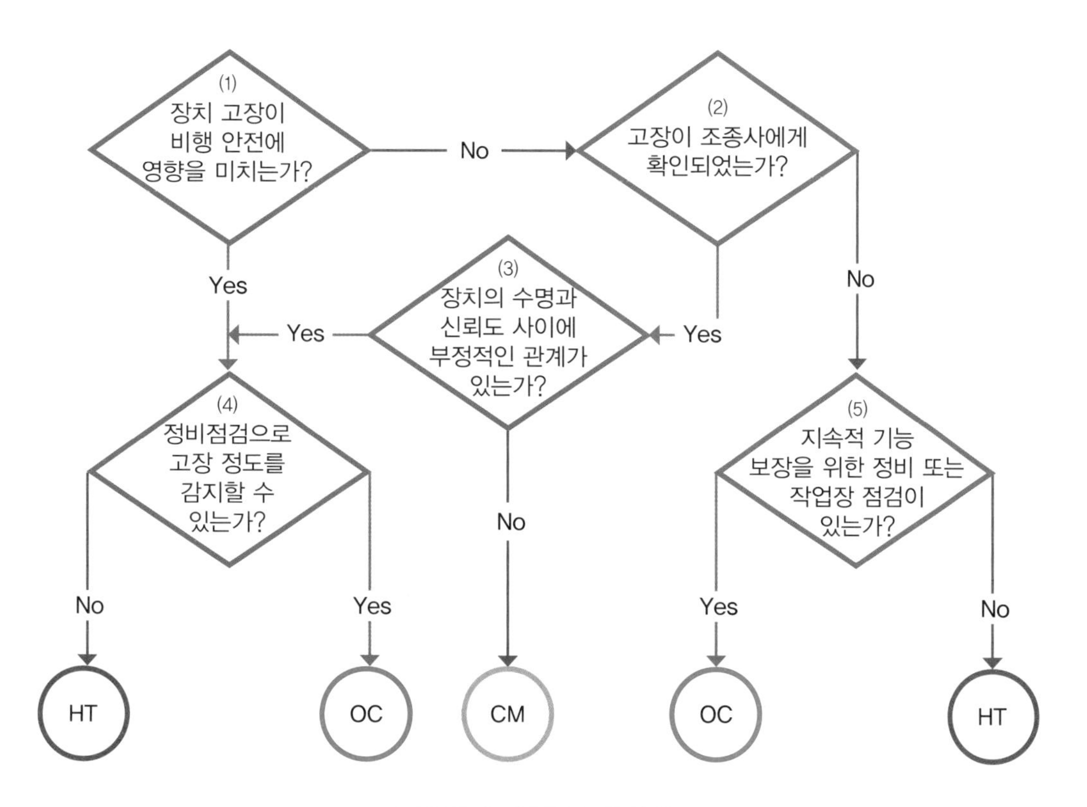

[그림 2-1] MSG-2 기법 절차

[그림 2-1]은 MSG-2 프로세스를 단순화한 다이어그램이다. 간단히 말해서, 장치의 고장이 안전과 관련이 있고(블록 1) 고장 정도를 탐지할 수 있는 정비점검이 있는 경우(블록 4), 해당 품목은 온 컨디션으로 식별된다. 이러한 확인이 없으면 항목이 하드 타임으로 분류된다.

정비방식이 결정되면 품목의 고장률, 장탈률 등에 대한 가용 데이터를 사용하여 정비 주기를 결정한다.

1.2 공정 중심 정비(Process-oriented maintenance)

미국항공운송협회(air transport association of america: ATA)에서 개발한 결정 논리 절차를 사용하여 항공을 위한 프로세스 지향 정비프로그램이 개발되었다. MSG-2 프로세스는 기체의 각 장치(시스템, 구성품 또는 기기)를 분석하여 기본 정비 프로세스 중 하나인 HT, OC 또는 CM에 할당하는 상향식 접근 방식이다.

일반적으로 하드 타임이란 비행시간이 많거나 비행 주기가 많은 재지정 간격으로 항목을 장탈하는 것을 의미한다. 때에 따라 하드 타임 간격이 캘린더 시간일 수 있다. 온 컨디션은 품목이 지정된 간격(시간, 주기 또는 캘린더 시간)으로 검사되어 남아있는 서비스 가능성을 결정함을 의미한다. 컨디션 모니터링에는 정비계획을 쉽게 하도록 고장률, 장탈률 등의 모니터링이 포함된다. 각 프로세스를 보다 자세히 살펴보겠다.

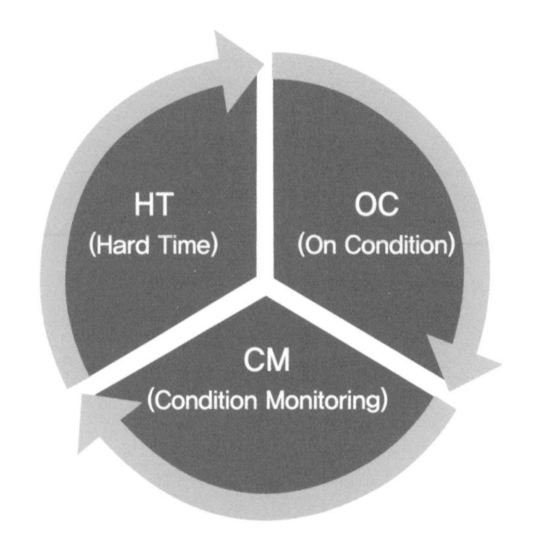

[그림 2-2] 상향식 접근방식(bottom up approach)의 MSG-II

1.2.1 하드 타임(Hard time)

하드 타임은 부품이나 장비에 대해 축적된 경험을 바탕으로 사용 시간 한계를 설정하여 일정한 사용 시간에 도달한 장비품 등을 항공기에서 정기적으로 장탈 하여 분해, 수리 또는 오버-홀(overhaul) 등의 정비를 하거나 폐기하는 정비방식이다.

종래부터 행해지고 있는 오버-홀은 이 방식에 포함되는 대표적인 정비방식으로서 오버-홀 작업을 한 번에 실시하는 것을 완전분해수리(complete overhaul), 여러 차례에 나누어서 단계적으로 실시하는 것을 단계적 분해수리(progressive overhaul)라고 한다.

그러나 이러한 항공기 장비품 등의 고장 발생을 전제로 고장을 예방한다는 생각에 입각한 정비개념인 하드 타임을 중심으로 한 예방 정비에는 다음과 같은 문제점이 있다.

- 본래 사용 시간과 고장의 상관관계가 없는 부품이 많고, 또한 장시간 만족하게 작동될 수 있는 많은 부품이나 장비품이 장탈 되고 있다.
- 부품이나 장비품의 장탈·착, 분해 작업에 따른 초기 고장의 발생 가능성이 내포되어 있다.
- 만족하게 작동하고 있는 부품을 조기에 장탈하고 있으므로 부품 본래의 결점을 파악하기 힘들며, 따라서 부품의 개량도 진척되지 않는다. 즉, 만족하게 작동하고 있는 부품이나 장비품은 그대로 사용하는 것이 전체적으로 장탈 수가 적어 경제적이며, 고장도 적고 부품의 개량도 빨리 행해지며 결과적으로 품질이 향상될 것이다.

1.2.2 온 컨디션(OC) 프로세스

언 컨디션(on-condition: OC)은 항공기 장비와 부품을 주기적으로 기체로부터 장탈하여 분해수리하지 않고 기체에 장착된 상태로 외부 검사나 시험을 정기적으로 반복함으로써 장탈할 것인지 또는 계속 사용 가능한지를 판정하는 정비방식이며, 판정 결과에 따라 불량한 부분이 있으면 교환하거나 수리 등의 적절한 정비를 수행하는 정비방식으로 다음 사항들이 요구된다.

- 주어진 점검 주기를 필요로 한다.
- 주어진 점검 주기에 반복적으로 행하는 검사(inspection), 점검(check), 시험(test) 및 서비스(service) 등이 필요하다.
- 감항성 유지에 적절한 점검 및 작업 방법이 적용되어야 하며, 효과가 없을 때는 컨디션 모니터링으로 관리할 수 있다.

- 장비품 등이 정기적으로 항공기에서 장탈되어 분해되지 않고 정비되는 것은 언 컨디션에 속한다.

1.2.3 컨디션 모니터링(Condition monitoring)

컨디션 모니터링(CM) 프로세스는 하드 타임이나 온 컨디션 프로세스를 모두 적용할 수 없을 때 적용된다. CM 프로세스에는 명확한 수명 또는 현저한 마모 기간이 없는 개별 장비품 또는 시스템의 고장률, 장탈 등의 모니터링이 포함된다. 컨디션 모니터링은 HT 및 OC 와 같이 고장 예방 프로세스가 아니다. 즉, 정기적인 검사나 수리해야 하는 것이 아니고, 고장이 발생하거나 고장 징후가 나타날 때 정비를 수행하는 정비방식이다.

CM 품목은 고장상태에서 작동하므로 미 항공운송협회(air transport association of america: ATA)는 이러한 품목이 다음 조건을 준수해야 한다고 명시하고 있다.

① CM 품목은 고장이 나면 안전성에 직접적인 악영향을 미치지 않는다. 즉, 항공기는 계속 비행할 수 있으며, 안전하게 착륙할 수 있다. 일반적으로 CM 품목은 시스템 이중화로 인해 안전성에 간접적으로 영향을 미치지 않는다.

② CM 품목은 안전에 직접적인 악영향을 미칠 수 있는 숨겨진 기능(승무원에게 분명하지 않은 오작동)을 가져서는 안 된다. 그러나 숨겨진 기능이 있고 해당 숨겨진 기능의 가용성 또는 작동이 예정된 작동 시험 또는 운항 승무원 또는 정비사가 수행한 기타 점검 등에 의해 검증되면 CM을 계속 사용할 수 있다.

③ CM 품목은 운영자의 상태 감시 또는 신뢰성 프로그램에 포함되어야 한다. 즉, 해당 장비품 또는 시스템의 고장 특성을 잘 이해하려면 정비관리를 통해 해당 항목에 대한 일종의 자료수집 및 분석해야 한다.

위의 ATA 규정 외에도 CM 품목은 일반적으로 수명(age)과 신뢰성은 무관하지 않다(예: 예상 수명이 없음). 이들은 임의의 고장 패턴을 나타낸다.

항공에서 CM은 이중화로 인해 고장이 안전 또는 감항성에 심각한 영향을 미치지 않는 장비품 및 커피 메이커, 화장실, 승객 엔터테인먼트 시스템 등과 같이 감항성에 전혀 영향을 미치지 않는 품목에 자주 적용된다.

주로 자료수집 및 분석 프로그램인 컨디션 모니터링을 HT 및 OC 간격을 확인하거나 조정하기 위해 HT 및 OC 장비품에 사용할 수도 있다. 예를 들어, 만료 시간 직전에 하드 타임 항목을 제거하고 점검 활동으로 구성 요소를 복원하기 위해 수행해야 할 작업이 거의 없거나 전혀 없다면 HT 간격을 연장할 수 있다.

마찬가지로 OC 검사에서 정비 요구 사항이 거의 없거나 전혀 없는 경우, 장비품의 수명이 원래 예상보다 길면 OC 검사 간격을 변경할 수 있다. 그러나 일정 기간(수많은 HT 기간 또는 OC 간격) 자료를 수집하지 않으면 간격을 변경하기 위한 확실한 근거가 없다. 마찬가지로(같은 이유로) CM 자료수집은 일부 장비품에 대해 HT 또는 OC 간격을 줄여야 함을 나타낼 수 있다. CM 프로그램은 또한 장비품이 가장 적절한 프로세스에서 모니터링되고 있는지를 나타내는 데이터를 제공한다.

주로 자료수집 및 분석 프로그램인 컨디션 모니터링은 HT 및 OC 장비품에서도 HT 및 OC 간격을 확인하거나 조정하는 데 사용할 수 있다. 예를 들어, 하드 타임 항목이 만료일 직전에 장탈되고, 정비작업이 장비품을 복원하기 위해 수행해야 할 작업이 거의 없거나 전혀 없는 것으로 드러날 때는 HT 간격을 연장할 수 있다.

마찬가지로, OC 점검에서 정비 필요사항이 거의 또는 전혀 없는 경우, 장비품의 수명이 원래 예상보다 길면 OC 점검 간격을 변경할 수 있다. 그러나 일정 기간(각각의 HT 기간 또는 OC 간격)에 걸친 자료수집이 없다면 간격을 변경할 확실한 정당성이 존재하지 않을 것이다. 같은 이유로 CM 자료수집은 일부 장비품에 대해 HT 또는 OC 간격을 줄여야 함을 나타낼 수 있다. 또한 CM 프로그램은 장비품이 가장 적절한 프로세스에서 모니터링되고 있는지를 나타내는 데이터를 제공한다.

참고로 컨디션 모니터링은 장비품의 '상태'를 실제로 모니터링하지는 않는다. 기본적으로 장치의 고장 또는 장탈 통계를 모니터링 한다. 온 컨디션 프로세스를 통해 장비품의 상태를 모니터링하는 것이다.

1.3 작업 지향적 정비(Task-oriented maintenance)

작업 중심의 정비프로그램은 미국항공운송협회(ATA)의 의사결정 논리 절차를 이용한 MSG-2 접근 방식을 수정 및 개선해서 MSG-3을 개발하였다.

MSG-3 기법은 MSG-2에서와 같이 장비품 수준이 아닌 비행기 시스템의 최고 관리 수준에서 고장 분석이 수행되는 고장 접근 방식의 하향식 결과이다. MSG-3 논리는 고장을 예방하고 시스템의 고유한 신뢰도를 유지하기 위한 적절하게 계획된 정비작업을 식별하기 위해 사용된다. MSG-3 접근 방식에 의해 개발된 작업 범주는 다음과 같이 세 가지로 분류할 수 있다.

① 기체 시스템 작업(airframe system tasks)

② 구조 품목 작업(structural item tasks)

③ 부위별 작업(zonal tasks)

1.3.1 기체 시스템의 정비작업

MSG-3 방식에서는 기체 시스템에 대해 8가지 정비작업이 정의되었다. 이러한 작업은 결정 분석 결과 및 고려중인 시스템, 장비품 등의 특정 요구 사항에 따라 배정된다. 이러한 8가지 작업은 아래와 같다.

① 윤활(lubrication): 마찰을 줄이거나 열을 방출하여 고유의 설계 능력을 유지하는 오일, 그리스 또는 기타 물질을 보충하는 행위

② 서비스(servicing): 고유한 설계기능을 유지하기 위해 장비품 또는 시스템의 기본 요구에 부응하는 행위

③ 검사(inspection): 품목 검사 및 특정 표준과의 비교

④ 기능 점검(functional check): 품목의 각 기능이 지정된 한계 내에서 수행되는지를 결정하기 위한 정량적 검사. 이 점검에는 추가 장비가 필요할 수 있다.

⑤ 작동 점검(operational check): 항목이 의도한 목적을 충족하는지 확인하는 작업. 이는 고장 찾기 작업이며, 정량적 허용오차 또는 품목 자체 이외의 장비가 필요하지 않다.

⑥ 육안검사(visual check): 품목이 의도한 목적을 달성하는지 판단하기 위한 관찰. 이는 고장 찾기 작업이며 정량적 공차가 필요하지 않다.

⑦ 복원(restoration): 품목을 특정 표준으로 되돌리는데 필요한 작업. 복원은 장치를 세척하거나 단일 부품을 교체하는 것부터 전체 점검까지 다양할 수 있다.

⑧ 폐기(discard): 지정된 수명 한도에서 품목의 서비스에서 장탈

1.3.2 구조 품목의 정비작업

비행기는 다음과 같이 세 가지 구조적인 악화 원인이 있다.

① 환경악화(environmental deterioration): 기후나 환경과의 화학적 상호작용으로 인한 품목의 강도 또는 고장에 대한 저항력의 물리적 악화. 환경악화는 시간에 따라 달라질 수 있다.

② 우발적 손상(accidental damage): 비행기 일부가 아닌 물체 또는 영향과의 접촉 또는 충격으로 인한 품목의 물리적 악화 또는 제조, 차량 작동 또는 정비작업 수행 중에 발생한 인적 오류로 인한 손상

③ 피로 손상(fatigue damage): 반복 하중에 의한 균열의 시작 및 균열이 진행되는 것

위와 같이 악화(deterioration) 여부를 판단하기 위해 비행기 구조를 검사하려면 다양한 세부 사항이 필요하다. MSG-3 프로세스는 다음과 같이 세 가지 유형의 구조검사기법을 정의하고 있다.

(1) **일반적인 육안검사**(general visual inspection)

명백하고 불만족스러운 상태 또는 불일치를 탐지하는 육안검사로서 이러한 유형의 검사에는 필렛(fillets)[1]을 장탈하거나 점검창(access doors) 또는 패널(panels)을 열거나 장탈이 요구되기도 하며, 일부 장비품에 쉽게 접근할 수 있도록 작업대와 사다리의 사용이 필요할 수 있다.

(2) **정밀검사**(detailed inspection)

지정된 세부 사항, 조립 또는 장착에 대한 집중적인 육안검사로서 적절한 조명을 사용하여 불규칙한 증거를 찾고 필요할 경우 거울, 확대경 등과 같은 검사 보조 장치들이 요구된다. 또한, 표면을 세척하거나 자세한 접근 절차가 필요할 수도 있다.

(3) **특수정밀 검사**(special detailed inspection)

특정 위치에 대한 집중적인 검사로서 정밀검사와 유사하지만, 특수기법이 추가된다. 이 검사에는 염료 침투, 자분탐상, 와전류 검사 등의 비파괴 검사(NDI)와 같은 기술이 필요할 수 있다. 또한, 특수 정밀검사를 수행하려면 일부 장치를 분해해야 할 경우도 있다.

1.3.3 부위별 정비작업

부위별 정비프로그램은 항공기의 지정된 구역에 포함된 모든 시스템, 배선, 기계적 제어, 장

1) 필렛: 항공기 구조에서 두 개의 표면이 연결되어 만나는 부분에 유선형으로 만들기 위해 사용하는 덮개로 구조적 강도는 없다. 항공기 동체와 날개가 연결되는 부분에 공기 역학적인 유선형 덮개.

비품 장착 및 일반 상태의 보장을 결정하기 위한 적절한 감시를 받도록 한다. 논리적 프로세스는 일반적으로 형식증명(type certificate: TC) 및 부가 형식증명(supplement type certificate: STC) 보유자가 개발 프로세스를 위해 사용한다.

FAA는 항공기의 노후화로 인해 항공기 운영자의 지속적 감항성 프로그램 검사를 기반으로 구체적인 손상 허용 기준을 설정했다.

우리나라 또한, 다음과 같이 경년 항공기(aging aircraft) 정비프로그램을 항공사 정비프로그램에 포함하여 국토교통부 장관에게 인가받도록 규제하고 있다.

① 부식방지 및 관리프로그램(corrosion preventive and control program)

② 기체 구조에 대한 반복 점검프로그램(supplemental structural inspection program)

③ 기체 구조부의 수리·개조 부위에 대한 점검프로그램(aging aircraft safety rule)

④ 동체 여압 부위에 대한 수리·개조 사항에 대한 적합 여부 검사(repair assessment program)

⑤ 광범위 피로균열에 의한 손상(widespread fatigue damage) 점검프로그램

⑥ 전기배선 연결체계 점검프로그램(electrical wire interconnection system)

⑦ 연료 계통 안전 강화 프로그램

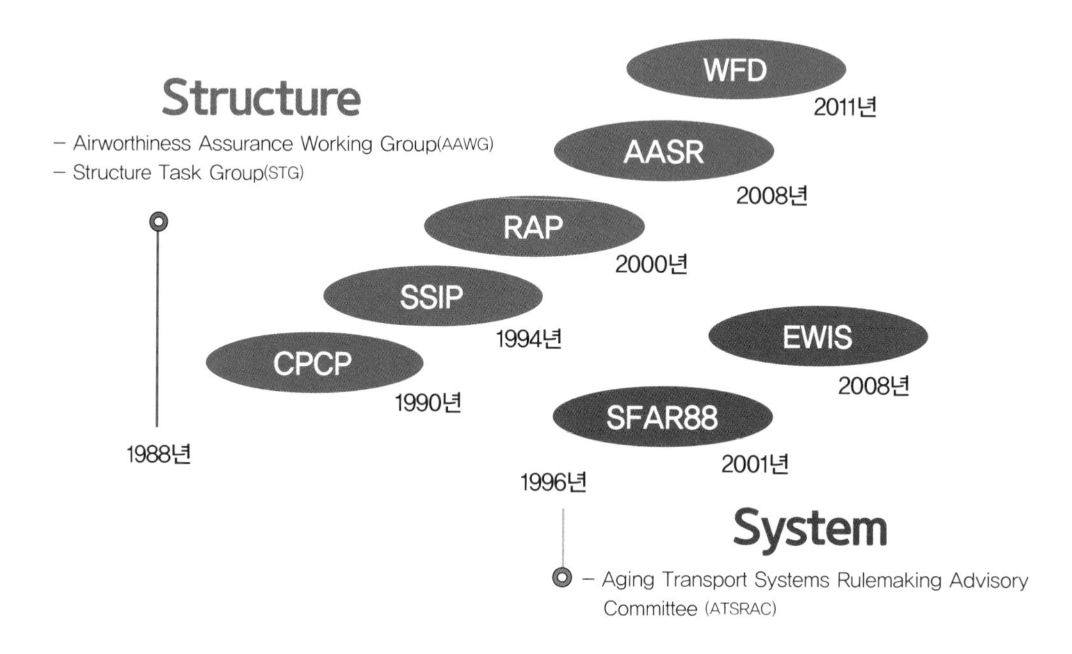

[그림 2-3] 경년 항공기 정비프로그램

항공사는 경년 항공기 운용 중에 발생한 고장, 기능불량 등에 대한 분석 결과를 검토하여 정비 주기 단축, 점검 신설 또는 점검강화 조치를 하여야 하며, 신뢰성관리 지표(안전 지표)를 등록 기호별로 설정하고 운영하여야 한다.

이러한 부위별 정비 및 검사기법은 다음과 같이 두 가지 유형으로 수행된다.

① 일반적인 육안검사

② 정밀 육안검사

1.4 현행 MSG 프로세스(MSG-3)

항공 산업의 지속적인 발전에 따라 1980년에 ATA의 정비 요목(task)에 바탕을 두고 있는 MSG-3(maintenance steering group-3rd task force) 개발기법이 도입되었다. MSG-3은 항공기 시스템과 각각의 부품의 고장보다 기능 상실에 초점을 두고 있다. 아무튼, MSG-2는 확률적 방법을 통해 어떤 부품이 미래에 유사한 고장이 발생할 가능성을 예측하기 위해 그 부품의 고장률을 사용했다.

MSG-3 프로세스는 하향식 접근 방식 또는 고장접근 방식의 결과이다. 즉, 고장이 작업에 어떤 영향을 미치는가? 시스템, 서브시스템 또는 장비품의 고장 또는 성능 저하 여부는 중요하지 않다. 중요한 것은 고장이 항공기 작동에 어떤 영향을 미치는가 하는 것이다. 고장에는 안전과 경제의 두 가지 기본 카테고리 중 하나가 할당된다. [그림 2-4]는 MSG-3 논리 프로세스의 첫 번째 단계를 단순화한 다이어그램이다.[2)]

MSG-3 접근 방식에 따른 정비작업에는 MSG-2와 유사한 하드 타임, 온 컨디션 및 컨디션 모니터링 작업이 포함될 수 있지만, 여기서는 언급되지 않는다. MSG-3 접근 방식은 전반적으로 정비프로그램을 더 유연하게 개발할 수 있다.

[그림 2-4]의 흐름도는 고장이 운항 승무원에게 명백하게 나타나는지 또는 승무원에게 보이지 않는지를 결정하는 데 사용된다(레벨 I 분석). 명백한 고장은 안전과 관련된 고장으로 분류되고, 운영 경제성과 비운영 경제성으로 나뉜다. 이러한 유형은 5, 6 및 7로 번호가 매겨진다. 이

2) 그림 2-4의 각 블록에는 번호가 매겨져 있다. 출력 블록(5-9)의 숫자는 나중에 고장 카테고리(숨겨진 상태, 명백한 상태, 안전 등)를 식별하는 데 사용된다.

범주의 중요성에 대해서는 나중에 설명한다. 승무원에게 숨겨져 있다고 판단되는 고장은 안전 관련 항목과 비 안전 관련 항목으로 구분된다. 이들은 카테고리 8과 9로 지정된다.

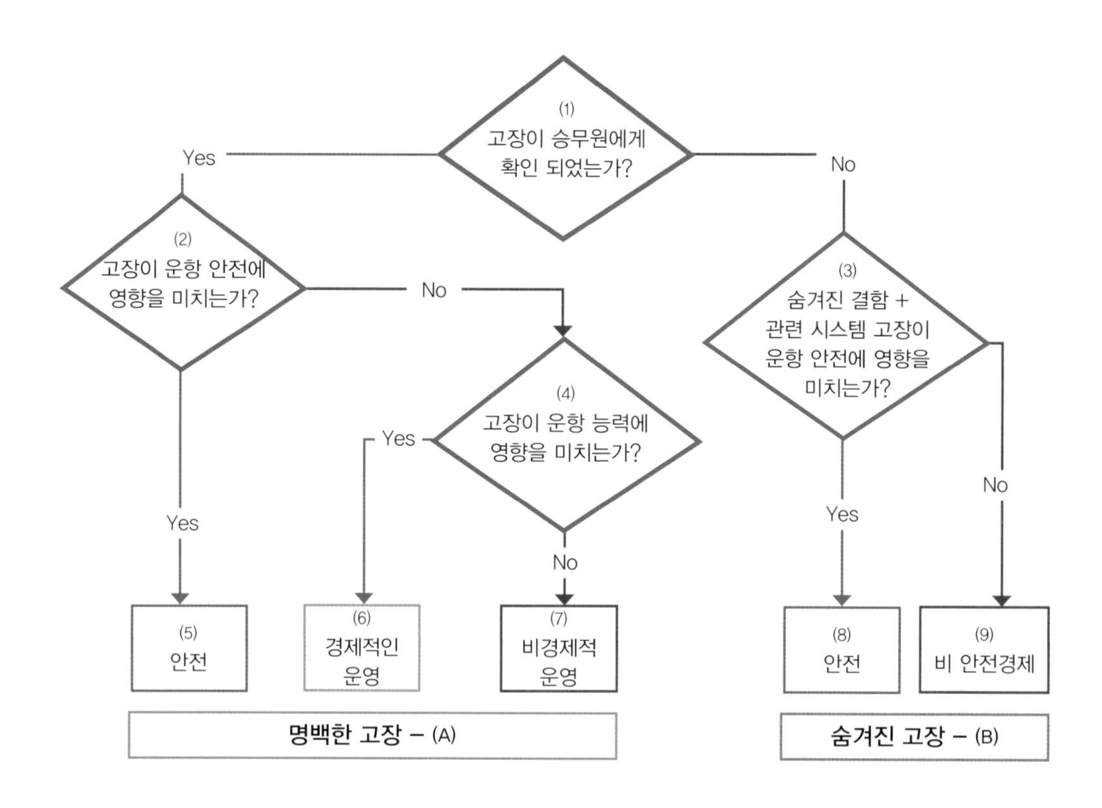

[그림 2-4] MSG-3 레벨 I 분석-고장 카테고리

[그림 2-5] 및 [그림 2-6]의 수준 II 분석은 기능 고장을 수용하는데 필요한 정비작업을 결정하는 데 사용된다. 질문은 비슷하지만 명백하고 숨겨진 고장을 해결하는 방법에는 약간의 차이가 있다. [그림 2-5] 및 [그림 2-6]의 일부 흐름 라인은 부가적인 설명이 필요한 카테고리 5(Cat 5) 또는 카테고리(Cat 8)로만 식별된다.

윤활 또는 정비에 관한 각 차트의 첫 번째 질문은 모든 기능 고장(카테고리 5~9)에 대해 질문해야 한다. 이 질문에 대한 답변 "예" 또는 "아니요"에 관계없이 분석자는 다음 질문을 해야 한다. [그림 2-5]의 카테고리 6, 7과 [그림 2-6]의 카테고리 9의 경우 "예(Y)" 답변을 얻을 때까지 질문이 순서대로 요청되고, "예" 답변이 나오면 분석이 중지된다. 그러나 카테고리 5 및 8(안전 관련)의 경우 모든 질문에 대한 예(Y) 또는 아니요(N). 응답과 관계없이 모든 질문에 답변해야 한다.

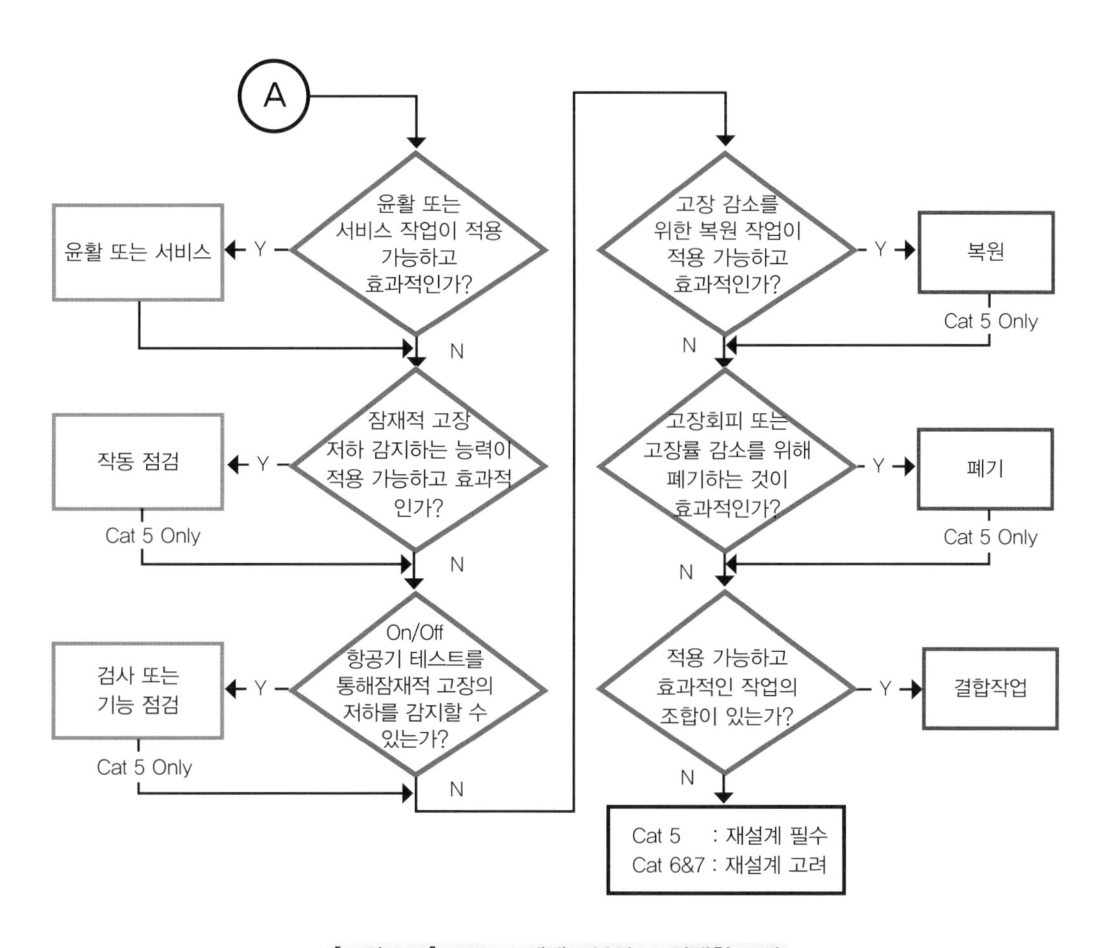

[그림 2-5] MSG-3 레벨 II 분석 - 명백한 고장

[그림 2-5]와 [그림 2-6]의 마지막 블록에도 약간의 설명이 필요하다. 이 흐름도는 새로운 항공기 또는 관련 장비품 등에 대한 정비프로그램 개발에 사용된다.

카테고리 6, 7 및 9에 대해 이 블록에서 차트를 통한 진행이 끝나면 엔지니어는 관련 장비의 재설계를 고려할 수 있다. 그러나 품목이 안전 관련 카테고리 5 또는 8인 경우에는 재설계가 필수이다.

MSG-3 프로세스는 주어진 분석에 대해 작업그룹이 수행할 작업에 대한 단계별 설명을 통해 가장 잘 이해할 수 있다. 각 작업그룹은 각 그룹 내에서 시스템과 장비품에 관한 작동이론, 각 모드의 작동개요(둘 이상의 모드가 있는 경우), 각 작동 모드의 고장 모드, 고장률 및 장탈률에 대한 실제 또는 추정치에 대한 자료 등의 정보를 받는다. 고장률 및 장탈률 등의 자료는 수리 가능한 부품의 경우에는 평균고장시간(mean time between failures: MTBF), 평균 비 계획 장탈시간(mean time between unscheduled removals: MTBUR) 등이 있으며, 수리 불가능한 부품의 경우에는 평균장탈시간(mean time to removal: MTTR)등이 있다.

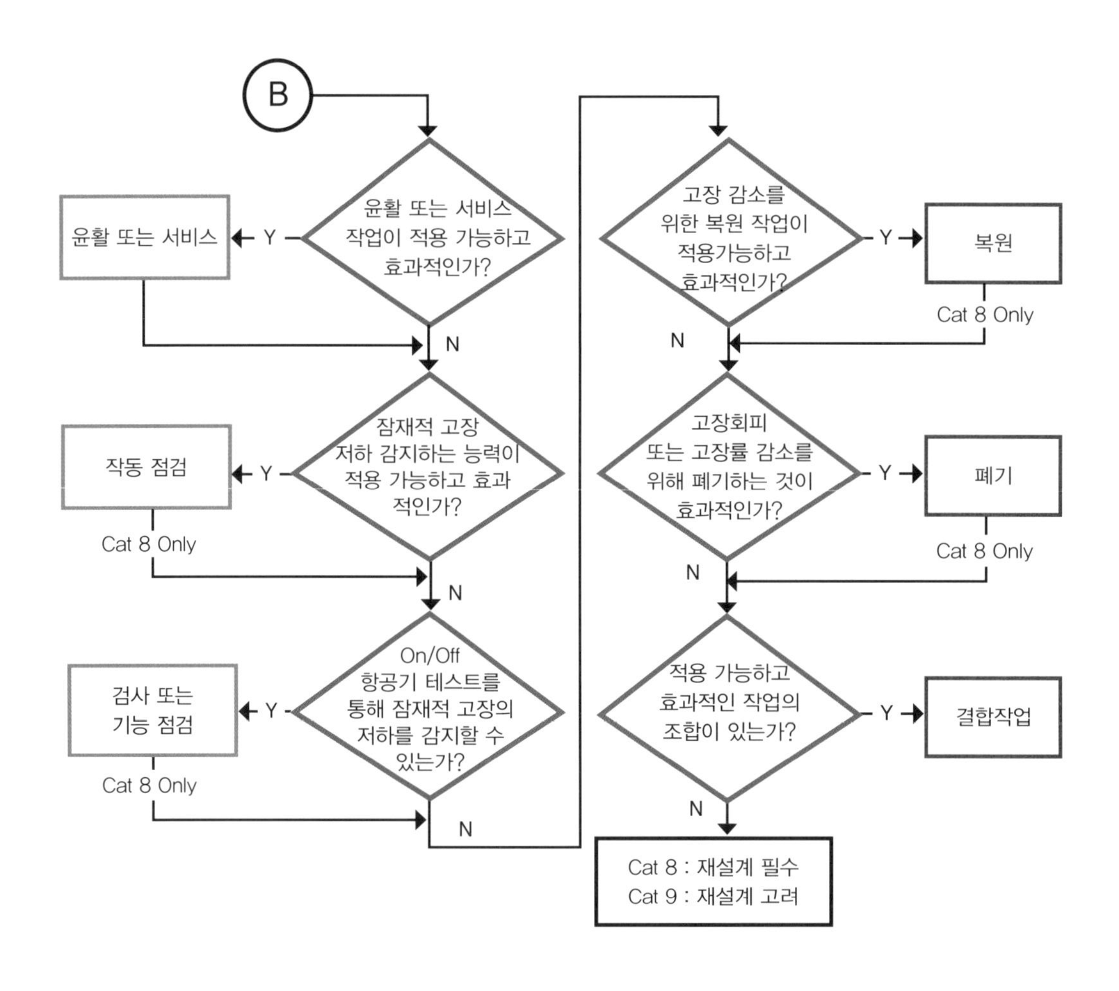

[그림 2-6] MSG-3 레벨 II 분석 - 숨겨진 고장

시스템이 기존 모델 항공기에서 사용된 것과 같거나 유사한 경우에는 그룹 구성원은 작동 및 고장 모드에 대한 재교육만 필요하다. 장비가 신규 장비이거나 새로운 모델 항공기에 맞게 광범위하게 개조되었으면 학습 과정은 조금 더 시간이 걸릴 수 있다. 기체 제작사는 이러한 교육을 작업그룹에 제공하여야 하며, 사용 가능한 모든 성능 및 고장률 데이터를 작업그룹에 제공할 책임이 있다.

그룹이 이 정보를 소화하면 논리 다이어그램을 통해 질문에 적절하게 대답하고 문제에 가장 적합한 정비방식을 결정한다. 각 작동 모드의 각 고장이 해결된다. 작업그룹은 먼저 고장이 승무원에게 숨겨져 있는지 또는 명백한지를 판단한다([그림 2-4]의 블록 1). 그런 다음 문제가 안전성과 관련이 있는지와 명백한 고장의 경우 운항에 영향을 미치는지를 판단한다. 다음으로 [그림 2-5]와 [그림 2-6](수준 II 분석)을 사용하여 적용할 정비작업을 결정한다. 마지막으로, 그룹은 해당 작업을 수행할 정비 주기를 결정한다. 후자의 연습에서는 작업그룹 구성원의 경험뿐만 아니라 고장률 데이터를 활용한다.

1.4.1 iSpec 2200

2000년에 기술 정보 통신 위원회(technical information and communication committee: TICC)는 ATA Spec 100과 ATA Spec 2100을 iSpec 2200으로 항공 정비를 위한 정보표준에 통합하였다. [3]

현재 항공우주 분야에서 콘텐츠, 구조, 기술 문서 및 항공기 엔지니어링, 정비 및 운항 정보의 전자 데이터 교환에 사용되고 있다. 정비 요건, 절차, 항공기 구성 제어 및 운항에 사용된다. 항상 그렇듯이 운영자와 제작사 간의 비용을 최소화하고 정보 품질을 개선하여 제작사가 항공사의 운영 요구에 따라 데이터를 쉽게 전달할 수 있도록 하는 것이다.

1.5 정비프로그램 문서(The maintenance program documents)

MSG-3 분석 결과는 새로운 모델 항공기에 대한 원래 정비프로그램과 해당 모델의 새로운

3) ATA Spec 100은 1956년에 발행되어 인쇄물 기반의 항공 기술 도서 및 문서의 번호 체계이며, Spec 2100은 전자 데이터 교환에 중점을 두고 있다. 1999년 개정 이후 더 이상 업데이트되지 않고 있다.

운영자가 사용할 프로그램을 구성한다. MSG 프로세스에서 선택한 작업은 항공기 제작사에 의해 정비 검토위원회 보고서(maintenance review board report: MRBR)이라는 감항 당국 승인 문서에 게시된다.

MRBR에는 시스템과 동력장치 정비프로그램, 구조 검사 프로그램 및 부위별 검사(zonal inspection) 프로그램이 포함된다. 또한 항공기 부위(zone) 다이어그램, 용어집 및 약어 및 약어 목록이 포함되어있다.

제작사는 MRBR 외에도 정비계획을 위한 자체 문서를 발행한다. 보잉(boeing)에서는 이 문서를 정비계획 데이터(maintenance planning data: MPD)문서라고 한다. 맥도넬 더글러스(McDonnell douglas) 사는 이를 항공기 정비계획(on aircraft maintenance planning: OAMP) 문서라고 하며, 에어버스(airbus industries)에서는 정비계획 문서(maintenance planning document: MPD)라고 한다.

MPD/OAMP는 MRBR의 모든 정비작업 정보와 더불어 항공기 제작사가 제안한 추가 작업이 포함되어있으며, 정비계획을 세우는 데 도움이 되는 다양한 방법으로 작업을 분류한다. 또한, 문자 점검 및 시간, 사이클(cycle) 및 날짜 주기(calendar time)별로 그룹화된다.

이러한 제작사의 문서에는 정비프로그램 개발 및 정비점검 계획에 도움이 되는 점검창(access doors) 및 패널(panels)의 위치 및 번호, 항공기 크기 및 기타 정보를 보여주는 다이어그램도 포함되어있으며, 마지막에는 각 작업에 요구되는 인시 수(man-hour)에 관한 내용이 포함되어있다. 이는 규정된 실제 작업을 수행하는 데 필요한 시간의 추정치일 뿐이다.

여기에는 도어나 패널을 여닫거나, 작업대를 배치하거나, 문제를 분석 또는 해결하거나, 작업 수행 중에 발견된 결함 등을 수정하는 데 필요한 시간은 포함되지 않는다. 이러한 예상 시간은 작업자가 주어진 점검 활동을 계획할 때 실제 작업 요건을 수용하도록 변경해야 한다.

1.6 정비 주기 정의(Maintenance intervals defined)

정비 주기는 항공사 운영자의 신중함에 따라 항공기 제작사에 따라 달라진다. 다양한 정비점검이 MSG-3 프로세스에서 명명되고 정의되었으며 표준으로 본다. 그러나 많은 항공사는 자체적으로 정비 주기를 정의했지만 원래 정비가 필요한 작업 또는 승인된 감항 당국 편차에 대한 무결성이 유지되는 한 항공기 정비점검은 일반적으로 총 비행시간(total air time: TAT), 총착륙 주기(total landing cycles: CYC)에 의해 이루어진다. 감항 당국의 감독하에, 항공사와 항공기 운영자는 운영기준(operations specification)에 따라 지속적인 감항성 정비프로그램(continuous airworthiness maintenance program: CAMP)을 준비해야 한다. CAMP 프로그램은 일상적이고 자세한 검사를 간략하게 설명한다.

항공사와 항공기 운영자 및 감항 당국은 일반적으로 이러한 유형의 검사를 점검(check)이라고 한다. 표준 정비 주기는 다음과 같다.

1.6.1 일일 점검(Daily checks)

일일 점검은 오일 레벨 점검으로 구성된다. 정확한 판독 값을 얻으려면 엔진 작동 정지 후 15분에서 30분 사이에 항공기 엔진의 오일양을 점검해야 한다. 즉, 첫 비행 전에는 오일 레벨을 점검하고 보충할 수 없으므로 착륙 직후에 가능하다.

첫 출발 전에 오일 레벨을 점검해야 할 때는 오일을 예열하기 위해 엔진을 2분 이상 가동해야 하며, 엔진 정지 후 15분이 지나면 오일 레벨을 확인할 수 있다. 이는 정상적인 절차는 아니지만 필요한 경우에는 수행할 수 있다.

일일 점검에는 오일양을 점검하는 항공기 엔진과 같이 정비 이월 품목(deferred maintenance

[그림 2-7] 1쿼터 캔을 이용한 엔진 오일 보충

items)도 포함된다. 회항시간연장운항(EDTO)[4] 적용 항공기 또한 일일 점검 일부로서 비행 전 점검을 받는다.

1.6.2 48시간 점검(48-hour checks)

대부분 항공기에서 48시간 점검은 일일 점검을 대체한다. 48시간 점검은 항공사 운영기준에 따라 48시간마다 수행된다. 이 점검에는 일일 점검보다 자세한 작업이 포함될 수 있다. 예를 들어, 타이어 휠 브레이크 검사, 엔진 오일과 유압유 보충, 보조 동력장치 오일 보충 및 검사, 동체, 날개, 내부 및 조종실 등의 일반적인 육안검사와 같은 항목 등이다.

1.6.3 시간제한 점검(Hourly limit checks)

MSG 분석으로 결정된 특정 점검에는 장치 또는 시스템이 작동한 시간(100, 200, 250시간 등)으로 지정된 정비작업이 있다. 이러한 정비방식은 엔진, 비행기 조종장치 및 비행 중 또는 지상에서 지속해서 작동하는 수많은 시스템에 사용된다.

1.6.4 작동 사이클 한계 점검(Operating cycle limit checks)

다른 비행기 시스템은 견딜 수 있는 작동 사이클에 따라 정해진 일정으로 정비된다. 예를 들어, 착륙장치는 이륙과 착륙 시에만 사용되며, 이러한 작동 횟수는 운항 일정에 따라 달라진다. 기체 구조, 저압과 고압 임펠러 및 고압 터빈 블레이드와 같은 동력장치/엔진 구성부품 등과 기타 장비품도 주기적으로 스트레스를 받으며 이 카테고리에서 많은 작업을 수행한다.

1.6.5 정형화된 정시 점검(Letter checks)

보잉 777이 개발될 때까지 정비프로그램 개발을 위해 MSG-3 프로세스를 이용하는 모든 항공기는 정비프로그램에서 다양한 문자 점검을 뒀다. 이러한 점검은 A, B, C 및 D 점검으로 식별되었다. 보잉 777은 수정된 MSG-3 프로세스(MSG-3, 개정 2)를 사용하여 문자 점검을 삭제

---

4) "회항시간연장운항(extended diversion time operation: EDTO)"이란 쌍발 이상의 터빈엔진 비행기 운항 시, 항로상 교체공항까지의 회항시간이 운영국가가 수립한 기준시간(threshold time)보다 긴 경우에 적용하는 비행기 운항을 말한다.

했다.[5] 중간 점검(transit check)에 없었던 모든 작업은 시간 또는 사이클로만 식별되었으며 이러한 작업은 이전 모델 항공기에서 수행한 것과 같이 문자 점검으로 분류하지 않았다. 이로 인해 장비 또는 시스템에 가장 적절한 시간에 정비를 수행할 수 있는 최적의 정비프로그램을 만들었다. 운영자는 프로그램을 필요에 맞게 조정할 수 있다. 그러나 일부 운영자는 특정 시간 또는 사이클 간격으로 이 정비를 블록 단위로 스케줄 한다.

1.7 기본 정비 주기 변경(Changing basic maintenance intervals)

운영 조건은 운영자가 조직의 요구를 더 잘 해결하고 정비프로그램의 다섯 번째 목표를 수용하기 위해 기본 정비프로그램을 변경해야 한다. 예를 들어, 고온 다습한 기후에서의 작동은 건조한 사막의 기후에서 같은 항공기를 운항하는 동안 MRB 보고서가 나타내는 것보다 부식 제어 작업을 더 자주 수행해야 하므로 이러한 작업에 필요한 빈도를 줄일 수 있다. 그러나 후자의 경우, 모래와 먼지에 민감한 품목은 정비프로그램에서 주의를 기울여야 한다.

운영자는 서비스 중에서의 경험을 토대로 특정 작업 또는 전체 문자 점검에 대한 정비 주기를 변경해야 한다. 그러나 이를 수행하려면 운영자는 변경이 필요하다는 증거가 있어야 한다.

이러한 정비 주기 변경에 대한 승인된 증거는 운영자의 컨디션 모니터링 프로그램 또는 신뢰성 프로그램을 통해 수집된 데이터 형식이다. 항공기를 운용하면서 특정 품목에 대한 작업 주기는 단축이 필요하고, 또 다른 품목은 연장할 수도 있다. 정비는 역동적인 과정이다.

2 항공운송 사업자용 정비프로그램 기준 (Standards for air carrier maintenance program)

각 항공사가 준수해야 하는 특정한 규제 요건과 승인된 정비프로그램 요건을 항공사가 이행하기 위해 갖춰야 하는 필수적인 정비 활동이 있다. 전자기계식 밸브, 기체 시스템, 엔진, 보조

5) 보잉737NG 항공기 및 737NG 이후에 설계된 다른 비행기도 마찬가지다.

동력장치, 유압 시스템 및 항법 시스템 등으로 정교하게 구성되어있는 항공기와 항공기 시스템의 이상 유무를 정비프로그램에 따라 판정하기 위해서는 항공기 시스템의 지식, 경험 및 정확한 기계적 능력을 갖춘 잘 훈련된 항공정비사가 필요하다.

이러한 기계적 작업과 정비프로그램은 항공사와 항공기 운영자가 이를 효과적으로 수행할 수 있도록 감독하고 모니터링하는 것이 필요하다.

국토교통부는 항공기 기술기준 part 21 부록 C에 항공 정비프로그램의 개요를 기술했다.

본 장에서는 먼저 국토교통부 요구 사항에 대해 논의할 것이며, 자세한 내용들은 각 장에서 다루도록 한다.

2.1 항공 정비프로그램 개요(항공기 기술기준 part 21 부록 C)

항공기 기술기준 part 21 부록 C는 항공운송 사업자가 「항공 안전법 시행규칙」 제38조에 따라 항공기의 감항성을 지속적으로 유지하기 위한 정비 방법을 제공하기 위하여 항공운송 사업자의 정비프로그램(air carrier maintenance program)이 갖추어야 하는 10가지 요소를 설명하는 것을 목적으로 하고 있으며, 국제항공 운송사업자, 국내 항공 운송사업자 또는 소형항공 운송사업자(이하 '항공 운송사업자'라 한다)가 정비프로그램을 운용하고자 할 경우 적용하게 되어있다.

항공 운송사업자는 「항공 안전법」제90조 및 같은 법 시행규칙 제259조에 따라 운항증명을 발급받을 때 운영기준(operations specifications)을 함께 발급받는다. 이 운영기준에는 항공 운송사업자 소속 항공기는 지속 감항 유지프로그램(CAMP)에 따라 정비하여야 함을 명시하고 있다. 또한, 항공 운송사업자는 법 제93조 및 시행규칙 제266조에 따라 정비규정을 제정하거나 변경하고자 할 때는 국토교통부 장관 또는 관할 지방항공청장(이하 '허가기관'이라 한다)의 인가를 받아야 한다. 이 정비규정에는 항공기의 감항성을 유지하기 위한 정비프로그램이 포함된다.

항공 운송사업자는 정비프로그램을 제정하거나 변경하고자 할 경우에는 정비규정과 함께 운영기준의 제정 또는 개정 신청을 허가기관에 하여야 한다. 허가기관은 해당 항공 운송사업자의 정비프로그램을 정비규정 일부로서 인가하고 운영기준에 이를 반영하여 제정 또는 개정하여 승인한다.

항공 운송사업자의 정비프로그램은 적용되는 항공기와 항공기의 모든 부속품이 의도된 기능을 발휘할 수 있도록 보증하고, 항공운송에 있어서 가능한 최고의 안전도를 확보하는 것을 목적으로 하며, 다음 3가지의 세부 목표가 반영되어야 한다.

① 항공 운송용 항공기는 감항성이 있는 상태에서 항공에 사용되어야 하고, 항공운송을 위하여 적합하게 감항성이 유지되어야 한다.

② 항공 운송사업자가 직접 수행하거나 타인이 대신하여 수행하는 정비 및 개조는 항공 운송사업자의 정비규정을 따라야 한다.

③ 항공기의 정비 및 개조는 적합한 시설과 장비를 갖추고 자격이 있는 종사자에 의해 수행되어야 한다.

항공 운송사업자는 정비프로그램의 모든 사항이 효과적이고, 항공 운송사업자의 매뉴얼에 따라서 수행되고 있다는 것을 보증하기 위하여 지속적인 감시, 조사, 자료수집, 분석, 시정조치 및 시정조치의 검증을 모니터하는 시스템을 구축하여야 한다. 여기에서 '효과적'이란 정비프로그램의 목적에 따라 기대한 결과가 성취되고 항공 운송사업자가 설정한 기준을 충족하는 것을 의미한다.

2.2 항공 운송사업자 정비프로그램의 요소

항공 운송사업자 정비프로그램은 다음과 같은 10개의 요소를 포함하고 있다.

① 감항성 책임(airworthiness responsibility)

② 정비매뉴얼(maintenance manual)

③ 정비조직(maintenance organization)

④ 정비 및 개조의 수행 및 승인(accomplishment and approval of maintenance and alteration)

⑤ 정비계획(maintenance schedule)

⑥ 필수 검사항목(required inspection items)

⑦ 정비기록 유지시스템(maintenance recordkeeping system)

⑧ 계약 정비(contract maintenance)

⑨ 종사자 훈련(personnel training)

⑩ 지속적 감독 및 분석 시스템(continuing analysis and surveillance system)

2.2.1 감항성 책임(Airworthiness responsibility)

항공 운송사업자는 운영하는 항공기의 감항성에 대한 일차적인 책임이 있으며, 운영하는 항공기에 대한 모든 정비를 수행할 책임이 있다. 항공 운송사업자는 운항증명을 승인받음에 따라, 운영하는 항공기에 대한 모든 정비, 예방 정비 또는 개조를 직접 수행하거나, 법 제97조에 따라 정비조직인증(approved maintenance organization)을 받은 자에게 정비, 예방 정비 또는 개조를 위탁할 수 있다. 위탁받은 자는 반드시 항공 운송사업자의 지시와 통제를 받아야 하고 항공 운송사업자의 정비프로그램을 준수하여야 한다.

항공 운송사업자의 항공기에 수행된 모든 작업에 대하여, 항공 운송사업자는 그 작업을 자체 정비인력이 수행하였거나 위탁한 자가 수행하였을지라도, 모든 정비와 개조에 대한 수행 및 승인에 대한 일차적인 책임을 갖고 있다. 그러므로 항공 운송사업자는 정비가 타인에 의해 수행되었다 할지라도 정비의 수행 및 승인에 대한 일차적인 책임은 여전히 갖고 있다.

2.2.2 항공 운송사업자 정비매뉴얼(Air carrier maintenance manual)

항공 운송사업자는 법 제93조에 따른 정비규정, 이를 이행할 세부적인 정비업무처리에 관한 지침 또는 절차서 등(이하 '정비매뉴얼'이라 한다)을 구비 하여야 한다. 정비매뉴얼은 항공 운송사업자의 매뉴얼 시스템 내에 포함되어야 한다.

항공 운송사업자의 정비매뉴얼은 개정하기 쉬워야 하며 정비매뉴얼의 모든 부분이 최신판으로 유지될 수 있도록 하는 절차가 있어야 한다.

항공 운송사업자는 정비매뉴얼을 준수하여야 할 종사자들에게 정비매뉴얼의 최신판, 개정판 및 임시개정판 이용이 가능하게 하여야 한다. 항공 운송사업자는「운항 기술기준」 9.1.15.2.4(항공 안전 관련 정책 및 절차에 관한 규정 등의 제출 및 개정)에 따라 국토교통부 또는 지방항공청의 관련 부서에 정비매뉴얼을 제출하여야 한다. 정비매뉴얼을 배포 받은 자는 이를 최신판으로 유지하여야 한다.

2.2.3 정비조직(Air carrier maintenance organization)

항공 운송사업자는 정비프로그램을 수행, 감독, 관리 및 개정할 수 있는 조직, 소속 정비직원에 대한 관리와 지도하는 조직, 그리고 정비프로그램의 목적을 완수하는 데 필요한 지침을 내리는 조직을 갖출 필요가 있다. 항공 운송사업자의 매뉴얼에는 조직도와 정비조직에 대한 설명이 포함되어야 한다. 이들 조직에 관한 규정은 항공 운송사업자의 조직뿐만 아니라 항공 운송사업자를 위하여 정비 서비스를 제공하는 다른 조직에도 적용된다. 조직도는 권한과 책임에 대한 전반적인 담당과 지휘체계를 보여주는 좋은 방법이다.

「운항 기술기준」 제9장에는 필수 관리자로서 정비본부장(director of maintenance)과 품질관리자(quality manager)를 포함하여 항공 운송사업자의 정비조직 관리자의 직책에 대한 구체적 요건이 수록되어 있다. 항공 운송사업자는 필수 관리자로서 정비본부장과 품질관리자, 또는 이와 동등한 직책을 두어야 한다. 그러나 이 직책이 정비 부문을 관리하고 운영하는 데 필요한 관리직 전부는 아니다.

2.2.4 정비 및 개조의 수행 및 인가(Accomplishment and approval of maintenance and alterations)

정비를 수행함에 있어서, 항공 운송사업자는 정비에 관한 별도의 허가를 받지 않아도 자신의 항공기에 대한 정비를 수행하고 이를 사용 가능 상태로 환원(return to service)(이하 '정비확인'이라 한다) 할 수 있는 권한이 있다. 항공 운송사업자는 정비조직인증을 받아 자신의 정비규정과 정비프로그램에 따라 다른 항공 운송사업자의 정비 등을 대신하여 수행할 수 있다. 그러나 이러한 정비행위에 대한 정비 확인의 권한은 대신 수행하는 항공운송 사업자에게 있지 않다. 즉 정비행위를 타인에게 위탁하였을지라도 정비 확인에 대한 권한은 항공기를 운영하는 자에게 있다.

감항성에 관하여 결정을 내리는 각 개인은 반드시 적합한 자격을 갖고 있어야 한다. 항공 운송사업자는 어떤 정비작업을 수행하고자 할 때 항공정비사 자격증명 소지자가 하도록 하여야 한다.

항공 운송사업자는 적합한 항공정비사 자격증명(certified) 소지하고, 적합한 교육을 이수(trained)하여 자격검정(qualified)이 된 자에게 필수 검사항목(RII) 수행 권한을 부여하여야 한다.

항공 운송사업자는 정비 확인을 수행할 권한의 부여는 적합한 한정이 있는 항공정비사 자격증명 소지자에게 하여야 한다.

정비본부장과 품질관리자는 기체와 발동기 한정을 갖는 항공정비사 자격증명이 있어야 한다. 이 자격증명 요건은 항공 운송사업자의 자격 부여 요건이지, 정비작업을 수행하는 데 필요한 요건은 아니다. 항공기에 수행되는 모든 정비에 대한 정비 확인 행위는 운항증명에 따라 항공 운송사업자의 정비조직 또는 항공 운송사업자가 권한을 부여한 사람에 의해 수행되는 것이며, 개인의 자격증명이나 조직의 인증에 따라 수행하는 것은 아니다.

항공 운송사업자가 국외의 인가된 정비업체에 정비 수행을 위탁한 경우에는 각 항공종사자 자격요건에 대한 예외사항이 발생한다. 그런 정비업체에는, 직접적으로 정비 수행 임무 또는 필수 검사 업무를 부여받은 각 개인은 우리나라의 항공종사자 자격증명 소지 요건에 해당하지 않는다.

2.2.5 정비계획(Maintenance schedule)

정비시간 한계는 항공 운송사업자의 계획된 정비작업이 무엇이며, 어떻게, 그리고 언제 할 것인지를 설정한 것이다. 정비계획은 일정한 기준에 따라 정비를 수행할 수 있도록 정비시간 한계를 정한 것을 말한다. 비록 과거에는 이 계획에 단지 기본적인 오버-홀 한계 시간과 기타 일반적인 요건만을 포함하였지만, 현재에는 각 개별적인 정비작업(task) 사항과 이와 관련된 시간 한계가 포함된다. 항공 운송사업자는 이들 각각의 작업을 항공 운송사업자의 모든 항공기에 대하여 필요한 지속적이고 바람직한 계획 정비작업이 이루어질 수 있도록 통합되고 일괄적인 정비계획을 수립하여야 한다.

항공 당국은 항공 운송사업자의 정비계획을 운영기준(operations specifications)을 통하여 인가하고, 희망하는 결과가 도출되는지 이것의 효과를 검증하기 위하여 항공 운송사업자의 지속적 분석 및 감시 시스템(continuing analysis and surveillance system: CASS)을 모니터링한다. 항공 운송사업자의 CASS는 정비계획의 변경에 필요한 정보를 제공하는 중요한 원천이 된다. 항공 당국은 항공 운송사업자가 정비계획의 어떤 부족한 사항에 대하여 자발적으로 개선할 것을 기대한다. 만약 항공 운송사업자가 개선하지 않는다면 항공 당국은 항공 운송사업자에게 정비계획을 변경할 것을 요구할 수 있다.

2.2.6 필수 검사항목(Required inspection items, RII)

항공 운송사업자는 필수 검사항목(RII)을 지정해야 한다. 이 필수 검사항목은 정비가 부적절하게 수행되거나 혹은 부적절한 부품이나 자재를 사용하여 정비를 수행할 경우 고장, 기능불량 또는 결함으로 항공기의 계속적인 안전한 비행과 이착륙에 위험을 초래할 수 있는 최소한의 정비작업들을 말한다. 정비작업을 자체 수행 또는 위탁 수행한 경우, 이들 필수 검사항목에 대한 검사를 수행하는 것은 항공 운송사업자의 권한이다. 항공 운송사업자는 정비매뉴얼을 통하여 이를 마련하고 문서화하여야 한다. 규정을 충족하기 위해, 필수 검사항목을 위탁하여 수행하였더라도 수행에 대한 일차적인 책임은 항공운송 사업자에게 있다.

필수 검사항목은 비행안전에 직접적으로 관련되어 있다. 필수 검사항목은 비행안전과 동일하게 간주되며, 시간이 부족하거나 불편한 장소에서 계획 또는 불시에 작업이 실시되어 비행계획에 부정적인 영향을 줄지라도 각각의 필수 검사항목은 반드시 수행되어야 함을 강조하는 것이다.

2.2.7 정비기록 유지시스템(Maintenance recordkeeping system)

항공 운송사업자는 운용 중인 항공기가 신규 감항증명을 받은 이후 감항성을 지속적으로 유지하고 있다는 것을 입증하기 위하여 인가받은 정비프로그램에 따라 점검을 수행하고 그 결과를 작성·유지하여야 한다.

감항증명은 정비와 개조가 항공 안전법의 요건에 따라 수행되는 한 계속 유효하다. 항공 안전법에서 요구된 항공기 정비기록이 불완전하고 부정확한 경우 감항증명이 유효하지 않게 될 수 있다. 대부분은 정비행위들은 일이 끝나면 실체가 없는 무형의 것이 된다. 그러므로 정비행위를 실체화하기 위해서 소유자 등은 정비행위에 대하여 정확히 기록하여야 한다.

2.2.8 계약 정비(Contract maintenance)

항공 운송사업자의 항공기 등, 장비품 및 부품 등에 대한 정비의 전부 또는 일부를 위탁한 경우, 정비위탁업체의 조직은 실질적으로 항공 운송사업자의 정비조직 일부로 간주되며 항공 운송사업자의 관리하에 있다.

항공 운송사업자의 항공기 등에 대하여 수행한 정비위탁업체의 모든 정비행위에 대한 책임은 여전히 항공운송 사업자에게 있다. 항공 운송사업자는 정비위탁업체의 작업 수행 능력이 있는지 판단해야 하며, 그들의 작업이 항공 운송사업자의 교범과 기준에 따라 만족스럽게 수행하였는지 판단하여야 한다. 항공기에 대한 모든 작업은 항공 운송사업자의 정비매뉴얼과 정비프로그램에 따라 수행되어야 하므로 항공 운송사업자는 해당 작업 수행을 위하여 항공 운송사업자의 정비매뉴얼에 따라 적합한 자료를 정비위탁업체에게 제공하여야 한다.

항공 운송사업자는 정비위탁업체가 항공 운송사업자가 제공한 매뉴얼에 있는 절차를 따른다는 것을 보장하여야 한다. 항공 운송사업자는 정비위탁업체가 해당 작업을 수행하고 있는 동안 작업공정심사(work-in-progress audits)를 통해 이를 확인하여야 한다.

항공 운송사업자의 매뉴얼 시스템에는 개별 정비위탁업체가 수행한 작업이 포함될 수 있도록 하여야 한다. 항공 운송사업자 정비매뉴얼의 정책과 절차 부분에는 모든 계약 작업에 대하여 항공 운송사업자의 직원이 수행할 행정, 관리 및 지시에 대한 권한과 책임 및 개략적인 절차가 명확하게 명시되어 있어야 한다. 항공 운송사업자가 제공하는 기술 자료는 정비위탁업체가 사용할 수 있도록 정보 제공을 위해 준비가 되어있어야 한다. 항공 운송사업자는 정비작업을 지속적인 방식으로 수행할 경우 가능한 서면으로 계약을 해야 한다. 이것은 항공 운송사업자의 책임을 명확하게 표시하는 데 도움이 될 것이다.

엔진, 프로펠러 또는 항공기 기체 오버-홀과 같은 주요 작업의 경우에는 계약서에 해당 작업에 대한 명세서(specification)를 포함하여야 한다. 항공 운송사업자는 항공 운송사업자의 매뉴얼 시스템 안에 그 명세서를 포함하거나 참조시켜야 한다.

2.2.9 종사자 훈련(Personnel training)

항공 운송사업자는 작업을 수행하는 모든 항공종사자(검사원 포함)가 절차, 기법 및 사용하는 새로운 장비에 대해 충분히 정보를 얻고, 임무를 수행할 능력을 갖추고 있음을 보증하고, 정비 프로그램의 적합한 수행을 위하여 충분한 인력을 제공할 수 있도록 교육훈련 프로그램을 개발하여야 한다.

항공 운송사업자의 교육훈련 프로그램에는 초기교육(initial training), 보수교육(recurrent training), 전문 교육(specialized training), 역량 기반 훈련(competency-based training) 및 위탁업체 교육(maintenance-provider training) 등이 있다.

항공 운송사업자는 소속 인력과 정비위탁업체의 인력에 대하여 교육 필요성의 평가에 기반을 둔 적절한 교육훈련을 수립해야 한다. 이 평가는 요구되는 지식수준, 기술 및 주어진 작업 또는 기능을 적절하게 수행할 수 있는 능력과 작업 또는 기능을 부여받은 자의 현재 역량을 반영한다.

2.2.10 지속적 분석 및 감시 시스템(Continuing analysis and surveillance system)

1950년대 미국에서 발생했던 일련의 정비 관련 항공사고 연구를 통해 지속적 분석 및 감시 시스템(CASS) 도입의 필요성이 대두되었다. 이 연구에서 정비로 인한 사고요인이 정비사가 매뉴얼을 따르지 않고, 해당 정비작업을 수행하지 않았거나 비정상적으로 수행하는 등 기초적인 사항의 취약과 정비프로그램의 허점에서 비롯된 것으로 확인되었다. 이러한 사례로 인하여 미국 연방항공청(FAA)은 검사, 정비, 예방 정비, 개조프로그램의 유효성, 지속적 분석 및 감시를 위한 시스템을 수립하고 유지할 것을 항공운송 사업자에게 요구하는 규정(FAR 121.373 및 135.431)을 도입하였다. 이 규정은 항공 운송사업자가 정비를 직접 수행하거나 위탁업체에서 맡겨 수행하는 것에 상관없이 항공 운송사업자는 CASS에 따라 정비프로그램에서 발견된 미흡, 결함 사항 등을 수정하는 절차를 마련할 것을 요구하고 있다.

한편, 우리나라는 법 제283조에 따른 정비규정과 운항 기술기준 9.3.4.1에 따라 CASS를 마련하여 지속적인 항공기의 감항성을 유지하도록 하고 있다.

CASS는 안전관리를 위한 하나의 도구로서, 정비기능과 관련된 안전을 관리하기 위한 항공운송사업자의 시스템이다. 이것은 항공 운송사업자의 최상의 안전도를 유지할 수 있도록 하기 위한 정책과 절차의 전반적인 구조의 부분이며, 정비프로그램의 목적을 달성하게 하는 구조화된 체계적인 절차를 말한다.

항공 운송사업자가 CASS를 적절히 운용한다면 안전위해 요소를 찾아내어 제거할 수 있는 공식적인 절차를 제공하여 회사의 안전 문화를 장려할 수 있도록 도움을 줄 수 있을 것이다.

제 3 장 항공산업 인증

항공산업은 모든 운송 수단 중에서 가장 엄격하게 규제되고 있다. 일반적으로 택시 사업은 차량이나 운전자 면허에 대한 특정 요구사항을 제외하고는 규제가 엄격하지 않다. 화물 운송 사업도 거의 같다. 대중교통 버스는 차량과 운전자에 대해 면허 요건과 안전 및 대기 오염에 대한 정부 규제가 택시 사업보다는 강화되었다. 철도는 상업용 선박의 운영자와 마찬가지로 더 엄격한 규제와 통제를 받는다. 그러나 항공산업에서는 항공기 설계부터 제조 과정뿐만 아니라 항공기 운영 및 정비에 이르기까지 상당한 규제가 있다. 항공기를 이용한 항공기를 이용한 비즈니스 측면에 대한 규제 요구사항도 있다.

1 항공기 인증(Aircraft certification)

항공기를 완전하게 인증하는 데는 세 가지 인증서가 필요하다. 항공기 설계를 인증하는 형식증명서(type certificate), 항공기 제조 공정을 인증하는 제작 증명서(production certificate), 그리고 항공기 자체의 안전성을 인증하는 감항증명서(airworthiness certificate)가 있다.

1.1 형식증명서

우선 상업용 및 개인용으로 설계 및 제작된 각 항공기는 승인된 형식증명서(type certificate: TC)가 있어야 한다. 이 인증서는 기본 디자인이 결정되면 항공기 설계자가 신청한다. 형식증명서는 항공기, 엔진, 프로펠러, 해당 항공기 모델을 구성하는 다양한 계기, 시스템과 장비를 정의한다.

같은 항공기에 대해 둘 이상의 엔진 형식(즉, 기존 엔진의 파생물 또는 다른 제작사의 엔진)이 장착되는 경우, 형식증명서(TC)는 모든 엔진의 특성과 한계를 다루어야 한다. 다른 장비, 시스템과 액세서리에서도 마찬가지이다. 형식증명서는 또한 운반할 수 있는 승객 및 화물의 제한범위, 고도 제한범위, 연료 용량, 최고 속도 및 순항 속도와 같은 항공기의 기능과 제한사항을 정의한다.

항공기와 엔진의 조합을 정의하는 결합한 모든 매개 변수는 인증서에 첨부된 데이터 시트에 기재되어야 한다. 항공기와 엔진의 조합은 감항당국이 설정한 안전 및 감항성 기준을 준수하도록 설계되었으며, 이 설계는 검사 및 시험비행을 통해 감항당국에 입증되어야 한다. 형식증명서를 발행하기 전에 최종적으로 감항당국이 주관하는 증명 비행이 수행된다.

항공기 설계자는 설계 단계 초기에 형식증명서를 신청하지만, 항공기가 실제로 제작되어 시험비행을 통하여 감항당국이 설정한 안전 및 감항성 기준을 통과하고, 안전 및 감항 표준을 충족하는 것으로 입증될 때까지 형식증명서는 발행되지 않는다.

최초 형식증명서를 받은 항공기 모델의 변형된 모델이 있는 경우 형식증명서를 수정할 수 있다. 제작사가 여객기를 만들고 판매한다고 가정한다. 이 여객기 모델이 서비스에 들어간 이후, 제작사가 여객기의 기본 설계를 바탕으로 화물기를 설계하여 생산하기로 한다. 그 결과 기본 설계는 같지만 세부 설계는 달라진다. 예를 들면 승객 창문이 없고, 승객용 바닥재 대신 화물 팔레트를 처리할 바닥재를 설치하며, 항공기의 기본 특성을 변경하는 기타 변형들이 있다. 이를 위해서는 추가로 감항당국의 승인이 필요하지만, 감항당국은 새로운 형식증명서를 발행하는 대신 부가 형식증명서(STC)로 알려진 원래 형식증명을 보완한다. 부가 형식증명서는 기존 제품 설계변경과 그 설계변경이 기존 제품에 미치는 영향을 정의한다.

새로운 모델 또는 형식이 인증서에 추가되고 새로운 모델의 특성과 차이점을 설명하기 위해 추가 데이터 시트가 첨부된다. 새로운 구성을 증명하는 비행 테스트가 필요하며 부가 형식증명서가 발행된다. 감항당국은 자국에서 제조된 제품 또는 자국에 등록되어 자국의 운영자가 사용하기 위한 외국산 제품에 대해서만 형식증명서를 발행한다.

형식증명서의 표본은 [그림 3-1]에 나와 있다. 형식증명서에는 인증한 항공기에 대한 기본사항만 기록되어 있다. 설계에 관한 상세 정보는 형식증명서에 첨부된 데이터 시트에 기록된다. 형식증명서는 대체, 취소 또는 감항당국이 종료 날짜를 정할 때까지 유효하다. [그림 3-2]는 부가 형식증명서를 보여준다.

■ 항공안전법 시행규칙 [별지 제3호서식] 〈개정 2018. 6. 27.〉

<table>
<tr><td colspan="2">대한민국
국토교통부

The Republic Korea
Ministry of Land, Infrastructure and Transport

[ ] 형 식 증 명 서(Type Certificate)
[ ] 제 한 형 식 증 명 서(Restricted Type Certificate)</td><td>증명서 번호
Certificate No.:</td></tr>
<tr><td>1. 분류(Classification)</td><td colspan="2"></td></tr>
<tr><td>2. 형식 또는 모델(Type or Model)</td><td colspan="2"></td></tr>
<tr><td>3. 설계자의 성명 또는 명칭
(Name of Designer)</td><td colspan="2"></td></tr>
<tr><td>4. 설계자 주소(Address of Designer)</td><td colspan="2"></td></tr>
<tr><td>5. 감항분류(Airworthiness Category)</td><td colspan="2"></td></tr>
<tr><td>6. 형식증명자료집 번호
(Type of Certificate Data Sheet No.)</td><td colspan="2"></td></tr>
<tr><td colspan="3">위의 [ ]항공기, [ ]발동기, [ ]프로펠러는 「항공안전법」제20조제3항 및 같은 법 시행규칙 제21조제1항에 따라 (해당 특정업무와 관련된) 항공기기술기준에 적합한 형식임을 증명한다.

In accordance with Paragraph 3, Article 20 of Aviation Safety Act and Paragraph 1, Article 21 of Enforcement Regulation of Aviation Safety Act, the Minister of Ministry of Land, Infrastructure and Transport hereby certifies that the abovementioned [aircraft, engine, propeller] (Restricted) type design meets airworthiness requirements of Aviation Safety Act(for operation of the special purposes).

년 월 일
Date of Issuance

국토교통부장관 직인

Minister of Ministry of Land, Infrastructure and Transport</td></tr>
</table>

[그림 3-1] 형식증명서

■ 항공안전법 시행규칙 [별지 제6호서식] 〈개정 2018. 6. 27.〉

대한민국 국토교통부 The Republic Korea Ministry of Land, Infrastructure and Transport	증명서 번호 Certificate No.: 관련 형식증명번호 Type Certificate No.:

부가형식증명서
Supplemental Type Certificate

1. 구분(Classification)	
2. 형식 또는 모델(Type or Model)	
3. 감항분류(Airworthiness category)	
4. 설계자의 성명 또는 명칭(Name of Designer)	
5. 설계자의 주소(Address of Designer)	
6. 설계변경 승인내용(Description of Modification)	
7. 기타(Remarks)	

위의 [ ]항공기, [ ]발동기, [ ]프로펠러는 「항공안전법」 제20조제6항 및 같은 법 시행규칙 제25조에 따라 항공기기술기준에 적합한 형식임을 증명한다.

In accordance with Paragraph 6, Article 20 of Aviation Safety Act and Article 25 of Enforcement Regulation of Aviation Safety Act, the Minister of Ministry of Land, Infrastructure and Transport hereby certifies that the above mentioned [aircraft, engine, propeller] type design meets airworthiness requirements of Aviation Safety Act.

년 월 일
Date of Issuance

국토교통부장관 직인

Minister of Ministry of Land, Infrastructure and Transport

[그림 3-2] 부가형식증명서

1.2 제작증명서

형식증명서가 발행되면 제작사는 감항당국에 제작 증명 신청서를 제출하여 제작 증명서(production certificate: PC)를 신청한다. 제작 증명서를 신청하는 경우 신청자는 품질관리 규정, 제작하려는 항공기의 제작 방법 및 기술 등을 설명하는 자료, 제작 설비 및 인력 현황, 품질관리 및 품질검사의 체계를 설명하는 자료, 제작하려는 항공기의 감항성 유지 및 관리체계를 설명하는 자료 등을 첨부하여야 한다. 다른 산업에서는 대량 생산되는 제품과는 다른 수제 프로토타입의 제품을 제작하여 해당 제품의 기능을 시연하는 데 사용할 수 있다. 그러나 항공의 경우에는 항상 형식 인증 표준에 따라 제작되어야 한다.

제작사는 일반적으로 하나의 제작 증명서를 받는다. 해당 회사에서 제조한 이후의 후속 항공기는 감항당국에 의해 원래의 제작 증명서에 추가된다. [그림 3-3]은 일반적인 제작 증명서의 첫 페이지를 보여준다. 형식증명서는 제작사가 최초 발행 요건을 준수하는 한 유효하다. 감항당국은 필요하다고 판단되는 경우 신기술, 파생 항공기 또는 신형 항공기를 제조하기 위한 제작사의 시설 및 프로세스에 대한 추가 검사를 수행할 수 있다. 감항당국은 검사 수행 결과를 바탕으로 정당한 사유가 있는 경우 언제든지 제작 증명서를 취소, 일시 중지, 대체 또는 취소할 수 있다.

1.3 감항증명서

세 번째 인증서인 감항증명서(airworthiness certificate: AC)는 감항당국이 제작사가 생산한 항공기별로 발급한다. 이 인증서는 감항증명서를 받은 항공기가 안전 및 감항에 대한 검사를 받았으며 해당 형식증명서 요구사항을 준수하고 현재 감함성이 있는 상태에 있음을 확인한다. 이 감항증명서는 항공기가 모든 검사와 성공적인 비행 테스트를 통과한 후(항공기가 '출발'하는 경우) 제작사가 신청하고 고객에게 인도하기 직전에 감항당국에서 발급한다. 감항증명서에는 항공기의 고유한 일련(등록)번호가 포함되어 있다.

■ 항공안전법 시행규칙 [별지 제6호서식] 〈개정 2018. 6. 27.〉

<table>
<tr><td colspan="2">대한민국
국토교통부
The Republic Korea
Ministry of Land, Infrastructure and Transport

제작증명서
Production Certificate</td><td>증명서 번호
Certificate No.:</td></tr>
<tr><td>1. 분류(Classification)</td><td colspan="2"></td></tr>
<tr><td>2. 형식 또는 모델(Type or Model)</td><td colspan="2"></td></tr>
<tr><td>3. 제작자의 성명 또는 명칭(Name of Manufacturer)</td><td colspan="2"></td></tr>
<tr><td>4. 제작공장 위치
(Location of The Manufacturing Facility)</td><td colspan="2"></td></tr>
<tr><td>5. 품질관리규정 명칭
(Title of Quality Control Manual)</td><td colspan="2"></td></tr>
<tr><td>6. 관련 (제한)형식증명 또는 부가형식증명 번호
[Related (Restricted)Type Certificate No. and/or Supplemental Certificate No.]</td><td colspan="2"></td></tr>
<tr><td colspan="3">「항공안전법」 제22조제3항 및 같은 법 시행규칙 제34조제1항에 따라 항공기기술기준에 적합한 제작자임을 증명한다.
In accordance with Paragraph 3, Article 22 of Aviation Safety Act and Paragraph 1, Article 34 of Enforcement Regulation of Aviation Safety Act, the Minister of Ministry of Land, Infrastructure and Transport hereby certifies that the above mentioned manufacturer is in compliance with requirements of Aviation Safety Act.

년 월 일
Date of Issuance

국토교통부장관 직인

Minister of Ministry of Land, Infrastructure and Transport</td></tr>
<tr><td colspan="3">본 증명서는 양도될 수 없으며, 기본설비 또는 위치의 주요변경 시에는 국토교통부장관에게 즉시 보고하여야 한다.
(This Certificate is not transferable, and any major change in the basic facilities, or in the location thereof, shall be immediately reported to Minister of Ministry of Land, Infrastructure and Transport)</td></tr>
</table>

[그림 3-3] 제작 증명서

표준 감항증명서는 다음 조건이 충족되는 한 유효하다.

① 항공기가 형식증명서에 요구하는 설계요건을 충족한다.

② 항공기가 안전한 운항을 위한 상태에 있다.

③ 적용이 요구되는 모든 감항성개선지시(airworthiness directives)가[1] 수행되었다.

④ 해당되는 규정과 절차에 따라 정비 및 개조가 수행되었다.

감항당국은 위의 사항 중 어느 하나라도 위반되면 감항증명서를 취소, 효력 정지 또는 대체할 수 있다.

[그림 3-4]는 일반적인 감항증명서를 보여준다. 이 증명서는 항공기에서 눈에 잘 띄게 게시되어야 한다. 여객기의 경우 일반적으로 주 출입문 근처에 게시된다. 감항증명서는 일반, 실용, 곡예, 운송 및 특수 클래스를 포함한 다음 범주의 항공기에 사용되나, 특별 감항증명서는 상업용 항공기 또는 항공사에서 사용하는 항공기에는 사용되지 않는다. 대한민국에 등록된 모든 항공기는 등록 및 운영을 위해서는 감항당국의 승인이 필요하다.

1) 항공안전법 제23조제8항에 따라 외국으로 수출된 국산 항공기, 우리나라에 등록된 항공기와 이 항공기에 장착되어 사용되는 발동기 · 프로펠러, 장비품 또는 부품 등에 불안전한 상태가 존재하고, 이 상태가 형식설계가 동일한 다른 항공제품들에도 존재하거나 발생될 가능성이 있는 것으로 판단될 때, 국토교통부장관이 해당 항공제품에 대한 검사, 부품의 교환, 수리 · 개조를 지시하거나 운영상 준수하여야 할 절차 또는 조건과 한계사항 등을 정하여 지시하는 문서를 말한다.

■ 항공안전법 시행규칙 [별지 제15호서식]

대한민국 국토교통부 The Republic Korea Ministry of Land, Infrastructure and Transport **표준감항증명서** **Certificate of Airworthiness(Standard)**	증명서 번호 Certificate No.:

1. 국적 및 등록기호 Nationality and registration marks	2. 항공기 제작자 및 항공기 형식 Manufacturer and manufacturer's designation ofaircraft	3. 항공기 제작일련번호 Aircraft serial number

4. 운용분류 Operational category	5. 감항분류 Airworthiness category

6. 이 증명서는 「국제민간항공협약」 및 대한민국 「항공안전법」 제23조에 따라 위의 항공기가 운용한계를 준수하여 정비하고 운항될 경우에만 감항성이 있음을 증명한다.
This Certificate of Airworthiness is issued pursuant to the Convention on International Civil Aviation dated 7 December 1944 and Article 23 of Aviation Safety Act of the Republic of Korea in respect of the above-mentioned aircraft which is considered to be airworthy when maintained and operated in accordance with the foregoing and the pertinent operating limitations.

7. 발행연월일:
Date of issuance

국토교통부장관 또는
지방항공청장 직인

Minister of Ministry of Land, Infrastructure and Transport
or Administrator of ○○ Regional Office of Aviation

8. 유효기간 Validity period
□ 부터 까지
From: To:

□ 「항공안전법」 제23조에 따라 이 항공기의 감항증명은 정지 또는 특별히 제한되지 않는 한 계속
유효한다.
Pursuant to Article 23 of Enforcement Regulation of Aviation Safety Act, this certificate shall remain in effect until suspended or restricted.

9. 검사관 및 확인날짜 Inspector and date
검사관(Inspector): ○○○ [서명(Signature)] 날짜(Date):

[그림 3-4] 감항증명서

2 항공기 인도검사(Delivery Inspection)

항공기를 고객에게 인도하기 전에 항공기는 해당 고객의 검사를 거쳐 항공기가 고객의 사양 및 요구사항에 맞게 제작되었는지 확인한다. 여기에는 기본 디자인, 옵션 및 고객이 제공한 장비(있는 경우)뿐만 아니라 항공사 로고의 모양, 색상 및 위치 등을 포함한다. 운영자의 이러한 검사는 피상적이거나 상세할 수 있으며, 종종 자체 조종사 또는 객실 승무원의 테스트 비행을 포함한다. 불일치가 발견되면 인도 전에 제작사에서 수정해야 한다.

상업용 항공사는 종종 이 검사를 수행하기 위하여 제작자의 배송 센터 주변을 선회하는 비행을 수행한다. 일부는 배송 센터에서 항공사의 모기지까지 페리 비행으로 항공기를 이동시킨다. 고객이 제작사로부터 항공기를 인수하면 해당 고객은 자체 정비프로그램 및 감항당국 규칙에 따라 항공기를 감항성이 있는 상태로 유지할 책임이 있다.

3 항공 운항 증명(Operator certification)

항공 운송사업자는 단순히 면허를 받고 고객에게 마케팅하는 것만으로 항공기를 구매하고 상용 서비스에 들어갈 수 없다. 항공 분야에서 잠재적 항공 운송사업자가 사업을 시작하려면 항공사 운영의 비즈니스 측면 및 기술적인 측면과 관련하여 국토교통부 요구사항을 모두 충족해야 한다. 요컨대, 잠재적 항공 운송사업자는 자신이 상업용 항공운송사업과 항공기 운영 및 정비 측면을 잘 이해하고 해당 비즈니스를 수행하는 데 필요한 인력, 시설과 프로세스를 갖추고 있다는 것을 보장하는 적절한 정보를 제공해야 한다.

국토교통부 장관은 신청자가 항공운송사업을 할 수 있도록 허가하는 항공사 설립 허가서를 발행한다. 장관은 신청자가 서비스를 수행하기에 '적합하고, 의지가 있으며, 능력이 있는지' 결정한다.

그런 다음 국토교통부는 AOC(air operator certificate)라고 불리는 항공 운항 증명 인증서를 항공사에 발급한다. 이 인증서는 항공사가 항공안전법에 따라 정기 항공 운송 서비스를 운영할 수 있는 권한을 부여한다.

항공 운항 증명은 운송사업자가 포기하거나 다른 인증서로 대체하거나 감항당국이 취소하지 않는 한 무기한 유효하다. 항공 운항 증명은 부분적으로 항공사가 항공안전법과 그 규칙 및 규정, 운영기준(ops specs: operations specifications)에 포함된 조건 및 제한에 따라 운항할 권한이 있다고 명시한다.

항공 운송사업자는 상용 서비스로 운항할 각 항공기 기종에 대한 운영기준(Ops Specs) 문서를 개발해야 한다. 이 운영기준은 상위 문서이다. 즉, 문서에 나열된 특정 정보 외에도 해당 모델에 적용되는 특정 항공사의 운영을 완전히 설명하는 다른 항공사 문서를 참조로 지정할 수 있다.

운영기준은 다음과 같은 운영 활동을 설명한다.

① 제공할 서비스 유형 - 여객 서비스, 화물서비스 또는 통합한 서비스

② 사용할 항공기 기종

③ 비행경로

④ 사용될 공항 및 대체 공항

⑤ 각 경로에서 사용할 항법 및 통신 시설

⑥ 내비게이션에 사용되는 웨이포인트

⑦ 각 공항에서 대체 접근 경로를 포함한 이륙 및 접근 경로.

운영기준은 또한 계획 정비프로그램과 비계획 정비프로그램, 검사 프로그램, 엔진과 장비 수리 프로그램을 포함하여 해당 모델에 적용 가능한 정비 및 검사 프로그램을 기술해야 한다. 품질 보증 및 신뢰성 프로그램과 같은 정비의 다른 측면도 정의된다. 항공기 또는 시스템 정비의 일부가 제삼자에 의해 수행되는 경우, 해당 계약은 운영에서도 다루어져야 한다.

4 종사자 자격(Certification of personnel)

항공안전법에 따른 항공운송사업 운영에 대한 최소 요구사항은 항공 운송사업자는 운영 측면에서 높은 수준의 안전을 보장하기 위해 충분한 정규직의 관리와 기술 인력을 보유해야 한다고 명시되어있다. 인력에서 기본적으로 요구되는 안전 책임자는 운영 임원, 정비 임원, 수석 조종사와 수석 검사관이 있다. 그러나 이것은 단지 제안일 뿐이다. 항공안전법은 항공운송사업자가 작업을 안전하게 수행할 수 있음을 보여준다면 다른 직위 및 직함을 갖는 것을 승인하고 있다.

그러한 직책에 있는 사람들은 항공 사업을 수행하는 데 필요한 '훈련, 경험 및 전문 지식'을 갖추고, 그들에게 주어진 직무와 관련된 규제 사항과 항공사 정책 및 절차에 대해 잘 알고 있어야 한다. 항공 운송사업자는 이러한 관리 직원의 '의무, 책임 및 권한'을 부여한다.

5 항공 정비 자격(Aviation maintenance certifications)

교육은 항공정비사가 되고자 하는 사람으로부터 시작된다. 이것은 일반적으로 고등학교를 졸업하고 항공 정비 교육 훈련 과정을 가르치는 항공종사자 전문교육 기관에서 시작된다. 이러한 전문교육 기관은 국토교통부로부터 지정을 받아서 엄격하게 운영되며 대학교, 전문대학 또는 직업전문학교에서 운영된다.

항공정비사 자격증을 취득하려는 자는 전문교육 기관에서 해당 항공기 종류에 필요한 과정을 이수하거나, 대학 등의 고등교육기관에서 학과시험의 과목을 이수하고 교육과정 이수 후의 해당 항공기 종류에 대한 정비 실무경력이 6개월 이상 있어야 한다. 비행기, 헬리콥터 또는 비행선에 대한 항공 정비사 자격 취득을 위한 학과시험은 5과목이며, 이들은 항공법규, 정비 일반, 항공 기체, 항공발동기, 전기·전자·계기이다.

학과시험의 과목별 시험 범위는 〈표 3-1〉과 같다.

<표 3-1> 과목별 시험 범위

과목	시험 범위 내용
항공법규	해당 업무에 필요한 항공법규 관련 지식으로 국제항공법, 국내 항공법, 항공 정비 관리 내용을 포함한다.
정비 일반	정비 일반의 이론과 항공기의 중심위치의 계산 등에 관한 지식과 항공 정비 분야와 관련된 인적 수행 능력에 관한 지식(위협 및 오류 관리에 관한 원리를 포함한다)으로 수학, 물리, 항공역학, 항공기 도면, 항공기 중량 및 평형 관리, 항공기 재료와 하드웨어, 항공기 세척 및 부식, 유체 라인 및 피팅, 일반공구와 측정공구, 검사원리 및 기법, 인적 수행 능력을 포함한다.
항공 기체	기체의 강도 · 구조 · 성능과 정비에 관한 지식으로 항공기 구조 및 구조물 수리, 항공기 도색, 유압 계통, 착륙장치 계통, 연료 계통, 화재방지, 제방빙 및 빗물 제어, 객실 공조 및 공기압, 헬리콥터 구조 및 계통을 포함한다.
항공발동기	항공기용 동력장치의 구조 · 성능 · 정비에 관한 지식과 항공기 연료 · 윤활유에 관한 지식으로 왕복 엔진, 가스터빈 엔진, 헬리콥터 엔진, 경량 항공기 엔진을 포함한다. 항공발동기의 주요 계통으로는 흡입 및 배기 계통, 연료 및 연료조절 계통, 점화 및 시동 계통, 윤활 및 냉각 계통, 화재방지 계통, 엔진 장탈착 및 교환, 프로펠러와 헬리콥터 동력 전달 장치를 포함한다.
전자 · 전기 · 계기(기본)	항공기 장비품의 구조 · 성능 · 정비와 전자 · 전기 · 계기에 관한 지식으로 전기 · 전자 기초, 전기 계통, 계기 계통, 통신 및 항법 계통, 자동비행장치 계통을 포함한다.

6 항공산업 상호작용(Aviation industry interaction)

항공산업은 여러 항공기 제작사 항공 운송 사업자, 항공정비업자, 항공 운송협회(ATA) 및 국제 항공운송협회(IATA)와 같은 무역 협회, 운항승무원, 객실 승무원과 정비사 노동조합, 규제 당국과 같은 많은 이해관계자로 구성된다. 항공기 제작사 분야는 항공기를 제조하는 업체뿐만 아니라 부품, 시스템 및 액세서리 제작사와 공급업체도 포함한다.

이 통합 된 전문가 그룹은 기술이나 운용 측면에서 항공산업을 개발하고 발전시키기 위해 지속해서 협력하고 있다. 항공산업에서 상호작용 방식은 다른 운송 사업에 비해 다소 독특하다. 이 지속적인 품질 향상(continuous quality improvement: CQI) 개념은 다른 산업에서 표준 절차가 되기 훨씬 전부터 상업 항공 분야에서 유효했다.

제4장 항공 정비문서

감항 당국에서는 항공 정비를 위한 문서를 요구한다. 미국의 경우 AC 120-16E(항공사 정비프로그램)에서 항공사가 갖추어야 할 항공사 정비매뉴얼 시스템, 정비기록과 정비문서 보관 시스템과 그 밖에 다양한 요구사항을 보여주고 있다.

현대 제트 여객기의 정비에 필요한 종이 문서의 무게는 항공기 자체만큼이나 무겁다고 한다. 이것이 사실이든 아니든 정비 요구사항을 이해, 식별 및 구현하는 데 상당한 양의 문서가 필요하다. 최근에는 컴퓨터가 종이 문서를 대체하고 있지만, 항공기 정비 관련 데이터 및 보고에 대한 감항 당국의 요구사항이 같게 유지되기 때문에 항공 정비문서는 생각만큼 줄어들지 않고 있다.

이 장에서는 항공기, 해당 시스템과 구성품을 수리 및 정비하는데 필요한 작업을 식별하는 문서를 이해하게 된다.

1 항공 정비문서의 개념

항공기 문서화 시스템은 "요람에서 무덤까지"로 정의할 수 있다. 항공기가 제작되면 문서가 시작되고 항공기를 사용하는 서비스 수명 동안 정비 관련 로그 페이지, 기술지시(engineering order: EO), 감항성 개선지시(airworthiness directive: AD), 기술 회보(service bulletins: SB), 기종 캠페인 지시(fleet campaign directives: FCD), 경미하거나 주요한 수리 기록 및 단계점검 등의 형태로 정비 문서가 모인다. 항공기가 판매, 퇴역 및 폐기 될 때도 모든 정비 관련 서류는 항공기와 함께 따라간다.

일부 문서는 항공기 또는 부품 제조 공급업체에서 사용자에게 맞도록 작성되어 운영자에게 제공되는 반면에 대부분의 다른 문서는 공통으로 사용 가능한 일반 문서이다. 이러한 대부분 문서는 표준 개정 주기가 있으며 변경 사항은 항공기 제작사에서 정기적으로 배포한다.

감항 당국의 규정에 따라 항공기의 운영 및 정비에 사용되는 문서는 통제되는 문서이다. 이러한 유형의 문서는 항공사 내에서 제한적으로 배포되며 개정 목록과 활성 및 취소된 페이지 번호와 함께 정기적으로 개정된다. 운영자는 최신 문서만 사용해야 한다. 기체 제작사와 기체에 설치된 시스템과 장비 제작사는 문서에 대한 정보를 제공한다.

감항 당국에서 제공하는 문서와 항공사 자체에서 작성한 문서는 다음과 같이 구분하며, 각각의 문서에 대한 정비 프로세스를 자세히 살펴보기로 한다.

① 제작사 문서

② 감항 당국 문서

③ 항공사에서 생성한 문서

④ 항공운송협회(air transportation association: ATA) 표준 문서

2 제작사 문서(Manufacturer's documentation)

〈표 4-1〉은 항공기 정비를 위해 기체 제작사가 운영자에게 제공한 문서를 나타낸다. 문서의 형식과 내용은 제작사마다 다를 수 있다.

표는 기본적으로 기체 제작사가 고객에게 제공하는 정보 유형을 나타낸다. 일부 문서는 구성품과 장비만 포함하여 사용자에게 맞도록 작성된다. 제작사에서는 이를 사용자 정의문서라고 하며 〈표 4-1〉 하단에 나와 있다.

<표 4-1> 제작사 문서(manufacturer's documentation)

Title	Abbreviation
Airplane maintenance manual*	AMM
Component location manual	CLM
Component maintenance manual	CMM
Vendor manuals	VM
Fault isolation manual*	FIM
Illustrated parts catalog**	IPC
Storage and recovery document***	SRD
Structural repair manual	SRM
Maintenance planning data document	MPD
Schematic diagram manual*	SDM
Wiring diagram manual*	WDM
Master minimum equipment list	MMEL
Dispatch deviation guide	DDG
Configuration deviation list	CDL
Task cards*	TC
Service bulletins	SBs
Service letters	SLs
* Customized to contain customer configuration. ** Customized on request. *** Information may be included in AMM for recent model aircraft	

일반적으로 항공기 제작사에서 제공되는 문서와 함께 제공되는 정비문서는 부품 제작업체에서 제공되는 정비문서이다. 이 문서에는 엔진 매뉴얼, 승무원과 승객 좌석 매뉴얼, 항공기 주방(galley) 매뉴얼 및 기타 구성품 수리 매뉴얼이 있다.

2.1 항공기 정비매뉴얼(Airplane maintenance manual: AMM)

AMM은 항공기 및 탑재 장비의 운용 및 정비에 대한 모든 기본 정보가 포함된 공식 문서이다. 각 시스템 및 하위 시스템의 개요 및 작동방식에 대한 설명으로 시작하여 라인 교환가능 품목(line-replaceable unit: LRU)의 장탈 및 장착과 기능 점검, 작동 점검, 조정, 다양한 유체 보충 및 기타 서비스 작업과 같은 시스템 또는 장비에서 수행되는 다양한 테스트와 같은 기본 정비 및 서비스 작업에 관해 설명하고 있다.

AMM은 일반적으로 구조 또는 유리 섬유 적층 작업을 포함한 모든 유형의 수리를 제외하고 ATA 코딩 시스템을 사용한다.

결함수정 또는 정비 작업이 완료되면 정비사는 ATA 챕터(chapter) 및 하위 챕터 시스템과 관련된 AMM을 참조하여 로그 북 또는 비 계획 작업 카드(non routine work card)에 서명한다(ATA 문서 표준 섹션 뒷부분의 ATA 코딩 참조).

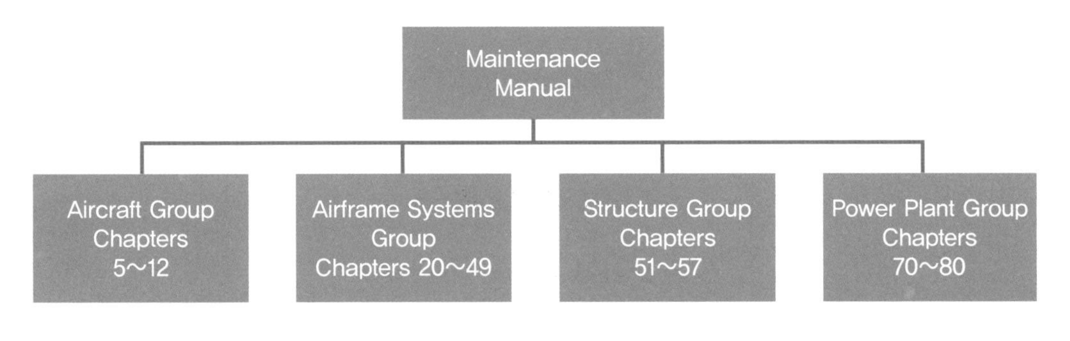

[그림 4-1] 매뉴얼의 ATA 챕터 구성

2.2 부품과 공급업체 매뉴얼(Component and vendor manual)

항공기 제작사가 제작한 모든 부품은 부품 제조업체가 작성한 부품 정비매뉴얼(component maintenance manual: CMM)과 함께 제공된다.

일반적으로 항공기 제작사는 항공기를 만들고 엔진, 착륙장치, 승무원 좌석 및 승객 좌석과 같은 다른 시스템은 외부 공급업체에서 구매하지만, 항공기 제작사가 항공기를 판매할 때 부품을 수리하거나 교체할 때 사용하도록 다른 공급업체의 CMM이 함께 제공한다.

Z12H701 COMPONENT MAINTENANCE MANUAL

Component

Maintenance

Manual

with

Illustrated Parts List

for

Z12H701-SERIES

Evaporator-Heater Assembly

1 of 18

Z12H701
CMM

Release Date
4-11-01

[그림 4-2] 부품공급 업체의 CMM

CMM은 완전한 부품을 구성하는 모든 부품의 상세명세를 보여준다. 항공기에 장착될 부품은 항공사가 선택하며 항공기를 완성해 가는 동안에 장착된다.

예를 들어, 승무원 좌석에서 수직 조정 케이블이 끊어지면 정비사는 CMM을 참조하여 케이블 부품 번호를 찾아 이를 장탈하고 교체한다. 정비 작업은 부품을 복원하고 서비스 가능한 상태로 되돌리면서 완료된다.

항공사는 일반적으로 항공기에서 작업시간을 줄이기 위해 전체적으로 완성된 부품 어셈블리를 장탈하고 교체하기 때문에 CMM은 일반적으로 부품 정비 공장에서 사용된다. CMM은 일반적으로 감항 당국에서 승인한 기술 데이터의 일부이다.

2.3 고장탐구 매뉴얼(Fault isolation manual: FIM)

FIM에는 항공기 제작사에서 제공하는 일련의 고장탐구 트리가 포함되어있어, 문제 해결을 지원하고 결함이 발생한 부분을 찾아내며 항공기의 다양한 시스템 및 부품과 관련된 문제를 정확히 식별한다.

항공기 고장 시스템은 일반적으로 조종실의 EICAS(engine-indicating and crew-alerting system) 메시지 화면에 발생된 고장을 표시한다. EICAS는 오류가 노란색 또는 호박색으로 표시되어 운항승무원에게 오류가 발생했음을 알린다.

FIM은 AMM 작업 및 하위 작업에 대한 참조를 제공하는 블록 다이어그램이다. 각 작업이

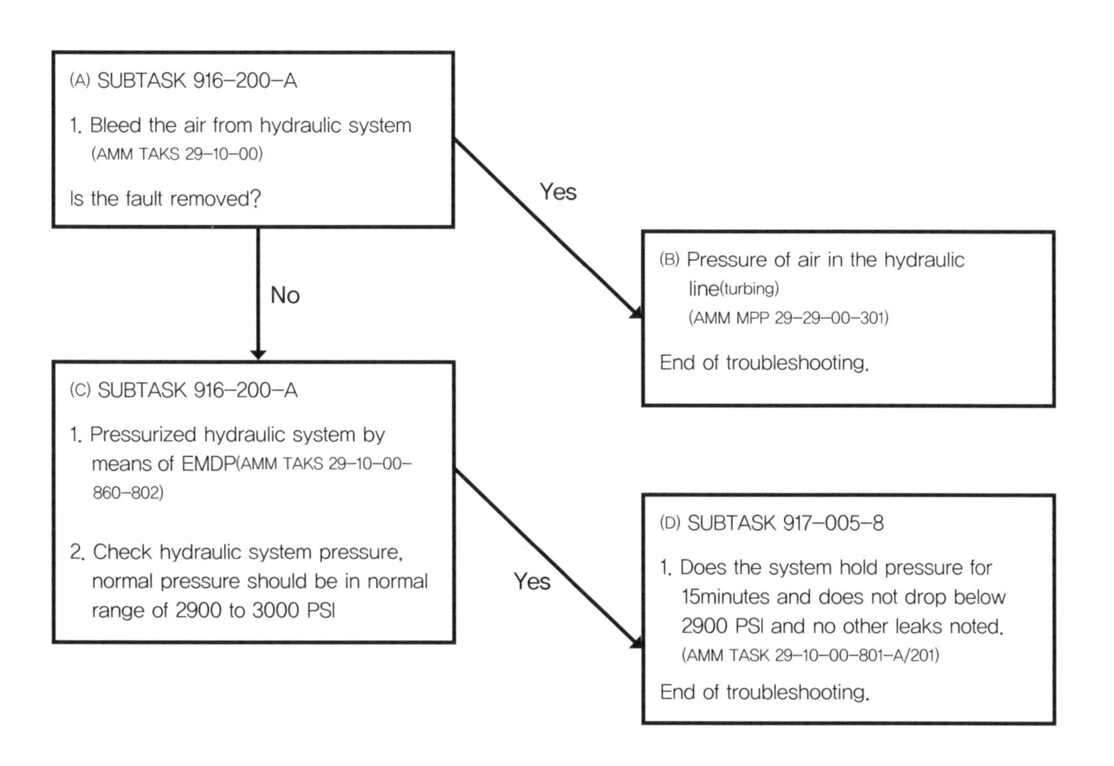

[그림 4-3] FIM 예

끝나면 "결함이 제거되었습니까?"라고 묻는다. 정비사는 추가 문제 해결을 위해 Yes 또는 No를 나타내는 후속 화살표를 따라서 고장탐구를 시행한다. 추가 정비 작업이 요구되지 않을 때 결함은 해결되었으며 추가 조처할 필요가 없다. 흐름도는 다양한 시스템 내에서 모든 문제가 아닌 많은 문제를 찾을 수 있도록 설계되어있다. [그림 4-3]은 FIM의 예이다.

2.4 부품 위치 매뉴얼(Component location manual: CLM)

CLM은 항공기의 모든 주요 장비 품목의 위치를 알려준다. 일반적으로 정비사는 부품을 교체할 때 해당 부품의 위치를 찾는 방법을 알고 있지만, CLM은 부품의 부품 번호와 해당 위치를 찾는 데에 매우 유용한 도구이다. CLM은 제작사의 매뉴얼 시스템에서 다음 4분야로 되어 있다.

① ATA 코딩 시스템

② 핀(fin) 번호 시스템

③ IPC(illustrated parts catalog) 시스템

④ 부품의 위치 그림

ATA 시스템은 ATA 챕터에서 항목을 찾는 데 사용된다.

핀 번호는 영숫자(alphanumeric) 시스템에서 항목 위치가 있는 IPC 시스템에서 작동한다. 이것은 항공 전자 정비사가 릴레이 및 기타 숨겨진 항목을 찾는 데 도움이 되는 훌륭한 도구이다. 핀 번호와 부품 이름을 입력하기만 하면 부품 번호와 참조 정보가 표시된다.

ATA 영역(zone)은 ATA 챕터에 따라 제작사에서 지정한 영역 시스템이다.

부품의 위치 그림은 선택할 때 항공기의 각 영역이 강조 표시되는 위치 그림이다. 이는 부품의 해당 위치, 그림과 부품 번호를 포함하여 전체 영역의 개요를 제공한다.

2.5 부품 도해 목록(Illustrated parts catalog: IPC)

IPC는 기체 제작사에서 만들며 항공기에 사용되는 모든 부품의 목록 및 위치 다이어그램을 포함하고 있다.

항공기 시스템의 모든 부품이 포함되며 일반적으로 항공사의 항공기 사양에 맞게 사용자 정의가 되지 않는다. 그러나 항공기 사양을 정의하면 항공기 적용 여부에 따라 그림, 부품 번호 및 항목 번호별로 부품이 표시된다.

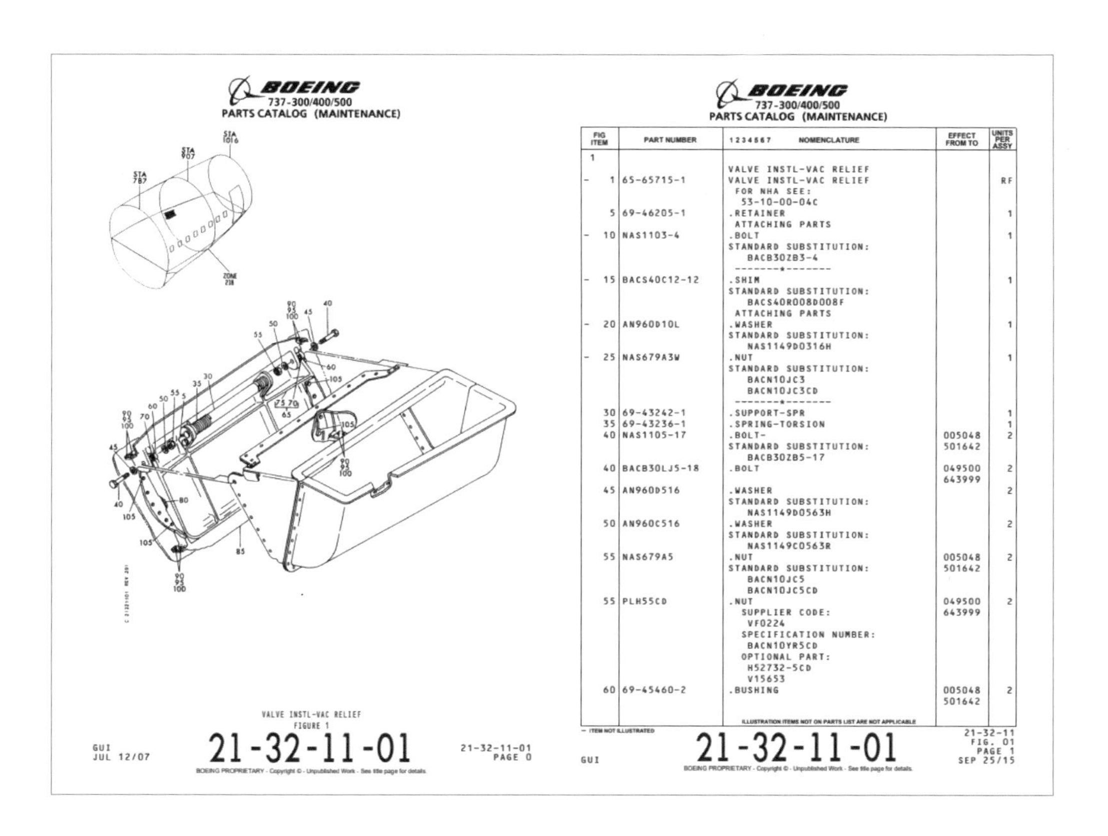

BOEING
737-300/400/500
PARTS CATALOG (MAINTENANCE)

VALVE INSTL-VAC RELIEF
FIGURE 1

GUI
JUL 12/07
21-32-11-01
21-32-11-01
PAGE 0
BOEING PROPRIETARY - Copyright © - Unpublished Work - See title page for details.

BOEING
737-300/400/500
PARTS CATALOG (MAINTENANCE)

FIG ITEM	PART NUMBER	1234567 NOMENCLATURE	EFFECT FROM TO	UNITS PER ASSY
1		VALVE INSTL-VAC RELIEF		
- 1	65-65715-1	VALVE INSTL-VAC RELIEF FOR NHA SEE: 53-10-00-04C		RF
5	69-46205-1	.RETAINER ATTACHING PARTS		1
- 10	NAS1103-4	.BOLT STANDARD SUBSTITUTION: BACB30ZB3-4 -------*-------		1
- 15	BACS40C12-12	.SHIM STANDARD SUBSTITUTION: BACS40R008D008F ATTACHING PARTS		1
- 20	AN960D10L	.WASHER STANDARD SUBSTITUTION: NAS1149D0316H		1
- 25	NAS679A3W	.NUT STANDARD SUBSTITUTION: BACN10JC3 BACN10JC3CD -------*-------		1
30	69-43242-1	.SUPPORT-SPR		1
35	69-43236-1	.SPRING-TORSION		1
40	NAS1105-17	.BOLT- STANDARD SUBSTITUTION: BACB30ZB5-17	005048 501642	2
40	BACB30LJ5-18	.BOLT	049500 643999	2
45	AN960D516	.WASHER STANDARD SUBSTITUTION: NAS1149D0563H		2
50	AN960C516	.WASHER STANDARD SUBSTITUTION: NAS1149C0563R		2
55	NAS679A5	.NUT STANDARD SUBSTITUTION: BACN10JC5 BACN10JC5CD	005048 501642	2
55	PLH55CD	.NUT SUPPLIER CODE: VF0224 SPECIFICATION NUMBER: BACN10YR5CD OPTIONAL PART: H52732-5CD V15653	049500 643999	2
60	69-45460-2	.BUSHING	005048 501642	2

ILLUSTRATION ITEMS NOT ON PARTS LIST ARE NOT APPLICABLE
- ITEM NOT ILLUSTRATED

GUI
21-32-11-01
21-32-11
FIG. 01
PAGE 1
SEP 25/15
BOEING PROPRIETARY - Copyright © - Unpublished Work - See title page for details.

[그림 4-4] B737 항공기 IPC

모든 항공기에는 항공기 등록 번호와 함께 일련번호가 부여되며, 이 번호는 ATA 챕터를 사용하여 부품을 검색할 때 적용 여부를 결정하는데 IPC에서도 사용된다.

IPC는 기술 회보(SB)로 부품이 개조된 사항을 포함하여 어셈블리, 하위 어셈블리, 대체 부품 번호 및 부품 호환성을 보여준다. 또한, 이러한 부품이 개조 전 상태인지 또는 개조 후 상태인지도 표시한다.

2.6 저장 및 복구 문서(Storage and recovery document: SRD)

SRD에는 사용이 중지되고 장기간 보관되는 항공기의 정비 및 서비스를 처리하는 데 필요한 정보가 포함되어있다.

특정 유체를 배출하고, 타이어가 평평하게 되지 않도록 항공기를 이동하고, 날씨로부터 부품을 보호하는 절차가 포함된다. 구형 모델 항공기에서 이 문서는 기체 제작사에서 별도로 만들었으나 최근에 제조된 항공기의 경우 이 정보는 해당 AMM에 포함되어있다.

2.7 구조 수리 매뉴얼(Structural repair manual: SRM)

SRM은 경미한 구조적 손상이 발생하면 항공기 표피(skin) 및 기타 특정 공차 및 절차에 대한 정보를 항공기 운용자에게 제공하는 기체구조 매뉴얼이다. SRM은 항공기 구조물에 허용 가능한 치수 및 손상 한계를 제공하므로 운영자가 손상을 수정해야 하는 시기를 알려준다.

예를 들어, 항공기가 함몰(dent)과 같은 손상을 입었을 때, 일반적으로 함몰은 깊이 및 주변 영역과 관련하여 측정되어 리브(rib) 영역에 손상이 없는지 확인하고 균열이 있는지를 확인한다. 그런 다음 운영자는 SRM에서 항공기의 함몰 부분이 있는 영역을 조사하여 함몰 부분이 경미한 수리를 해야 하는지 또는 중대한 수리를 해야 하는지 확인한다. SRM은 항공기가 나중에 수리해도 될 정도로 경미한 함몰이면 비행을 지속할지를 결정하는 손상 허용치를 제공한다. 또한 항공기가 함몰 상태로 비행할 수 있는 시간을 알려준다.

SRM에서 허용하는 한도를 초과하는 손상이 있으면 정비부서는 구체적인 수리 계획을 발행하기 위해 엔지니어링 부서에 연락해야 한다. 손상이 SRM 한계를 초과하는 경우 항공사 엔지니어링 부서는 항공기 제작사의 엔지니어와 연락한다. 수리는 일반적으로 항공기 정비부서나 검사부서에 수리 및 승인 방법을 안내하는 기술지시(EO)를 사용하여 수행되며 항공기를 감항성이 회복되도록 한다.

2.8 정비계획 데이터문서(Maintenance planning data document: MPD)

이 문서는 항공사 운영자에게 항공기에 수행할 정비 및 서비스 작업 목록을 제공한다. 여기에는 다른 정보와 함께 MRB 보고서의 모든 항목이 포함된다. 이러한 작업 항목 중 일부는 인증 정비 요구사항(certification maintenance requirement: CMR)으로 지정되어 항공기의 인증을 유지하기 위해 감항 당국에서 요구한다. 그 이외의 작업 항목은 MSG 프로세스에서 개발되어 제작사가 권장하는 다른 작업 항목에 포함된다.

작업 항목은 구형 항공기 모델의 경우 daily, transit, letter check, hourly limits, cycle limits 등과 같이 다양한 그룹으로 구분되며 항공사에서 계획 목적으로 사용된다. 최신 모델 항공기의 경우 작업 항목을 letter check으로 그룹화하지 않고 시간, 주기 및 캘린더 시간으로만 지정한다.

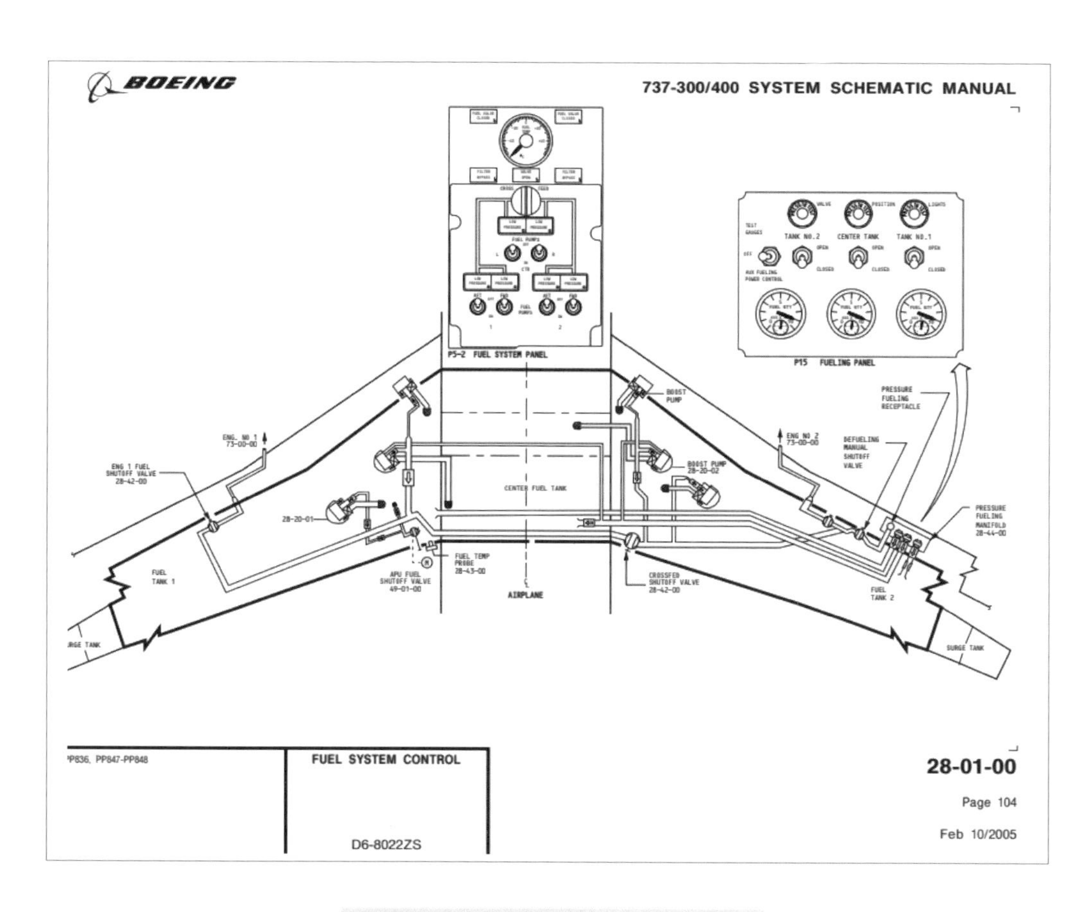

[그림 4-5] B737 항공기 schematic 매뉴얼

2.9 회로도 매뉴얼(Schematic diagram manual: SDM)

SDM에는 항공기의 전기, 전자 및 유압 시스템의 개략도와 적용 가능한 시스템에 대한 논리 다이어그램이 포함되어있다.

AMM 및 기타 매뉴얼의 다이어그램은 일반적으로 시스템을 설명하고 고장탐구를 지원하기 위해 단순화된 다이어그램이다. 그러나 회로도 매뉴얼은 자세한 정보가 포함되어있으며 하니스(harness), 커넥터 및 인터페이스 장비를 나타낸다.

2.10 배선도 매뉴얼(Wiring diagram manual: WDM)

WDM은 고장탐구를 위한 필수 매뉴얼 중의 하나이다. WDM은 모든 시스템과 부품을 포함한 배선에 대한 정보를 제공한다. 현대 항공기 및 전기 시스템의 복잡성으로 인해 게이지 및 센

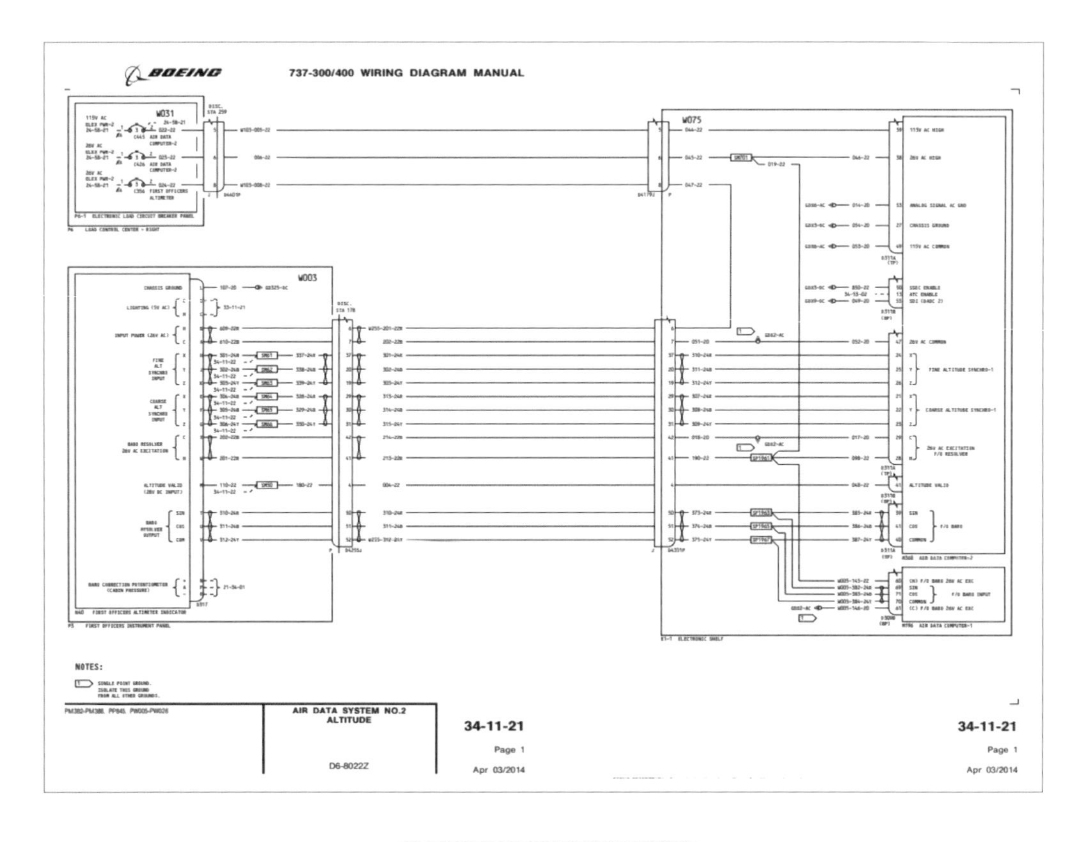

[그림 4-6] B737 항공기 WDM

서와 같은 제어장치는 네트워크 시스템과 같은 복잡한 배선 네트워크에서 조종실에 정보를 제공하고 전달한다.

WDM은 항공기 기수에서 꼬리까지 그리고 다른 섹션에서 다른 커넥터, 탑재 센서 및 제어장치로의 와이어 라우팅을 보여준다. 일반적으로 항공기의 기체 측면에서 번들로 장착된 와이어도 WDM에 표시된다.

와이어 하니스도 번들의 한 유형이지만 일반적으로 와이어 하니스는 항공기의 전원 쪽을 의미한다. 와이어 하니스는 일반적으로 엔진 와이어 하니스에서 항공기 기체 시스템으로 연결되는 연결 지점인 방화벽에 연결된다. 항공기 엔진을 제거할 때 와이어 하니스는 항공기 엔진에 장착된 상태로 유지되며 캐논 플러그(cannon plug)만 방화벽에서 분리된다. 와이어 하니스는 길이가 몇 피트를 넘지 않기 때문에 배선에 따라 수백 피트 길이가 될 수 있는 항공기 기체 쪽에 와이어에 비해 수리 및 고장탐구가 쉽다.

항공기 와이어는 일반적으로 표준 구리로 만들어지며 때에 따라 부식을 방지하기 위해 다른 합금으로 코팅된다. 장거리 전송에 필요한 많은 전류로 인해 알루미늄 와이어가 자주 사용된다. 일반적으로 유리 섬유 브레이드로 절연되어 있다.

항공기 와이어는 1850년대부터 사용되어 온 american wire gauge(AWG) 시스템으로 측정된다. AWG 시스템에서 가장 큰 숫자는 가장 작은 와이어를 나타낸다. 다음은 WDM에 있는 AWG 시스템의 예이다.

*** K15B-25 ***

K -> Alphabet letter-System in which a wire is being used

15 -> Two-digit number-Individual wire number

B -> Alphabet letter-Wire segment/section of wire power source

25 -> Two-digit number-Wire size(AWG size)

항공기에 사용되는 와이어에는 WDM에서 찾을 수 있는 와이어의 위치와 회로 유형을 15인치 이하마다 표시가 있다.

2.11 마스터 최소 장비 목록(Master minimum equipment list: MMEL)

MMEL은 기체 제작사에서 발행하고 제작사의 비행 엔지니어링 그룹에서 개발한다.

MMEL을 발행하기 전에 항공기 제작사는 제안된 MMEL을 항공기 제조 국가의 형식증명 인증 당국(미국의 경우 FAA)에 제출한다. 제안된 MMEL이 당국의 승인을 받으면 MMEL이 된다.

MMEL은 항공기 출항 시 항공기의 성능이 저하되거나 작동하지 않는 장비를 식별하는 데 사용된다. 이는 특정 상황에서 운항승무원이 항공기의 성능이 저하되거나 작동하지 않는 상태에서 운항을 동의하는 시스템이다. 다만 해당 결함은 MMEL이 정한 정해진 시간 내에 해당 결함이 수정되어야 한다.

MMEL에는 적용되는 항공기 모델에서 사용 가능한 모든 장비에 대한 정보가 포함되어있다. MMEL을 근거로 항공사의 특정 장비 및 운영 환경에 맞도록 MMEL을 개정하여 자체 매뉴얼을 개발하는 것은 항공사의 책임이며 이는 MEL이라고 부른다.

2.12 외형 변형 목록(Configuration deviation list: CDL)

CDL은 DDG와 유사하지만, 항공기의 시스템이나 장비보다는 항공기의 외형을 위주로 한다. CDL은 항공기 패널, 착륙장치 도어, 플랩 힌지 페어링, 화물 도어 및 모든 도어의 표시 및 경고 시스템의 외부 부품을 식별한다. 이러한 품목은 작동하지 않거나, 금이 가거나, 파손되었거나, 누락 되었을 수 있다. 일반적으로 이러한 항목은 중간 점검(TR check)이나 당일의 비행 전 또는 비행 후 점검 중에 발견된다.

CDL 항목은 항공기의 감항성 및 안전에 영향을 미치지 않으며 예정된 비행 운항을 재개할 수 있다. 즉, 항공기 외부 표피를 구성하고 있는 부분품 중 훼손 또는 이탈(deviation)된 상태로 운항할 수 있는 기준을 설정하여 정시성 준수를 목적으로 한다. 정비기지에는 모두 적용되며 자재, 설비 및 시간이 확보되는 즉시 원상조치 하여야 한다.

기종별 CDL 운영은 항공기 제작국 또는 감항 당국에서 인가된 항공기 비행규범(aircraft flight manual)에 따르며, 이탈된 상태로 항공기를 출항시킬 때 항공정비사는 다음과 같이 조처하여야 한다.

① 승무원이 알아보기 좋도록 적당한 장소에 이탈(deviation) 상태와 제한 사항을 게시(placard) 하여야 한다.

② 해당 작업 책임자는 비행일지에 이탈(deviation) 상태를 기입하고 그 사항을 기장에게 통보하여야 한다.

2.13 중요하지 않은 장비품(Nonessential equipment and furnishing: NEF) 목록

NEF에는 객실 내의 패널, 컵걸이, 플라이트 패널의 페인트 누락 또는 파손, 금이 가거나, 부서지거나 누락 될 수 있는 인테리어 품목과 같이 일반적으로 수리 작업을 연기할 수 있는 항목이 포함된다. NEF 품목은 항공기 전체에 위치하며 항공기의 안전 또는 감항성에 영향을 미치지 않는다.

NEF는 항공사가 항공사별 고유 품목을 개발하기 위한 기반으로 MMEL에서 맞춤화된 수리 연기 프로그램을 사용한다. NEF 품목은 유예 기간 또는 수리 간격이 있다. 즉, 부품 가용성에 따라 수리가 가장 먼저 가능한 기회에 수정해야 하며 일반적으로 다음 A 점검을 초과하지 않는 기간으로 NEF 매뉴얼에 기술된 기간을 넘지 않아야 한다.

2.14 작업 카드(Task card: TC)

부품 장·탈착, 테스트, 서비스 및 유사한 정비 항목을 위한 특정 작업은 AMM에서 추출되어 별도의 카드 또는 시트로 생성되어 정비사가 전체 정비 매뉴얼을 항공기로 운반하지 않고도 작업을 수행할 수 있다. TC는 "AMM에 있는 그대로" 사용하거나 항공사에서 생성한 문서로 운영자가 수정하여 사용할 수 있다.

2.15 기술 회보(Service bulletin: SB), 기술 서신(Service letter: SL)

기체 제작사 또는 엔진 제조업체가 정비 및 서비스 개선을 위한 개조 또는 제안할 때마다 해당 항공사에 적절한 서류를 발행한다.

SB는 일반적으로 시스템의 향상된 안전성 또는 운영을 제공하는 시스템의 개조이며 필요한 작업 및 부품에 대한 자세한 설명을 포함한다.

SB는 일반적으로 선택 사항이며 항공사가 선택한다. 단, 다음의 감항 당국 문서에서 설명된 AD와 관련된 특정 경우는 예외이다.

SL은 일반적으로 장비를 개조하지 않고 정비작업을 개선하기 위한 정보를 제공한다.

3 감항 당국 발행 문서

감항 당국은 항공기 및 해당 시스템의 정비와 관련된 수많은 문서를 발행한다. 〈표 4-2〉에는 이러한 문서 중에서 미국 FAA가 발행하는 중요한 문서가 나열되어 있다.

<표 4-2> 감항 당국 규제문서(regulatory documents)

Title	Abbreviation
Federal aviation regulations	FARs
Advisory circulars	ACs
Airworthiness directives	ADs
Notice of proposed rule making	NPRM

3.1 미국 연방 항공 규정(Federal aviation regulation: FAR)

우리나라의 항공기 운항 기술기준 및 항공기 기술기준 등이 미국의 항공 규정을 적용하여 운영하고 있음을 고려하여 미국의 항공 규정을 간략하게 살펴보고자 한다.

미국에서는 연방법이 연방 규정 또는 CFR 코드로 알려진 문서로 수집된다. 상용 항공과 관련된 법률은 이 CFR 코드 14 (항공 및 우주) part 1부터 200까지 적용된다.

대형 상용 항공기의 인증 및 운영과 관련된 규정은 part 121에 있으며 14 CFR 121로 표시하고 FAR part 121이라고 부른다.

FAR은 자가용, 상업용 및 실험용 항공기, 공항, 항행 보조장치, 항공 교통 관제, 항공종사자

(조종사, 관제사, 정비사 등)의 훈련 및 기타 관련 활동 등을 포함하여 항공 분야의 모든 측면을 다루고 있다.

3.2 자문 회람(Advisory circular: AC)

AC는 운영자가 다양한 FAR의 요구사항을 충족하는 것을 도와주려고 FAA가 운영자에게 제공하는 문서이다. 이러한 AC는 법적 구속력이 없으며 법적 요구사항을 준수하는 방법에 대한 제안일 뿐이다.

AC는 종종 규정을 준수하는 "수단이지만 유일한 수단은 아니다."라고 말한다. FAA는 운영자를 세밀하게 관리하지 않고도 원하는 결과를 달성하기 위해 규정을 충족하는 방법에 약간의 여유가 있다.

3.3 감항성 개선지시(Airworthiness directive: AD)

AD는 제품(항공기, 항공기 엔진, 프로펠러 또는 기기)에 존재하는 안전하지 않은 상태와 다른 유사한 제품에 존재하거나 발전할 가능성이 있는 상태를 수정하기 위해 감항 당국에서 발행한 실질적인 규정이다.

반드시 이행해야 하는 AD는 안전하지 않은 상태가 발견될 때 감항 당국이 처음으로 발행하거나 기체 제작사가 일부 발견된 문제와 관련하여 SB를 발행한 후 감항 당국이 AD로 발행한다. SB 이행은 선택 사항이지만 감항 당국이 AD로 만들면 이행은 필수 요구사항이 된다.

항공기 소유자 또는 운영자는 모든 AD를 준수하여 항공기를 운영하고 유지해야 한다. AD는 일반적으로 다음 6가지 사항을 포함한다.

① 안전하지 않은 상태에 대한 설명

② AD가 적용되는 제품

③ 필요한 시정 조치 사항

④ 이행 날짜

⑤ 추가 정보를 얻을 수 있는 곳

⑥ 대체 준수 방법(alternative methods of compliance: AMOC)이 있는 경우 이에 대한 정보

3.4 입법예고(Notice of proposed rule making: NPRM)

NPRM은 기존의 FAR을 변경하거나 수정하려는 의도를 나타내는 FAA 프로세스이다. 이는 공청회 또는 특정 활동을 개최해서 결정을 내리고, FAR 형식으로 새로운 규칙, 지침 또는 요구 사항을 발행하는 것을 포함하는 제안된 규칙에 대한 사전 통지하고 대중의 의견을 모으는 과정이다.

4 항공사 발행 문서

〈표 4-3〉에는 항공사가 정비 활동을 수행하기 위해 발행할 문서가 나열되어 있다. 이러한 문서는 운영자마다 명칭과 실제 내용이 다를 수 있지만, 여기에 기술된 정보는 항공사 문서로 분류된다.

<표 4-3> 항공사 발행 문서(airline-generated documentation)

Title	Abbreviation
Operations specifications	Ops Specs
Technical policies and procedures manual	TPPM
Inspection manual	IM
Reliability program manual	RPM
Minimum equipment list	MEL
Task cards*	TC
Engineering orders**	EOs

* May be manufacturer written, customer written, or a combination.
** Issued for maintenance not identified in standard maintenance plan.

4.1 운영기준(Operations specifications: Ops Spec)

Ops Spec 문서는 항공사 인증을 위한 감항 당국 요구사항이다. Ops Spec은 엄격한 감항 당국 요구사항에 따라 일반적으로 감항 당국 담당자의 도움을 받아 항공사에서 작성한다.

Ops Spec은 항공사가 비행하는 각 항공기 형식에 필요하다. Ops Spec은 중복을 방지하고 항공사의 정비, 검사 및 운영 프로그램을 자세히 설명하기 위해 다른 여러 문서를 참조하는 상위 문서이다.

4.2 기술 정책 및 절차 매뉴얼(Technical policies and procedures manual: TPPM)

TPPM은 항공사의 정비본부 운영을 위한 기본 문서이며, 기체 제작사가 제공하는 다른 문서와 함께 AC 120-16E에 따른 정비 매뉴얼에 대한 감항 당국 요구사항으로 사용된다.

일반적으로 다양한 정비본부 조직의 경영진이 제공하는 입력자료로부터 기술적 정확성을 보장하기 위해 엔지니어링에 의해 작성된다. TPPM은 모든 정비본부 기능과 활동이 수행되는 방식을 정확히 정의한다. TPPM은 상세한 문서이며 여러 권으로 구성될 수 있다.

정비본부에 근무하는 모든 직원은 자기 부서의 운영이 원활하게 진행되도록 TPPM(특히 자기 부서의 운영과 직접 관련된 부분)에 대한 교육을 받아야 한다.

4.3 검사 매뉴얼(Inspection manual: IM)

IM은 주로 품질관리(quality control: QC) 직원에게 배포되는 별도의 문서이거나 TPPM 안에 하나의 장으로 포함될 수 있다.

IM의 검사 내용은 정비본부 내에서 다음의 검사 활동과 관련된다.

① MPD 또는 MRB 보고서의 정비사 검사 업무

② QC 검사원의 업무

③ 특별 검사(기준 무게 초과 착륙, 조류 충돌 등)

④ 항공사의 필수 검사 항목(required inspection item: RII) 프로그램

⑤ 이러한 기능을 수행하는 데 필요한 서류, 양식 및 보고서

일부 IM은 QC 기능이거나 TPPM의 별도 장으로 구성되기도 하며, 공구 및 테스트 장비의 교정에 대한 세부 정보를 나타낸다.

4.4 품질 보증(Quality assurance: QA) 매뉴얼

QA 매뉴얼은 QA auditor만을 위한 특별한 매뉴얼로 검사 매뉴얼의 일부일 수도 있고, TPPM의 별도 장이 될 수도 있다.

QA 매뉴얼은 QA 조직의 의무와 책임을 정의하고 정비본부 부서, 공급업체 및 외부 계약자에 대한 연간 품질 보증 감사에 사용되는 프로세스 및 절차를 정의한다. 사용된 양식 및 보고서는 QA 기록의 후속 조치 및 시행 절차와 함께 다루어진다.

4.5 신뢰성 프로그램 매뉴얼(Reliability program manual)

항공사의 신뢰성 프로그램은 규제 당국의 승인을 받아야 하므로 일반적으로 별도의 문서로 게시된다. 이 매뉴얼은 감항 당국이 모든 요소를 한 번에 평가하고 승인 할 수 있도록 신뢰성 프로그램을 자세히 정의한다.

4.6 최소 장비 목록(Minimum equipment list: MEL)

현대의 운송용 항공기는 안전성을 높이기 위해 계통, 부분품, 통신전자장비 및 구조에 이르기까지 중요한 부분에는 이중으로 장치되어 있어 어느 한 부분이 고장 난 상태에서도 비행 안전이 유지되고 신뢰성을 보장할 수 있도록 설계/제작되어 있다.

비행의 궁극적 목표는 안정성과 정시성으로서 경미한 결함의 수정이나 감항성의 영향이 없는 보기 등의 작업을 항공기 운항과 관계없이 수행함은 오히려 이용 승객에 대한 봉사와 정시성에 저해될 수도 있으므로 안전성이 보장될 수 있는 한도 내에서 정시성을 지키기 위해 MEL을 제정하여 적용하고 있다.

MEL 적용 및 운영은 국가 및 항공사별로 다소 차이가 있으므로 본 장에서는 우리나라 국적 항공사 기준으로 소개하고자 한다.

4.6.1 MEL 항목의 선정

항공기의 구성품(components/systems)은 감항성(airworthiness)을 기준으로 3종류로 분류할 수 있다.

① 날개(wing), 러더(rudder), 플랩(flap), 엔진 및 착륙장치(landing gear) 등과 같이 감항성에 절대적으로 영향을 미치는 구성품

② 주방(galley), 뷔페(buffet)와 같은 객실 부품, 화물 운반부품 등과 같이 감항성에 전혀 영향을 주지 않는 구성품

③ 상기 ①과 ②항 어디에도 포함되지 않는 구성품

여기서 바로 ③항의 구성품이 M.E.L 항목으로 선정되어 적용되고 있다. 따라서, MEL 항목에 포함되어 있지 않고 감항성에 관련이 있는 모든 구성품은 매 비행 전 점검 시 반드시 작동되어야 한다.

4.6.2 MEL 제정 및 개정

항공사 MEL은 MMEL 및 적용 절차(procedure manual)로 구성되며, 항공기 제작국 또는 감항당국에서 인가한 MMEL 이 포함된 제작사 발행 procedure manual에 항공사의 항공기 사양 및 운용방침을 반영하여 제/개정한다.

MEL을 제/개정 시에는 국토교통부 장관의 인가를 받아야 하며 기종별 MEL 사항은 기종별로 인가된 항공사의 MEL에 의한다.

4.6.3 MEL 적용

항공기에서 발생한 결함 사항은 수정 조치 후 비행하여야 하나, 감항성에 영향이 없거나 직접 운항에 지장이 없다면 이로 인한 불필요한 지연을 방지하기 위해 MEL/CDL 항목은 결함수정을 MEL을 적용하여 정비이월하고 다음과 같은 비 MEL/CDL 항목은 정비이월 조치한다.

① 승객 편의장치(emergency equipments 제외), 화물 승하기 관련 장치 등 기타 감항성에 영향이 없는 결함일 경우

② 연료, 유압유 등의 액체 누출, 유리창의 미세균열 또는 타이어(tire) 마모 등의 불량상태가 제작사 정비교범(MM) 허용치 내에 있을 때

③ 항공기 구조재/부 구조재의 결함이 구조재 수리교범(SRM) 또는 정비교범(MM) 허용치 내

에 있거나 제작사의 지시에 따라 임시 조치한 경우

장착 또는 장비하고 있어야 하는 표준사양 외의 항공사 편의에 의한 선택 사항(*** 표시항목 또는 If Installed 명시 항목)인 경우, 해당 품목이나 계통을 장탈하거나 작동 중지 또는 항공기의 감항성 및 안정성 유지에 지장이 없는 대체 방법으로 전환할 수 있다.

기술되지 아니한 항목 및 각 항목별 일부 내용에 대해서는 해당 기종 비행 규범(aircraft fight manual) 또는 그 외 제작사 제공 정보에 따른다.

4.6.4 정비이월(Defer) 방법

정류 시간, 인원, 시설, 장비나 자재 등의 사정으로 계획 출발시간 내에 결함수정이 어려운 경우, 다음과 같이 조치한다.

① 정비 이월된 결함 사항은 결함 발생지점에서 탑재용 항공일지에 기록하여야 한다.

② 수정이 가능한 지점 또는 정비기지에서 수정 조치한다.

③ MEL 및 CDL 항목은 비행 요건에서 정한 수리 시한을 준수하며 수리시한의 산정은 결함 발생 당일은 제외한다.

④ 정비 이월된 결함 사항 및 조치사항은 탑재용 항공일지와 양식에 기록되어야 하며 정상 수리가 될 때까지 그 경과를 관찰하고 기록하여 진전 현상에 주의하여야 한다.

4.6.5 고장 조치사항

고장에 관련된 다른 계통(system) 이나 부분에 대해 결함 여부를 확인하고 고장 난 부분에 대해서는 적절한 조치를 취한 다음 승무원이나 정비사가 잘못 조작하지 않도록 각각 부작동하는 장비에 대하여 부작동 상태나 제한 사항을 게시(placard)하여야 하며, 확인 정비사는 비행일지에 필요 사항을 기록하고 그 사항을 기장 또는 운항관리사에게 알리고 해당 노선의 다른 지점에도 통보하여야 한다.

다만, 항공기 출발을 위하여 엔진을 시동한 이후 결함이 발생한 경우, MEL 운용허용기준을 만족 시킨다면 운항 지연을 방지하기 위하여 탑재용 항공일지의 조치사항에 대한 기록은 도착 지점에서 할 수 있다.

객실 품목(cabin item) 중 MEL에 명시되어 있는 기내방송장치(passenger address: PA), 메가폰(megaphone), 조난항공기 위치 송신기(emergency locator transmitter: ELT), 시트 벨트(seat belt) 등 항

공기 운항과 관련된 품목에 대해서는 객실 승무원(cabin crew) 만 알고 있거나, 객실일지(cabin log)에만 기록되어 있을 경우 결과적으로 기장은 감항성이 없는 항공기를 운항한 것이 되므로 반드시 비행일지(flight log)에 기록 후 조치하여야 한다.

4.6.6 운용허용 항목별 기준

항공기를 출항시킬 때 개개의 항목에 대한 기준은 기종별로 정하며, [그림 4-7]은 MEL의 항목별 내용을 보여주고 있다.

[그림 4-7]에서 2항의 'RECTIFICATION INTERVAL'은 수정 간격을 의미하는데 C로 표시되는 경우, CAT(category) 적용 항공기 및 항목에 해당하며, MEL 항목별 정비이월 기간을 의미하는 category A, B, C, D로 표시된다.

MEL 수정 간격 및 범주(category)는 MEL 적용 기간 만료 전에 결함을 수정하거니 MEL 마지막 날에 항공기를 운항하여 착륙할 때까지 항공기를 운항할 수 있는 시간이다.

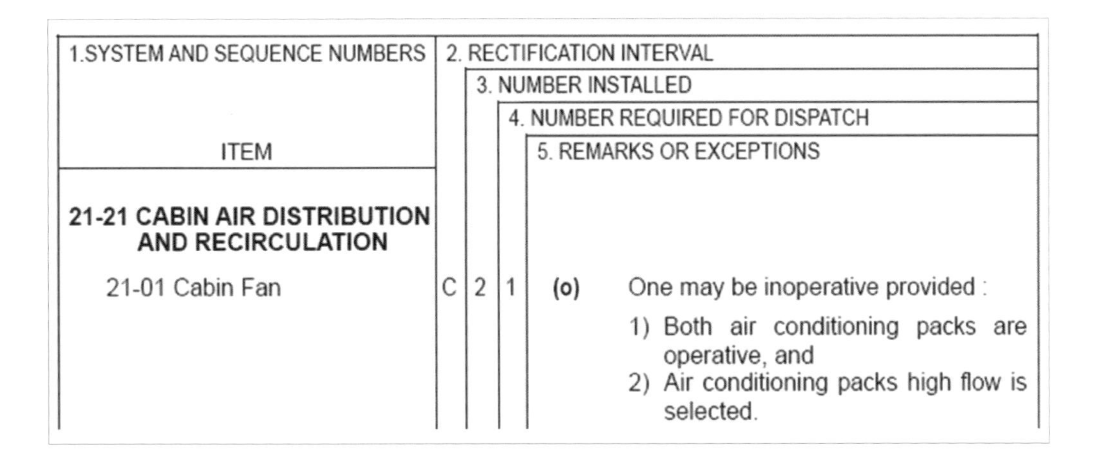

1.SYSTEM AND SEQUENCE NUMBERS / ITEM	2. RECTIFICATION INTERVAL	3. NUMBER INSTALLED	4. NUMBER REQUIRED FOR DISPATCH	5. REMARKS OR EXCEPTIONS
21-21 CABIN AIR DISTRIBUTION AND RECIRCULATION				
21-01 Cabin Fan	C	2	1	(o) One may be inoperative provided : 1) Both air conditioning packs are operative, and 2) Air conditioning packs high flow is selected.

[그림 4-7] 객실 팬(cabin fan)에 대한 MEL 적용내용

MEL이 발행된 당일은 적용 기간 일수에 포함되지 않는다. 예를 들어, MEL이 1월 15일에 적용되고 수리 범주가 B이면 3일인 수리 간격은 1월 16일에 시작되고 1월 18일 자정에 만료된다.

카테고리에 적용되지 않는 항목은 정비이월 일자로부터 30일 이내에 수정되어야 하며, 적용되는 항목의 경우에는 다음과 같이 A, B, C, D 4개의 MEL 범주에 따라 수정되어야 한다.

- 카테고리 A: 비고(remarks)란에 규정된 시간 이내
- 카테고리 B: 탑재용 항공일지에 부작동 사항이 기록된 날을 제외하고 연속되는 3(72시간) 비행일(flight day) 이내
- 카테고리 C: 탑재용 항공일지에 부작동 사항이 기록된 날을 제외하고 연속되는 10(240시간) 비행일(flight day) 이내
- 카테고리 D: 탑재용 항공일지에 부작동 사항이 기록된 날을 제외하고 연속되는 120(2,880시간) 비행일(flight day) 이내

3항의 'number installed'는 항공기에 장착된 시스템(systems) 또는 구성품(components)의 수를 표시한다.

4항의 'number required for dispatch'는 비행을 위한 시스템(systems) 또는 구성품(components)의 수를 표시한다. 이때 반드시 '5항'에 저촉되지 않아야 한다.

3항의 'remarks and/or exceptions'은 필요한 조치내용 및 예외 사항이다.

여기서 사용되는 특수표시는 다음과 같다.

① * : 부작동 되는 유닛(unit) 또는 구성품(components)에 대하여 조종실(cockpit)에 'INOPERATIVE'라는 플래카드(placard)를 부착해야 된다는 것을 뜻함.

② (M) (O): 항공정비사와 운항승무원이 수행하여야 할 절차가 있음을 뜻함.

③ (O): 운항승무원이 수행하여야 할 절차가 있음을 뜻함.

④ (M): 항공정비사가 수행하여야 할 절차가 있음을 뜻함.

⑤ - : 가변량(variable quantity)을 뜻함.

4.7 작업 카드(Task card)

기체 제작사에서 제작한 작업 카드는 일반적으로 하나의 작업 수행을 하도록 만들어졌다. 이러한 절차는 정비사가 작업 전에 패널을 열고, 특정 회로 차단기를 작업에 맞도록 '입력' 또는 '출력'으로 설정하고, 다른 장비를 '켜거나', '끄기' 등의 작업을 수행하고 완료 시 이러한 작업 과정을 반대로 되돌리는 것이다. 그러나 항공기 점검 중 항공사에서 수행되는 대부분 작업

은 같은 구역 또는 같은 장비에서 동일한 정비사 또는 승무원이 수행하는 여러 작업의 조합으로 되어 있다.

특정 작업의 불필요한 중복 및 동일한 패널의 불필요한 열기 및 닫기 등을 피하고자 대부분의 항공사는 제작사의 작업 카드를 가이드로 사용하여 전체적으로 수행할 작업을 정확하게 설명하는 자체 작업 카드를 작성한다. 이렇게 만든 작업 카드는 중복되거나 낭비되는 작업을 제거해 준다.

일부 항공사는 정비사에게 주어진 작업 프로젝트에 대한 제작사의 모든 작업 카드를 제공하고 정비사 스스로 작업 공정 중에 중복을 피하도록 자율권을 주는 것이 더 적절하다고 생각한다.

때로는 그룹 작업에 대한 특별 지침이 있는 카드 패키지에 항공사 작업 카드가 첨부된다. 어떤 접근 방식을 사용하든 기술부서는 기술적 정확성을 보장하기 위해 이러한 카드를 생성해야 한다.

4.8 기술지시서(Engineering orders: EO)

MRB 보고서 또는 Ops spec 데이터에서 엔지니어링에 의해 개발된 표준 정비계획에 포함되지 않은 모든 정비작업은 EO 발행을 통해 공식화되어야 한다. 이것은 엔지니어링에서 발행하고 QA의 승인을 받은 공식 작업 문서이며 일반적으로 생산 계획 및 관리(production planning and control: PP&C) 조직을 통해 구현된다.

일부 항공사에서는 EO를 단순히 작업 지시서라고 한다.

5 ATA 문서 표준(ATA document standards)

대부분의 항공사, 특히 다른 항공사와 계약 정비를 하는 항공사의 운항정비 직원은 근무 시간 동안 다양한 항공기에서 작업할 기회를 얻게 된다. 항공기 제작사는 독립적이기 때문에 과거에는 각자 고유한 방식으로 작업을 수행하였다. 이것은 정비 매뉴얼이 항공기만큼 달랐음을 의미한다. 정비 현장에서의 혼란을 줄이기 위해 ATA는 모든 제작사의 문서가 잘 호환되도록 정비 매뉴얼의 전체 형식을 표준화하였다.

<표 4-4> ATA standard chapter numbers

ATA	Subject	ATA	Subject
5	Time limits, maintenance checks	36	Pneumatic
6	Dimensions and access panels	37	Vacuum
7	Lifting and shoring	38	Water/waste
8	Leveling and weighing	45	Central maintenance system
9	Towing and taxiing	49	Airborne auxiliary power
10	Parking, mooring, stroage, and return to service	51	Standard practices and structures–general
		52	Doors
11	Placards and markings	53	Fuselage
12	Servicing	54	Nacelles/pylons
20	Standard practices–airframe	55	Stabilizers
21	Air conditioning	56	Windows
22	Auto flight	57	Wings
23	Communications	70	Standard practices–engines
24	Electrical power	71	Power plant(package)
25	Equipment/furnishings	72	Engine(internals)
26	Fire protection	73	Engine fuel control
27	Flight controls	74	Ignition
28	Fuel	75	Air
29	Hydraulic power	76	Engine controls
30	Ice and rain protection	77	Engine indicating
31	Indicating/recording system	78	Exhaust
32	Landing gear	79	Oil
33	Lights	80	Starting
34	Navigation	82	Water injection
35	Oxygen	91	Charts

ATA 코드는 항공기 및 해당 하위 시스템에 대한 다양한 시스템 유형을 이해하는 데 도움이 되도록 설계되었으며, 각 시스템에 챕터(chapter) 번호가 지정된다. 〈표 4-4〉는 ATA 표준에 따른 챕터 할당을 보여준다. 예를 들어 착륙장치, 타이어, 브레이크, 미끄럼 방지 시스템 등으로 구성된 항공기 착륙장치는 챕터 32에 할당되었다.

항공기 정비사가 타이어 교체와 같은 유형의 정비를 수행할 때 정비사는 전체 착륙장치가 아니라 '#1 타이어 장탈 및 교체'로 정비 작업 내용을 기록하고 서명해야 한다. 서명 절차는 항공기 시간 및 운항 횟수와 함께 서명 마지막에 ATA 코드 32(착륙장치 시스템), 서브 시스템 40(휠 및 타이어 어셈블리) 및 00으로 구성된다. 이렇게 하면 기록 담당자가 어떤 타이어가 언제 교체되었는지 이해하고 항공기의 시간과 운항 횟수를 알 수 있다. 이는 또한 CASS(continuous analysis and surveillance system)와 신뢰성 담당 부서가 조기 고장 및 warranty claim 작업을 추적하는 데 도움이 될 수 있다.

이러한 ATA 코딩 시스템은 모든 항공기 모델 및 유형에 대해 동일하며, 모든 항공기 제작사는 동일한 코딩 시스템을 사용한다. 내비게이션 시스템과 같이 정비가 필요한 항공기 시스템이 있는 경우 운항 정비사 또는 전자 정비사는 항공기 정비 매뉴얼 ATA 첸터 34에서 그러한 정

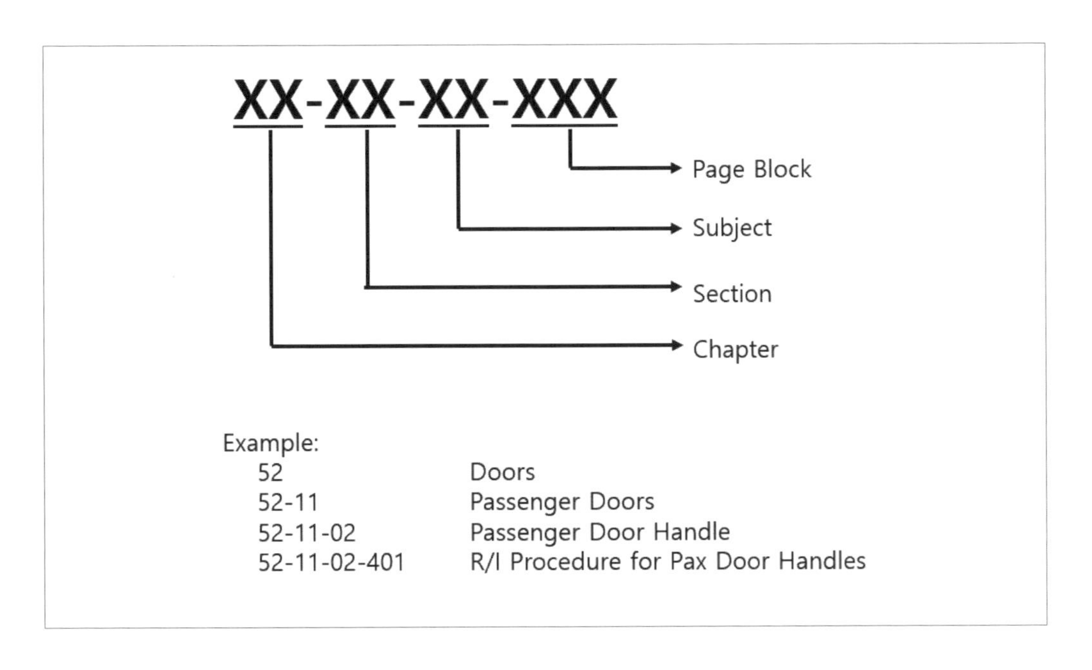

[그림 4-8] 정비 매뉴얼의 ATA 구성

보를 찾을 수 있음을 알게 될 것이다.

ATA 코드는 세 세트의 두 자리 숫자와 세 자리 숫자로 세분된다. 이것은 각각 장(chapter), 주제(subject), 섹션(section) 및 페이지 블록(page block)을 나타낸다.

[그림 4-8]은 번호의 구조를 보여준다. 처음 두 자리(ATA chapter)는 모든 제작사에서 동일하며 정비 매뉴얼 시스템 전체에서 사용된다. 두 번째(section) 및 세 번째(subject) 그룹은 적용되는 시스템 구조의 차이로 인해 제작사마다 다를 수 있으며 동일한 제작사일지라도 모델 항공기마다 다를 수 있다.

마지막 숫자 그룹(page block)은 모든 정비 매뉴얼에서 동일하다. 페이지 블록은 비행기 정비 매뉴얼에 포함된 특정 유형의 정보를 참조한다. 예를 들어 페이지 001-099는 해당 장의 시스템에 대한 설명 및 작동을 위해 예약되어 있다. 페이지 301-399에는 시스템 또는 챕터 내의 다양한 장비품에 대한 장탈착 절차가 포함되어있다.

이 시스템의 장점은 하루 동안 Boeing 787, Douglas MD-80, Airbus A380, ATR 72 항공기를 정비하는 운항 정비사에게 확실하다. 유압 시스템 장비품과 관련된 정비가 필요한 경우 항공기 제작사나 기종과 관계없이 항공정비사는 필요한 정보를 정비 매뉴얼 ATA 챕터 29에서 찾을 수 있음을 알고 있다. 만약 항공기 착륙 등(landing light)에 결함이 있는 경우 항공기 제작사나 기종과 관계없이 ATA 챕터 33에서 도움말을 찾을 수 있다.

5.1 개요 및 작동(001-099 페이지)

개요 및 작동(description and operation) 페이지 블록은 시스템이 수행하는 작업을 알려주고 다양한 작동 모드를 식별하며 시스템과 필수 장비품이 작동하는 방식을 자세히 설명한다.

정비사는 이 부분이 라인과 격납고에서 정비를 수행하는 데에는 너무 자세하다고 생각하지만, 여기에 제공된 정보는 어려운 고장 탐구하는 데 필요하다.

정비사는 결함이 있는 시스템에서 잘못된 부분을 효과적으로 파악하기 위해 시스템의 작동 이론과 작동 모드를 이해할 필요가 있다. 엔지니어링 직원은 정비프로그램의 변경 또는 개선 사항을 식별하고 더 어려운 문제를 해결하는 데 있어 정비를 지원하기 위해 이 자료가 필요하다.

5.2 고장탐구(101-199 페이지)

이 페이지 블록에는 시스템에서 발생하는 다양한 문제에 관한 고장탐구(fault isolation)를 수행하는 데 사용되는 결함 트리가 포함된다. 이러한 결함 트리는 수명 동안 시스템 내에서 발생하는 모든 결함을 다 찾지는 못할 것이다. 이러한 절차는 비행 중에 운항승무원에게 조종실에 표시되는 지시등, 메시지, 경고 등과 같은 특정 결함을 찾기 위해 작성되었다.

이러한 고장탐구 절차는 주어진 시스템에 존재할 수 있는 모든 결함을 찾도록 작성되지는 않는다. 매뉴얼이 처음 제작되었을 때 인지하지 못했던 결함이 발생하여 많은 절차가 수년에 걸쳐 수정되었다. 그러나 복잡한 장비품의 경우 시스템이 경험할 수 있는 모든 결함을 찾도록 단계별 절차 또는 결함 트리를 작성하는 것은 매우 어렵다. 이것이 가능하다면 결함 트리가 너무 길어지고 절차가 너무 복잡하여 유용하지 않는다.

5.3 정비 작업(201-299 페이지)

이 페이지 블록은 정비 작업(maintenance practices)을 완료하기 위해 두 개 이상의 행위를 수행해야 할 때 사용된다. 일반적으로 200 페이지 블록 절차는 장탈착 절차에 이어 BITE 테스트, 기능 테스트 또는 조정 절차 또는 서비스 지침이 따른다.

보조 절차가 단순하다면 이 절차는 편의를 위해 주요 절차와 함께 200 페이지 블록에 포함된다. 반복하기에 너무 길거나 너무 복잡하면 주 절차는 장(chapter), 주제(subject), 섹션(section) 및 페이지 블록(page block)별로 적절한 보조 절차를 참조한다.

5.4 서비스(301~399 페이지)

300 페이지 블록에는 오일, 유압유, 물, 연료의 보충 및 교체; 윤활 작업; 폐기물 처리 등과 같은 모든 서비스 작업(servicing)이 포함된다.

이러한 절차에는 단계별 지침과 필요한 자재 목록 및 이에 해당하는 사양이 포함된다.

5.5 장탈/장착(401-499 페이지)

장탈/장착(removal/installation) 절차는 LRU(line replaceable unit)를 장탈하고 다른 유사한 품목으로 교체하는 방법에 대한 단계별 지침을 상세하게 제공한다.

간단한 장착의 경우 이러한 지침은 자격이 있는 정비사에게는 필요하지 않다. 그러나 대부분은 장비품을 장탈하고 장착하기 위한 특정 순서의 단계가 필요하다.

많은 경우 장탈하기 전에 회로 차단, 전원 및 유압 장치 차단 등과 같은 특정 작업조건을 충족해야 한다. 장착 시에는 세심한 일련의 단계가 필요하다. 때에 따라 장착 후 지상 시험과 같은 추가 절차를 수행해야 한다. 이러한 추가 절차는 장탈/장착 절차에서 언급되지만 다른 페이지 블록에서 다룬다.

5.6 조정/테스트(501-599 페이지)

500 페이지 블록에는 장비품 또는 시스템이 장탈착으로 방금 교체되었거나 정상적인 정비 중에 이러한 조정(adjustment)이 필요할 때 시스템을 조정하는 절차가 포함되어있다. 이 페이지 블록에는 테스트 장비 없이 시스템을 확인하는 데 사용되는 작동 점검 절차도 포함되어있다. 이것은 항공기에서 사용 가능한 것만 사용하여 적절한 작동을 확인하기 위한 비교적 간단한 검사이다.

500 페이지 블록에는 더 자세하게 시스템을 점검하는 데 사용되는 기능 점검 절차도 포함되어있다. 이러한 점검에는 일반적으로 추가 테스트 장비 또는 도구가 필요하며 시스템의 특정 매개 변수 측정이 포함될 수 있다.

5.7 검사/점검(601-699 페이지)

600 페이지 블록은 영역 검사(zonal inspection) 활동을 다룬다. 다양한 결함에 대하여 항공기의 각 영역을 검사한다.

5.8 세척/도장(701-799 페이지)

700 페이지 블록은 항공기 세척, 청소 및 도장 절차를 포함하고 있다. 여기에는 작업별로 사용할 재료에 대한 사양이 포함되어있다.

5.9 승인된 수리(페이지 801-899)

800 페이지 블록은 감항 당국이 운영자의 수행을 위해 승인한 항공기 구조 및 표피에 대한 수리를 나타낸다.

6 TPPM 주요 내용

TPPM(technical policies and procedures manual)의 목적은 정비본부 조직의 모든 측면을 식별하는 것이다. 주요 내용으로는

① 핵심 인력의 식별, 직무 기능 및 직무 자격에 대한 설명

② 운영자의 철학과 목표에 대한 정의

③ 정비 활동과 연관된 작업장, 격납고, 램프 및 기타 주요 건물 및 구역을 포함한 정비 시설의 배치도 및 지도

④ 감항 당국 규정에 따른 특정 항목과 운영자의 재량에 따라 특정 정비, 검사 및 테스트 활동을 수행하는 방법을 자세히 설명하는 항목

TPPM은 통제된 문서이므로 해당 정보가 필요한 항공사 내 조직에만 제한적으로 배포해야 한다. 정비본부 모든 부서에 전체 사본을 제공하는 항공사가 있지만, 다른 항공사는 해당 조직에 적용되는 매뉴얼 일부만 제공하는 항공사도 있다. 예를 들어, 특정 비행 노선 운영과 관련된 정보는 격납고나 부품 정비 작업장의 직원에게 제공될 필요가 없다. 마찬가지로 엔지니어링 책임에 관한 정보는 해당 활동과 직접적으로 관련되지 않는 해외 지점에 배포할 필요가 없다. 그러나 전체 문서는 정비본부 중앙 자료실에서 사용할 수 있어야 한다.

TPPM에는 유효 페이지(LEP) 목록, 개정 번호 및 개정 날짜가 포함되어야 한다. 문서에 사용된 용어 및 약어 목록도 포함되어야 한다. 매뉴얼은 정비 및 지상 직원에게 배포하기 위한 규정을 만들어야 한다. 매뉴얼이 두 권 이상의 볼륨으로 되어 있는 경우 모든 볼륨의 내용이 각 권에 나열되어야 한다. 이러한 지침은 매뉴얼의 최소 내용을 정의하는 감항 검사관 핸드북에 포함된 정보를 기반으로 한다. 이 지침은 정비나 엔지니어링 담당자에게 직무 및 책임 수행에 대한 완전한 지침을 제공하는 추가 내부 정책 및 절차를 포함하도록 하여야 한다.

이 매뉴얼은 정비 직원의 활동을 제어하고 지시하는 데 사용되는 관리 도구이다. 정비 작업의 모든 측면을 정의해야 한다. 매뉴얼에는 검사와 정비 기능을 수행하기 위한 자세한 지침 또는 구체적인 참조가 포함되어야 한다. 또한 엔진 교환과 같은 반복적이고 비정상적인 요구사항과 규정 초과 착륙, 낙뢰, 조류 충돌 등과 같은 비정상적인 발생에 대한 양식, 지침 및 참조를 포함해야 한다.

이 매뉴얼은 운영자의 정비 및 서비스 담당자가 비행기의 감항성을 보장할 수 있도록 해야 한다. 매뉴얼의 복잡성은 운영의 복잡성에 따라 다릅니다. 매뉴얼은 제작사 기술 매뉴얼 적용 영역을 설명해야 한다. 이 매뉴얼은 조직의 기본 사항이므로 항공사의 정비 교육에도 광범위하게 사용해야 한다.

제5장 정비본부 조직

효과적인 정비조직의 구조는 조직의 규모와 유형에 따라 다르며, 항공사의 경영 철학에 따라 다를 수도 있다. 그러나 한 가지 사항을 명심해야 한다. 조직 구조는 회사가 목적과 목표를 달성할 수 있도록 해야 하며, 회사 내의 각 부서에는 그러한 목표를 수행하고 목표를 달성할 수 있는 충분한 인력과 권한이 부여되어야 한다.

1 조직 구조(Organizational structure)

Kinnison과 Siddiqui는 그들의 경험과 관찰을 통해 [그림 5-1]과 같은 구조가 중형 상용 항공사에 가장 효율적이고 효과적인 것으로 소개하고 있다.

대형 항공사나 소형 항공사에 적용하기 위해서는 이 구조를 수정해야 한다. 그러나 여기에서 식별된 모든 기능은 효과적인 운영을 위해 필수적인 정비프로그램에서 논의된 모든 기능과 활동을 달성하기 위해 개별적으로 또는 조합하여 존재해야 한다.

일반적으로 경영조직은 세 가지 기본 개념으로 정의되고 있다. 이 중 두 가지는 전통적인 경영 사고에서 비롯되는데 이들은 관리한계와 유사한 기능의 그룹화 개념이다. 세 번째 개념은 항공의 고유한 특성으로서 검사, 관리 및 모니터링(품질 보증, 품질 관리, 신뢰성 및 안전)의 감독 기능과 생산 활동(정비 및 엔지니어링)을 분리하는 것이다.

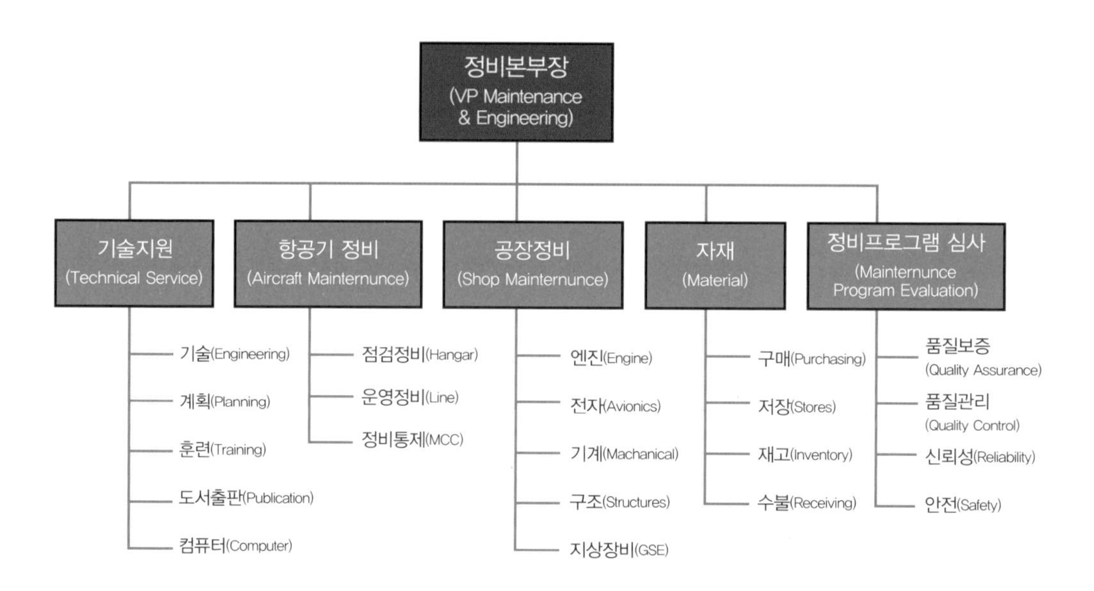

[그림 5-1] 전형적인 중형항공사 조직도

1.1 관리한계(Span of control)

관리한계 개념은 기업의 관리 조직에서, 한 사람의 상사가 효율적으로 직접 관리할 수 있는 부하 직원의 수를 이르는 말로써 관리자는 3~7명을 효과적으로 감독하거나 관리할 수 있다는 개념이다. 3명 미만은 시간과 인력을 효과적으로 사용하지 못할 것이고, 7명 이상이 되면 관리자는 너무 힘들어질 것이다. [그림 5-1]에 표시된 조직 구조에서 우리는 이 개념을 고수해 왔다.

정비본부장이 5명의 부서장(공장장)을 감독하고, 각 부서장은 부서나 공장의 기능을 수행하는 데 필요한 수의 관리자를 가지고 있다. 관리자가 감독해야 하는 인원을 제한함으로써 조직의 업무가 인력의 낭비를 줄이고 더 쉽게 관리되는 부분, 즉 원활하고 효율적인 노동력을 위해 꼭 필요한 사람들과의 접촉으로 구분된다는 것을 알 수 있다.

실제 정비작업은 다양한 기술을 가진 작업자가 수행하는 조직의 하위 수준에서는 일반적으로 관리한계가 그리 좁지 않다. 운항 또는 공장 정비 감독자는 20명 또는 30명의 정비사를 감독할 수 있다. 그러나 상위 관리 수준에서는 관리한계를 더 낮은 수로 유지하는 것이 좋다. 그렇다고 더 넓은 한계 범위를 활용할 수 없다는 뜻은 아니다. 모든 관리 활동은 사용 가능한 제 자원과 현재 경영진의 역량 및 철학 내에서 작동하도록 구성되어야 한다.

1.2 유사 기능의 그룹화(Grouping of similar functions)

일반적인 조직 철학의 기본 개념 중 하나는 한 명의 부서장, 관리자 또는 감독자 산하에 유사한 기능을 그룹화하는 것이다. 결론적으로 모든 정비 활동(운항정비, 공장 정비 및 정비통제)은 한 명의 관리자 산하에 둔다. 모든 정비 오버홀 작업장 기능(전기 및 전자 작업장, 기계 작업장, 유압장치 작업장 등)도 마찬가지로 그룹화되어 있다. 종업원, 부품 검사 또는 부품 공급 업체 심사 등 모든 검사 활동은 하나의 검사조직(정비프로그램 평가 기능)으로 분류된다. 자재구매, 엔지니어링 업무 수행과 기획업무 등도 이에 따라 그룹화하여 관리자와 책임자가 전문 지식을 가진 분야에 대한 적절한 감시와 통제를 유지할 수 있도록 한다.

1.3 생산 및 감독 기능 분리(Separation of production and oversight functions)

생산 및 감독 기능의 분리 개념은 정비조직에 고유의 개념일 수 있다.

감항당국의 규제에 따라 항공사는 운항 증명을 받는다. 항공안전법에 따라 항공사가 인증을 받으려면 항공사가 규정(항공 관련 법규를 비롯한 자체 규정)에 따라 수행되고 있는지 확인하는 자체 모니터링 기능을 포함하여, 특정 프로그램이 수행되어야 한다. 이것은 감항당국이 매년 각 항공사를 재인증해야 하는 부담을 덜어준다. 자체 모니터링에 대한 이 요구 사항은 대개 품질 보증(QA), 품질 관리(QC), 신뢰성 및 안전 프로그램의 형태로 이루어진다.

이러한 자체 모니터링 기능은 이해충돌을 방지하기 위해 모니터링하는 정비 및 엔지니어링 기능과 별도로 작동하는 것이 좋다. 이러한 분리는 [그림 5-1]에 표시된 조직 구조에 녹아있다.

2 정비본부 조직도(The M&E organizational chart)

[그림 5-1]은 앞에서 설명한 것처럼 전형적인 중간규모의 중형항공사 정비본부 기본 조직도이다. 본 장에서는 각 계층과 각 기능에 대해 간단히 설명하고, 자세한 내용은 각 장에서 논의하기로 한다.

이러한 구조는 본부장 수준에서 시작하여 부서장, 관리자와 감독자를 지정하여 운영하는 하향식 조직 구조로서 운영자가 선호하는 다른 직함이 있을 수 있지만 구조는 [그림 5-1]과 유사해야 한다.

2.1 일반 집단(General groupings)

2.1.1 본부장(Vice president of maintenance and engineering)

항공사 정비본부장은 항공사 구조에서 비교적 높은 수준이어야 한다. 항공사 사장 또는 최고 경영층의 직속에 있어야 하며, 운항 본부장과 같은 수준이어야 한다. 운항 및 정비는 같은 동전의 양면으로 간주 되는데, 이는 서로를 보완하는 관계로서 같은 비중을 가지고 있기 때문이다.

운항 부서는 항공기의 운항과 같은 비행 업무를 담당한다. 반면, 정비는 운항스케줄을 충족시키기 위해 운항 부서에 감항성 있는 항공기를 인도할 책임이 있다. 정비부서는 지정된 정비일정 범위 내에서 항공기에 대한 모든 예정된 정비, 개조 등을 수행할 책임이 있으며, 운항스케줄을 충족하여야 한다. 정비가 없다면 항공기 운항은 상당히 제한될 것이고, 항공기 운항이 없다면 정비는 무의미할 것이다. 그러므로 정비와 운항은 서로를 필요로 하고, 항공사 또한 둘 다 필요로 한다.

국토교통부 항공기 기술기준에서는 정비본부장의 요건을 다음과 같이 기술하고 있다.

정비본부장은 정비기능에 대한 책임을 지며 권한을 가진 담당 관리자이며 전체 정비프로그램과 그 밖의 정비, 예방정비 및 개조 기능에 대한 전반적인 책임을 진다. 항공운송사업자는 정비정책을 규정하고 전반적인 정비프로그램과 정비조직을 조직, 지휘 및 관리하는 데 대한 전체적인 책임과 권한을 갖는 정비본부장을 보임하여야 할 것이다. 항공운송사업자의 정비본부장은 가능한 최상의 안전수준으로 정비작업을 수행하는 데 필요한 전체의 인원을 관리하고, 항공 안전 법령 및 관련 규정 등에서 정한 기술적인 문제를 해결할 수 있는 능력과 직무 지식이 있는 자이어야 한다. 이와 같은 요건은 정비본부장이 감독, 정비 업무 수행, 검사 및 항공운송사업자의 항공기와 구성품의 정비 확인과 관련한 기본적인 안전 및 책임에 관한 지식이 있어야 함을 보장하기 위한 것이다.

2.1.2 주요 기능의 부서장(Directors of major functions)

[그림 5-1]에 표시된 5가지 주요 기능은 본서에서 다루는 순서대로 기술지원(기술, 계획, 훈련, 도서 출판 및 컴퓨팅 포함), 항공기 정비(운항정비, 점검 정비, 외주정비 및 정비통제센터), 오버홀 작업장(항공기 장탈품 정비, 수리 및 오버홀), 자재 지원(구매 및 보급관리, 보증 처리, 시스템을 통해 수리품목 및 소모품 이송 처리) 및 정비프로그램 심사(조직, 종사자 및 공급 업체에 대한 모니터링 활동) 등이 있으며, 단순한 정비 차원 이상의 것들이 있다. 이러한 부분에 대해서는 자세히 설명할 것이다.

2.1.3 관리자와 감독자(Managers and supervisors)

각 부서장 산하에는 여러 명의 팀장과 같은 관리자가 있으며, 관리자 각각은 부서장의 직무 범위 내에서 전문화된 책임 영역을 가지고 있다.

각 관리자의 책임 영역 내에서 이루어지는 특정 활동에는 전문 지식이 있는 직원의 감독을 받는 전문인력이 필요하다. 일부 대규모 조직에서 감독자는 활동이나 의무를 추가로 분리할 수 있으며, 관리범위를 작업 단위 규모로 줄이기 위해 '선임(작업반장)' 또는 '선임 대행(작업 조장)' 등을 임명할 수 있다. 그러나 운영자 대부분은 관리한계가 훨씬 더 넓어질 수 있다.

3 부서별 관리자 역할

각 부서장, 관리자와 감독자는 원활한 운영 조직에 필요한 보다 일상적인 활동에 대한 책임도 있다. 이러한 활동에는 행정 및 인사 업무 처리, 각 조직의 예산 및 계획 요구 사항(장기 및 단기) 및 정비본부 외부 조직을 포함한 일부 또는 모든 다른 조직과의 필요한 상호 작용이 포함된다.

3.1 기술지원(오버헤드) 부서의 관리자 역할

기술지원부서에는 정비와 검사기능을 지원하는 다양한 활동과 지원이 포함되어 있다. [그림 5-1]의 일반적인 설정에서 각 부서장에 대한 다양한 활동을 식별했다. 부서 내의 각 활동(팀)은 관리자(팀장)의 지시에 따른다. 필요에 따라 감독자 및 선임자와 같은 추가적인 관리 단계가 있을 수 있다.

우리나라 항공사 정비조직에서는 기술지원 분야를 오버헤드(over head)부서라고도 칭한다.

3.1.1 기술(Engineering)

기술부는 항공국, 제작사 및 기타 고객의 규정에 근거하여, 인가된 기술자료에 따라 효과적이고 능률적인 정비 업무가 수행될 수 있도록 기술적인 측면에서 기술지원 및 작업준비에 대한 책임이 있다.

다음은 우리나라 대형 항공사의 정비기술부의 주요 직무이다.

- 항공기, 원동기 및 부분품의 정비방식 수립 및 개선
- 정비규정 및 정비업무절차 관장
- 정시점검 카드(card)의 제정, 개정 및 초도 수행 작업의 표준 인시 수(man hour) 설정
- 제작사/부품공급업체(vendor)의 각종 문서(document) 기술검토 및 조치
- 항공기, 원동기 및 전자 보기 감항성 개선지시/기술 회보(airworthness directive/service bulettine) 관련 업무
- 형상(configuration) 변경에 대한 검토
- 수리 요구 품목에 대한 수리 방식 및 가능성 검토
- 표준 자재/공정의 제정, 개정 관련 업무
- 항공기, 원동기 및 부분품의 매뉴얼류와 제작사/공급 업체(vendor)의 문서(SB, service letter 등)접수, 배포

- 항공기, 원동기 및 부분품 마스터 매뉴얼(master manual) 관리와 정비본부 매뉴얼 개정현황 관리
- 반복 및 주요 결함에 대한 집중 분석
- 각종 기술 개발에 관한 검토, 연구 및 지원
- 항공기 도입 및 송출 관련 업무 주관

기술부서는 항공기 기술 영역 내의 발동기, 구조, 항공 전자, 항공기 성능 및 시스템(유압, 공압 등)의 전문 분야를 다룰 수 있는 높은 수준의 전문 지식을 갖추고 있는 인력으로 구성되어있다.

3.1.2 생산 계획 및 관리(Production planning and control)

계획 및 관리부서는 정비계획, 기획성 업무, 정비본부의 정보전달체계 구축 및 인원을 총괄 관리하는 책임이 있다.

다음은 우리나라 대형 항공사의 정비기획부의 주요 직무이다.

- 장·단기 사업계획 수립 및 집행
- 조직 업무분장의 기획 및 관리
- 정비 관련 법규의 제정 및 개정 건의안 검토
- 생산성 목표설정·분석 및 정비원가 계산업무
- 전산화 개발 계획 수립 및 추진
- 전산 시스템 운영상 문제점 및 관련 신기술 검토 및 조치
- 본부 내 제안제도 주관 및 운영관리
- 항공기·엔진·장비품의 연간 생산 계획 수립, 실적분석 및 운용 방침 결정
- 원동기 및 항공기 구성품의 자체 수리 능력 개발 계획 수립 및 추진
- 국내외 공항에서의 정비지원 대책 수립 및 계약업무 관장
- 정비 수주사업 업무 주관 및 국내외 공항 외항기 정비계약 관련 업무
- 인력 운영 관련 업무
- 항공기 사고 보상 청구 관련 업무
- 정비용 장비·공구의 확보 운용 계획 수립 및 집행
- 정비 시설물·구조물·부대설비의 운용 계획 수립 및 집행
- 장비·공구 제작 및 기술지원 관련 업무

- 환경방침 수립 및 EMS 인증 등 본부 내 환경 관련 업무 주관
- 정비지원용 고정자산 종합관리 업무
- 직원의 인사·출장·보안관리 업무
- 근무환경, 복리후생에 대한 개선 검토 및 종합관리

3.1.3 훈련(Training)

정비훈련원은 정비본부의 정비사에 대한 초기 교육 및 반복교육과 교육활동에 필요한 제반 조직에 대한 책임이 있다.

다음은 우리나라 대형 항공사의 정비훈련원의 주요 직무이다.

- 교육훈련 기본 운영방침 수립 및 기준 설정
- 년도 별 및 중장기 교육계획 수립, 관리
- 교육훈련 제도 연구·개발 및 도입
- 교육과정 개발 및 운영
- 국내외 위·수탁 교육 관리
- 교육훈련 평가 자료 개발 및 운영
- 직능 자격제도 개발 및 운영
- 면허 자격시험 취득 지원 및 관리
- 기술 자격제도 및 OJT 관련 업무
- 지정 전문 교육기관 관련 업무

3.1.4 기술 도서(Technical publications)

기술 도서 관리자는 정비본부에서 사용하는 모든 기술자료를 책임진다. 기술자료에는 항공사가 자체 제작한 문서뿐만 아니라 제작사 및 공급 업체로부터 받은 모든 문시의 최신 목록으로 유지하여야 한다. 또한, 각 작업장에서 받아야 하는 인쇄물, 마이크로필름 또는 CD(compact disc) 형식의 복사본 수도 기록되어야 한다.

기술 도서 관리 조직은 이러한 다양한 작업장에 적절한 문서 및 개정판을 배포할 책임이 있으며, 작업장은 문서를 최신 상태로 유지할 책임이 있지만, 기술 도서 관리자는 정기적으로 점검을 수행하여 이러한 유지가 잘되고 있는지 확인하여야 한다. 또한, 모기지의 자료실을 비롯

하여 외부 주재정비소(out stations)의 기술자료 등을 유지관리해야 할 책임이 있다.

일부 항공사에서는 이러한 기술 도서 및 자료관리를 기술부서 내에서 수행하기도 한다.

3.1.5 전산 지원(Computing services)

전산 지원 관리자는 정비조직의 전산 요구 사항을 다음과 같이 명확하게 정의할 책임이 있다.

- 개인용 컴퓨터의 사용 정보 및 사용할 소프트웨어 및 하드웨어 선택
- 정비사, 검사원과 관리자의 컴퓨터 사용법 교육
- 컴퓨터 사용 중 발생하는 문제에 대한 지속적인 지원제공

일부 항공사에서는 전산 지원 부분은 정비기획부 산하에 있거나, 전사적인 차원에서 관리하기도 한다.

3.2 항공기 정비 현장 관리자 역할(Aircraft maintenance directorate)

항공기 정비 책임자(공장장)는 주요 항공기 정비 활동, 즉 운항정비와 점검 정비에 대한 책임이 있다. 운항정비, 점검 정비 및 정비통제 등 세 명의 관리자가 항공기 정비 책임자에게 보고한다. 여러 항공기 또는 2개 이상의 정비 기지가 있는 항공사의 경우, 운영 범위에 따라 항공기 정비 관리자의 수가 증가할 수 있다.

3.2.1 점검 정비(Hangar maintenance)

점검 정비 관리자는 격납고에서 항공기에 수행된 모든 작업(예: 개조, 엔진 교환, 'C' 점검 이상, 부식 처리, 도장 등)과 관련된 항공사의 정책 및 절차를 준수할 책임이 있다. 점검 정비기능에는 다양한 지원 작업장(용접, 시트 및 실내 장식, 복합재 등)과 지상 지원 장비가 포함된다.

3.2.2 운항정비(Line maintenance)

운항정비 관리자는 항공기가 운항 중인 항공기에 대한 작업과 관련된 항공사의 정책 및 절차를 준수할 책임이 있다. 이러한 작업에는 전환 정비(turnaround maintenance) 및 서비스, 일일 점검, 짧은 간격 점검('A' 점검 간격 미만) 및 'A' 점검이 포함된다. 격납고의 불필요한 사용을 피하

려고 운항정비로 간단한 개조를 수행할 수 있다. 운항정비는 계약에 따라 다른 항공사에 대한 운항정비 활동을 수행할 수도 있다.

3.2.3 정비통제실(Maintenance control center)

정비통제실(MCC) 기능은 비행 중인 모든 항공기와 지점(outstations)에 체류하고 있는 모든 항공기를 추적한다. 이러한 항공기의 모든 정비 요구 사항은 MCC를 통해 조정된다. MCC는 또한 항공기 운항 부서와 운항 중지시간(downtime) 및 스케줄 변경을 조정한다. 일부 항공사는 지점 활동을 조정하기 위해 라인 스테이션(line station) 감독자가 있을 수 있지만, 그러한 감독자 또한 모기지 MCC 운영의 일부이다.

3.3 오버홀 작업장 관리자의 역할(Overhaul shops directorate)

오버홀 작업장은 항공기에서 장탈된 품목에 대한 정비를 수행하는 정비 작업장으로 구성된다. 이러한 작업장에는 엔진 작업장, 전기 작업장, 전자(또는 항공 전자) 작업장 및 다양한 기계 작업장이 포함된다. 운영에 따라 별도의 작업장이거나 편의를 위해 일부를 통합할 수 있다. 이 작업장 중 일부는 계약에 의해 다른 항공사의 작업을 수행할 수도 있다.

3.3.1 엔진 작업장(Engine shops)

엔진 오버홀 작업장의 관리자는 조직의 엔진 및 보조 동력장치(APU)에 대해 수행되는 모든 정비와 수리를 책임진다.

2가지 이상의 엔진 형식을 사용하는 경우 작업을 수행하는 각 엔진의 형식에 따라 별도의 엔진 작업장 있을 수 있지만, 일반적으로 각 엔진 형식별로 감독자가 있는 한 명의 신임 관리자 아래 배치된다. 엔진 조립활동(engine build up activities)은 일반적으로 엔진 작업장 관리자가 담당한다.

3.3.2 전기 및 전자 작업장(Electrical and avionics shops)

전기/전자 작업장 관리자는 전기 및 전자 부품과 시스템의 모든 항공기 외 정비를 책임진다.

이 분야에는 다양한 구성품과 시스템이 있으며 장비 사용에 필요한 기술도 다양하다. 별도의 감독자가 있는 여러 작업장(라디오, 내비게이션, 통신, 컴퓨터, 전기 모터 구동 부품 등)이 있을 수 있다. 그러나 인력과 공간을 최적화하고 테스트 장비 재고를 줄이기 위해 작업장이 통합되기도 한다.

3.3.3 기계 부품작업장(Mechanical component shops)

기계 부품작업장 관리자는 항공 전자 작업장 관리자와 유사한 책임을 진다. 물론, 유일한 차이점은 이러한 작업장은 작동기(actuators), 유압 계통 및 부품, 항공기 조종면(플랩, 슬랫, 스포일러), 연료 계통, 산소(oxygen), 공압 등의 기계적 부품을 다룬다는 것이다.

3.3.4 구조(Structures)

구조 작업장은 모든 항공기 구조 부품의 정비와 수리를 담당한다. 여기에는 판금 및 기타 구조물뿐만 아니라 복합 재료도 포함된다.

3.4 자재부서 관리자 역할(Materiel directorate)

자재부서는 정비본부 조직을 위한 구매, 저장 및 불출(창고), 재고 관리, 정비조직이 사용하는 부품과 소모품의 선적 및 수령 등 모든 부품 및 물자의 취급에 대한 책임이 있다. 여기에는 항공기의 정비, 서비스 및 엔지니어링에 사용되는 부품과 소모품뿐만 아니라 정비본부의 관리와 관리에 사용되는 소모품(예: 사무용품, 유니폼 등)도 포함된다.

3.4.1 구매(Purchasing)

구매 관리자는 부품과 소모품을 구매하고 시스템을 통해 이러한 주문을 추적할 책임이 있다. 이는 새로운 항공기가 기단에 추가될 때 부품의 초도 불출과 사용에 따른 부품의 지속적인 보충으로 시작된다. 구매부서는 또한 보증 청구 및 계약 수리를 처리할 책임이 있다.

3.4.2 저장(Stores)

저장 관리자는 정비사가 운항, 점검 및 작업장 정비 활동에서 사용하는 부품과 소모품의 보관, 취급 및 불출을 책임진다. 다양한 작업장 근처에 창고 또는 부품 불출대를 배치하여 정비사가 부품과 소모품을 신속하게 이용할 수 있고 부품과 소모품을 확보하는 데 걸리는 시간을 최소화할 수 있도록 한다.

3.4.3 재고 관리(Inventory control)

재고 관리 관리자는 미사용 품목에 과도한 자금이 묶이지 않도록 하면서 일반적으로 사용되는 품목에 대해 너무 빨리 또는 너무 자주 재고를 소진하지 않으면서 보유한 부품과 소모품이 정상적인 예상 사용량에 충분한지 확인할 책임이 있다.

3.4.4 선적 및 수령(Shipping and receiving)

선적 및 수령 관리자는 출고 자재의 포장, 운송장 준비, 보험, 통관 등을 비롯하여 수입 자재에 대한 통관, 포장 풀기, 검수, 태그 지정 등을 책임진다.

여기에는 항공사로 입출항하는 모든 부품이 포함된다.

3.5 정비프로그램 평가부서 관리자 역할 (Maintenance program evaluation directorate)

정비프로그램 평가(maintenance program evaluation: MPE) 부서는 정비본부조직을 모니터링하는 업무를 수행하는 조직이다. MPE 부서는 지속적 분석 및 감시 시스템(continuing analysis and surveillance system: CASS) 활동을 책임진다. 이러한 기능에는 품질 보증, 품질 관리, 신뢰성 및 안전이 포함된다.

우리나라 항공기 기술기준에 따르면, 품질 보증과 품질 관리에 대한 구분이 없이 품질관리자(quality manager)의 요건만 아래와 같이 언급되어 있다.

품질관리자는 정비프로그램 중 필수 검사기능에 대한 책임을 진다. 대부분의 조직에 있어서 가장 작은 규모인 경우를 제외하고 품질관리자는 검사 지적사항과 관련한 의견대립에 대한 조정기능을 하는 것뿐만 아니라 일반 검사 기능에 대해 위임된 업무의 책임을 진다. 항공운송사업자의 품질관리자는 정비, 예방정비 및 개조 기능을 수행하는 데 대한 책임이 있는 관리자의 아래에 있는 조직에 소속되도록 하여서는 아니 된다. 품질관리자는 자격증명을 가진 항공정비사이어야 한다. 이와 같은 기준은 품질관리자가 항공운송사업자의 항공기와 구성품들을 감독하고 검사하는 것과 관련된 고유한 책임에 관한 지식이 있다는 것을 보장한다. 품질관리자의 직위에 대한 기타 모든 법적인 요건들은 항공정비사 자격증명을 가진 자와 같은 기준이다.

3.5.1 품질 보증(Quality assurance)

품질 보증(QA) 관리자는 모든 정비본부 부서가 감항당국의 요구 사항뿐만 아니라 회사 정책 및 절차를 준수하는지 확인할 책임이 있다.

QA 관리자는 정비본부 운영기준을 수립하고, QA 감사자는 매년 감사를 통해 해당 표준을 준수하도록 한다. 품질 보증은 또한 회사의 규정 및 규정 준수에 대한 외부 공급 업체와 계약업체 감사도 담당한다.

3.5.2 품질 관리(Quality control)

품질 관리의 관리자는 정비와 수리 작업의 정기검사, 정비와 검사원 인증, 필수 검사 항목(RII) 프로그램 관리에 대한 책임이 있다. 후자의 기능은 RII의 식별과 작업을 검사하고 수락할 권한이 있는 특정 인원의 인증을 포함한다. 또한 QC 조직은 정비 공구 및 테스트 장비의 교정을 책임지고, 비파괴 시험 및 검사(NDT/NDI) 절차를 수행하거나 감독한다.

3.5.3 신뢰성(Reliability)

신뢰성 관리자는 조직의 신뢰성 프로그램을 수행하고 모든 문제 영역을 신속하게 처리할 책임이 있다.

이 책임에는 데이터 수집 및 분석, 가능한 문제 영역의 식별(이후 엔지니어링에 의해 자세히 다루어짐) 및 월간 신뢰성 보고서 발행이 포함된다.

3.5.4 안전(Safety)

안전 조직은 정비본부 조직 내에서 안전 및 보건 관련 활동을 개발, 시행 및 관리 할 책임이 있다. 안전 관리자는 또한 정비본부 안전 문제와 관련된 모든 보고서와 이의제기(claim)를 처리할 책임이 있다.

4 전형적인 조직의 변형 (Variations from the typical organization)

위에서 설명한 [그림 5-1]의 조직 구조가 모든 항공운송사업자에게 적용되는 것은 아니다. '일반적인' 항공사보다 작은 항공사뿐만 아니라 훨씬 큰 항공사도 이러한 조직에 따라 효율적으로 운항할 수 없다. 즉, 항공사 규모 등의 차이를 수용할 수 있는 조직 구조의 변화가 있어야 한다.

4.1 소형 항공사(Small airlines)

소형 항공사는 두 가지 이유로 [그림 5-1]에 표시된 방식으로 조직을 구성하지 못할 수 있다. 첫째, 이 모든 직책을 맡을 인력이 부족할 수 있으며, 둘째, 이 중 일부 또는 전부를 정규직으로 유지할 인력이 부족할 수 있다. 그렇다면 경영구조를 바꿔야 하는 것은 분명하다. 이 작업은 여러 가지 방법으로 수행할 수 있다.

우선, 일반적인 조직도에서 식별된 모든 활동을 어느 항공사나 어느 정도 다루어야 한다는 것을 명시해야 한다. 효율적인 작동을 위해서는 이러한 모든 기능이 필요하다. 그러나 규모와 인원 제한으로 인해 한 개인 또는 한 섹션이 이러한 기능 중 하나 이상을 수행하도록 요청될 수 있다. 예를 들어, 품질 관리 기능은 작업장 직원에게 할당될 수 있다. 정비사와 기술자는 정기적인 정비 업무에 추가하여 필요에 따라 검사작업을 수행할 수도 있다.

그러나 이러한 QC 검사원은 이러한 검사 활동과 관련하여 품질 보증 조직(또는 QA 담당자)이 감독한다. 이에 대한 상세한 내용은 다른 장에서 다루기로 한다.

신뢰성과 엔지니어링 기능은 소규모 항공사에서는 통합될 수 있다. 기술 도서, 훈련, 심지어 생산 계획 및 통제까지 엔지니어링과 통합하여 사용 가능한 기술을 활용할 수 있다. 운항 및 점검 정비기능은 별도의 조직일 수 있지만 같은 인력을 많이 활용한다. 두 기능을 하나의 정비조직으로 통합할 수도 있다.

4.2 대형 항공사(Large airlines)

대형 항공사, 특히 둘 이상의 정비 기지가 있는 항공사의 경우, [그림 5-1]과는 다른 조직 구조가 필요하다. 해당 유형의 작업이 수행되는 각 기지에는 점검 정비조직이 필요하다. 예를 들어, [그림 5-2]와 같은 정비조직을 가진 대형 항공사는 인천에서 국제선을 운항하는 대형항공기 중심으로 정비를 수행하고, 김포에서는 국내선을 운항하는 중소형 항공기 정비를 수행할 수 있다. 그러나 각 현장에 별도의 관리자뿐만 아니라 두 부서 모두를 책임지는 기업 레벨의 관리자를 두어야 할 수도 있다. 생산 계획 및 통제센터와 특정 지원 작업장에서도 마찬가지이다. 다시 한번 강조해야 할 것은 항공사가 실제로 어떻게 조직되었든 간에 "일반적인" 구조에 열거된 기능을 다루는 것이 중요하다는 것이다.

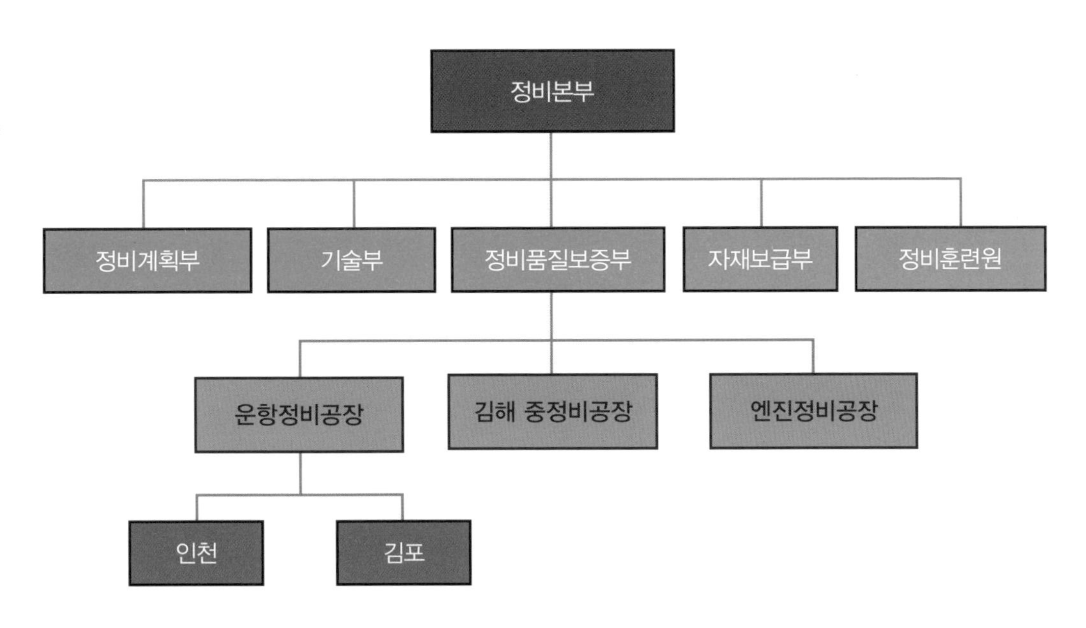

[그림 5-2] 대형 항공사의 정비본부 조직도

4.3 전체 조직 구조와 부분 조직 구조 (Full versus partial organizational structure)

또한 이러한 '일반적인' 항공사 구조는 [그림 5-1]에 나열된 모든 기능을 수행하지 않는 항공사에 적합하지 않다는 점을 지적해야 한다. 많은 소형 항공사와 일부 대형 항공사는 자체 점검 정비를 수행하지 않으므로 점검 정비조직이 필요하지 않다. 하나 이상의 영역(항공전자, 유압장치 등)에서 작업장 정비를 위탁하는 항공사도 마찬가지이다. 그러나 특정 기능이 항공사 자체에서 수행되지 않더라도 이러한 기능은 장비를 적절히 정비하기 위해 수행되어야 한다. 항공사는 정비조직에서 이러한 기능에 대한 책임을 지고, 이들의 완료 여부를 확인하고, 이러한 조치를 다른 항공사 활동과 조정할 사람을 지정해야 한다.

제6장 기술 관리

항공업계에서는 항공사의 기술부서 즉, 엔지니어링 조직의 필요 여부에 관한 논쟁이 있었다. 과거에는 항공사가 주로 항공기의 규모, 항속거리, 운용방식을 결정하는 역할을 했다. 항공사에서 다양한 항공기 제작사들에 원하는 항공기 제원을 정하고 제시하여 항공기 제작사들이 계약을 입찰하여 완성기를 생산하도록 했다. 하지만 최근에는 기체 제작사 및 엔진 제작사가 새로운 항공기를 설계 및 개발하는 것으로 대세가 바뀌었다. 항공사들은 오로지 '자신들의 기업의 규모에서 효율적인 운용이 가능한 항공기'라는 근본적인 조건만 내걸게 되었다. 이러한 변화를 통해 항공사들은 기술부서의 직원들을 줄이는가 하면, 일부는 아예 부서를 폐지하기도 하였다. 하지만 기술부서를 섣불리 폐지하기 전에 고려해야 할 몇 가지 사항들이 있다. 항공사들은 새로운 항공기의 설계에 관여하지 않더라도 운용을 하는데 필요한 사항을 정하는 것 이외에도 기술과 경력을 가진 직원들을 고용하는 몇 가지 이유가 있다. 본 장에서는 이러한 이유를 다루고자 한다.

1 항공사의 엔지니어링 개념

엔지니어 협회(engineers' council for professional development)에서는 엔지니어링을 "연구, 경험 및 실습으로 얻은 수학과 자연 과학의 지식을 바탕으로 자연의 물질과 힘(force)을 경제적으로 활용하는 방법을 개발하는 직업"이라고 정의하고 있으며, 아메리카나 백과사전(the encyclopedia americana)에서는 엔지니어는 과학자와 달리 구체적이고 실질적인(실용적인) 문제를 해결한다고 기술하였고, 이에 덧붙여 브리태니커 백과사전(the encyclopedia britannica)에서는 모든 엔지니어는 이론적인 것을 실질적인 것으로 변환(translation)시키는 것에 관심을 가져야 한다고 하였다.

이를 종합해보면 엔지니어는 이론적인 수학과 과학지식을 실질적인 문제를 해결하기 위해 활용하는 사람이라고 정의할 수 있으며, 엔지니어는 일반적으로 토목, 기계, 전자, 원자력 등 특정 전문분야로 구별되는데 위에서 언급했듯이 항공사에서는 더 이상 새로운 항공기의 설계에 관여하지 않기 때문에 이들 모두를 항공사의 운영을 위해 고용하기에는 현실적으로 불가능하다. 또한 이들 모두를 고용한다고 해도 이들을 위한 충분한 직무를 제공하는 것도 힘들 뿐만 아니라 비효율적이다. 그러므로 항공사에서는 일반적인 정비조직을 위해 교육을 받은 '정비 엔지니어(maintenance engineer)'가 필요한 것이다.

정비 엔지니어는 항공 정비 분야에서의 경험, 관련 지식, 교육 등을 받고 해당 학위를 가진 엔지니어를 의미한다. 이를 다시 말하자면 정비 엔지니어는 이론적인 지식뿐만 아니라 항공 분야에서 사용되는 장비품 등의 정비, 운영, 및 기술적 세부 사항을 알아야 한다는 것이다.

항공기 제작사의 정비 엔지니어는 MSG-3 활동 등을 통하여 정비 프로그램(maintenance program)을 개발하고, 다양한 정비 관련 문서를 제작하는 데 반하여 항공사 정비 엔지니어는 이를 받아 필요한 경우 현장 상황에 맞추어 적용할 수 있도록 수정하기도 한다.

항공사의 기술부서는 매우 광범위하며, 정비본부(maintenance & engineering) 조직을 위해 많은 임무를 수행한다. 기술부서가 정비조직과 구분되어 독자적으로 운영될 수도 있고, 정비조직에 속한 경우도 있는데 이는 항공사의 규모에 따라 다르다.

전자의 경우 엔지니어는 일반적으로 건물 및 기타 시설의 개발 및 지원, 항공기 개조 설계, 기술적 문제에 관한 연구 등 주요 엔지니어링 활동을 중점으로 운영된다. 그러나 대부분의 항공사에서는 후자의 방식을 택하는데 이 경우 엔지니어링은 정비조직의 하나로 주 기능은 정비활동을 보조하는 것이다.

구체적으로는 항공사의 정비프로그램을 개발하고, 분석 및 연구를 통해 정비조직을 보좌하고, 라인(line)과 격납고(hangar) 및 작업장(shop) 등에서의 고장탐구(trouble shooting) 등을 돕는다.

따라서 우리나라 대형 국적항공사의 정비프로그램 등에 따르면 기술 관리에 대한 정의를 "현재 운용하고 있는 항공기에 대해서 안전한 비행, 확실한 운항, 쾌적한 서비스를 경제적으로 달성하기 위해 적법한 기술적 제 기준과 정책을 설정하여 그에 따른 정비방식(maintenance requirement)을 제공하며 정비업무 수행에 필요한 각종 정보를 전파하는 업무를 총칭"하는 것으로 표현하고 있다.

2 엔지니어링의 구성(Makeup of engineering)

항공사의 엔지니어링 부서(이하 기술부)는 정비조직의 경험이 풍부한 사람들로 구성된다. 기술부의 엔지니어는 반드시 항공사와 관련 규정에서 요구하는 사항뿐만 아니라 정비작업에 관한 내용을 전반적으로 알고 있어야 한다.

이상적으로는 항공사는 학위가 있는 엔지니어와 상급 수준의 정비사(senior licensed mechanics)를 둘 다 보유하는 것이 바람직하다.

항공사에는 항공기 및 장비품 등의 각 유형(type)에 따라 여러 전문분야의 엔지니어가 있다. 대표적으로 항공전자(avionics), 전기 계통, 유압 계통, 공압 계통, 동력장치(ENG 및 APU), 기체 등의 분야가 있으며 각 분야는 더 세부적으로 구분될 수 있으며, 항공기 또는 엔진의 모델별로 엔지니어 그룹을 갖춘 경우도 있다.

이들은 대부분 항공사의 규모에 따라 결정되며, 그 규모가 매우 작으면 한 명 또는 두 명의 엔지니어가 위의 분야를 모두 담당할 수도 있다. 항공사가 클수록 기술부는 더 크고 다양해질 것이다.

3 정비사와 엔지니어(Mechanics and engineers)

일부 항공사에는 정비사(mechanics)로만 구성된 기술부가 있지만, 다른 항공사의 경우 공학을 전공한 엔지니어들로만 구성된 부서가 있는 예도 있다. 이 두 경우 모두 항공사의 운영계획에 있어서 만족스럽지는 않을 것이다.

일반적으로 정비사는 사용 중인 시스템과 장비품 및 세부 사항에 정통하며, 각종 규제 및 규정에 관한 내용을 숙지하고 있고, 해당 분야의 경험이 풍부하고 조직의 운영 특성을 잘 이해하지만, 분석 및 연구 분야와 엔지니어 교육을 받지 못한 경우가 대부분이다.

반대로 공학을 전공한 엔지니어는 본인의 전문분야에는 정통하지만, 감항성 있는 항공기를 제공하기 위한 기체, 엔진, 기타 시스템 등 항공기 전반적인 구성요소에 대해서는 이해가 부족할 수 있다. 또한 공학적인 학과의 커리큘럼에서는 정비에 관한 교육을 거의 하지 않으며, 본인의 분야 외의 다른 공학 분야에 대한 교육도 거의 제공하지 않는다.

엔지니어와 정비사는 다른 방식의 교육을 받으며, 어떠한 문제를 해결하려고 할 때 접근방식이 다르다.

정비사의 경우 문제를 해결할 때 다소 문제가 발생한 후 대응하는 사후적(reactive) 대응이지만, 엔지니어의 경우 훨씬 주도적으로 문제를 해결하려는 사전적(proactive)으로 해결하려는 하는 경향이 있다.

후자의 경우가 더 이상적이라고 생각할 수 있지만, 항공사에서는 효율적인 운용을 위해 이 둘 모두가 필요하다.

정비사와 엔지니어의 특성을 구분하여 비교하면 〈표 6-1〉과 같다.

<표 6-1> 정비사(메카닉)와 엔지니어의 특성 비교

특성	정비사	엔지니어
교육 및 연구	• 항공 시스템과 장비의 실질적인(실용적인) 운용을 위한 것들을 교육받고 연구함 • 각 시스템의 운용 및 작동 방식에 대한 이해를 바탕으로 실제로 조작하기 위한 교육을 받음 • 문제가 발생하였을 때 이를 해결하기 위한 정비 방법, 테스트 방법 등의 표준 절차를 교육받음	• 기초 과학 및 공학(수학, 화학, 물리학 등) 교육을 받음 • 귀납 및 연역적 추론 기술, 통계 분석, 문제해결, 시스템 엔지니어링 등 다양한 이론을 연구함 • 전기, 전자, 항공, 구조 등 특정 분야를 전문적으로 다룸
업무	[공장 정비] • 항공전자 시스템(전기, 전자, 통신 시스템 등) 또는 기계적 시스템(유압, 공압, 조종면, 기체 등)을 전문적으로 취급함 [운항정비] • 특정 분야만이 아니라 항공기에 대한 전반적인 이해가 요구되며, 항공기 운항을 위한 거의 모든 시스템을 취급함	• 항공 분야의 모든 분야에 자신의 전문지식을 적용하지는 않음(자신의 전문분야만 취급) • 정비사의 문제해결을 도움 • 정비사가 표준 절차 또는 그들만의 기술 등을 활용했음에도 불구하고 문제를 해결하지 못할 때 엔지니어는 그 문제를 다른 각도에서 분석하고 연구하여 새로운 대안을 제시함

특성	정비사	엔지니어
역량	• 문제를 정확하게 파악하기 위해, 어떤 종류의 문제가 발생할 때 상세한 분석(또는 정밀검사)해야 하는지 알고 있어야 함(장 탈착 시뿐만 아니라 작동 중인 경우도 포함) • 다양한 사례에 대한 경험이 필요함	• 다양한 각도에서 문제를 분석하기 위해 시스템에 대해 일정 수준 이상의 지식이 요구됨 • 문제를 연구하고 분석하기 위한 새롭고 혁신적인 절차를 개발할 수 있어야 하며, 적절하고 효과적인 해답을 위해서 큰 그림(big picture)을 이해할 필요가 있음 • 기본적으로 문제 해결사(problem solver)로서 엔지니어링, 문제해결, 시스템 및 각 시스템의 상호작용에 대해 알아야 하지만, 여기에 추가로 항공기와 엔진 등에 관련된 시스템에 대한 지식도 요구됨

〈표 6-1〉에서 살펴본 바와 같이 정비사는 표준 절차에 의해 문제를 해결할 수 없는 경우에는 엔지니어에게 도움을 요청해야 하며, 정비조직 내에서 문제해결을 효율적으로 수행하기 위해서는 전통적인 엔지니어뿐만 아니라 현장경험이 풍부한 정비 엔지니어도 모두 필요하다는 것을 알 수 있다.

4 기술부의 역할(Engineering department functions)

기술부는 정비업무의 다양한 측면에 관한 연구 및 분석을 통하여 정비 요목 및 방식을 평가하여 항공사의 정비프로그램을 수립한다. 또한 항공기 시스템의 개조 또는 수정사항 등을 평가하고, 정비에 대한 기술적 지원을 제공한다.

기술부는 새로운 장비와 설비를 작동하기 위한 자원을 준비하고 필요한 경우 정비 외적인 측면에 대해서도 지원하기도 한다.

우리나라 국적항공사의 기술부 업무는 다음과 같이 구분하고 있다.

① 정비정책의 수립(establishment of maintenance policy)

② 정비방식의 설정(establishment of maintenance requirement)

③ 항공기 성능향상을 위한 개조 관리(modification control for the improvement of A/C performance)

④ 기술지원(technical assistance)

⑤ 기타(others)

[그림 6-1] 기술부의 주요 업무 분야

4.1 정비프로그램 개발

각각의 항공기 모델은 항공기 제작사와 관련된 장비공급업체들에 의해 개발된 초도(initial) 정비프로그램이 있다. 이러한 프로그램은 항공기를 운영하려고 하는 신규 운영자와 신규 장비를 위함이며, 이는 각 운영자가 운영상황에 맞추어 조정할 수 있다. 초도 정비프로그램은 보편적인 일반화된 프로그램이기 때문에 반드시 도입 초기에 각 운영자의 상황에 맞게 조정되어야 한다.

항공기 제작사는 감항 당국에 의해 승인된 정비 검토위원회(maintenance review board: MRB) 보고서와 정비계획문서(maintenance planning document: MPD)를 제공해야 한다. 항공사의 기술부는 이를 받아 해당 항공사의 시간 및 공간제약, 가용 인력, 일정 등과 같은 종합적인 사항들을 고려하여 정비 현장에 잘 적용될 수 있도록 하여야 한다.

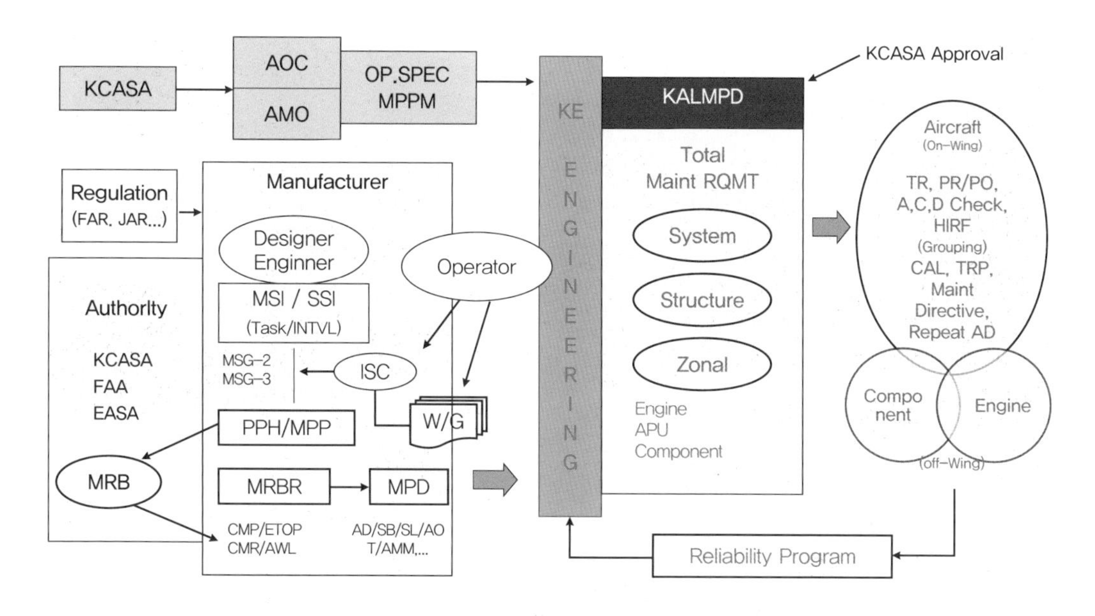

[그림 6-2] 국적항공사의 MPD 발행 절차

일부 항공사는 지정된 A, B, C, D 점검(check) 정도는 충분히 수행할 수 있는 능력을 갖추고 있다. CMP/ETOP CMR/AWL

항공사 규모가 충분히 큰 경우 위와 같은 점검을 정기적으로 시행할 만큼 장비나 인력 등이 충분하지만, 소규모 항공사의 경우에는 C 점검(check)과 같은 작업 수행은 많은 인력과 시간이 요구되기 때문에 어려울 수 있다. 따라서 소규모 항공사의 경우에는 원활하고 효율적인 운영을 위해 일정을 조절할 필요가 있다.

대부분의 항공사는 A 점검(check)을 월간 점검 형태로 수행하고, C 점검(check)은 연간 점검 형태로 수행(신형기종의 경우 12~18개월의 주기로 수행)하며 한번 실시하는 데에 3~7일이 소요된다.

소규모 항공사의 경우 연간 점검을 하는 것은 현실적으로 어려움이 따르므로 이 문제를 해결하기 위해, C 점검(check)을 각 운영자의 여건에 맞추어 여러 단계로 나누어 실시할 수 있다.

예를 들어 C 점검을 C1~C4 단계로 구분하여 실시할 경우 3개월마다 각 단계를 진행하고, 12단계로 구분하면 1개월마다 A 점검(check)과 동시에 실시할 수 있다. 두 경우 모두 제한된 시간 동안 인력을 탄력적으로 운영할 수 있어 효율적이며, 업무량이 안정화되는 효과를 얻을 수 있다.

이러한 C 점검(check) 등의 일정(scheduling)에 따라 수행해야 하는 작업을 선택하고, 작업을

[그림 6-3] 대형 항공사의 'C' 점검(Check)

점검 패키지(check package)로 묶고, 모든 작업 제한사항(시간, 주기 등)을 확인하는 것은 기술부에서 수행하여야 하는 업무이며, 실질적인 개별 항공기에 대한 점검 일정의 조율은 생산계획(production planning) 및 통제부서(control department)의 역할이다.

이러한 점검을 수행하는 작업은 매우 상세한 과정일 수 있다. 점검 작업이 올바르게 절차대로 수행되었는지 확인하기 위해 작업 카드(task card)가 정비사에게 발행된다.

많은 항공사는 항공기 제작사에서 제공한 작업 카드를 사용하고 있지만, 일부 항공사는 자체에서 제작한 작업 카드를 사용하기도 하고, 혹은 이 둘을 조합하여 사용하는 때도 있다. 어떠한 방법을 사용하든 이러한 작업 카드를 개발하거나 적절하게 조합하여 적용하는 것은 기술부의 책임이다.

4.2 정비본부 정책 및 절차 매뉴얼 개발

이 문서는 정비본부 각 조직의 업무에 대한 책임을 설명하는 데 필요한 모든 정보가 포함되어 있다. 정비본부의 조직구조를 보여주며, 주요 조직의 의무 및 책임에 대한 정보를 제공하며, 항공사 시설에 대한 일련의 지도 및 배치도를 제공하기도 한다.

또한 작업 수행 방법, 작업 수행 대상, 작업 관리, 검사 및 사용 가능 상태로 환원(return to service)하는 방법에 대한 자세한 설명도 기술하고 있다.

기술부는 정비본부 내의 다른 부서의 의견을 반영하여 이 문서를 개발하고 제공할 책임이 있다.

국토교통부 운항 기술기준 제9장에서는 매뉴얼에 대한 최소 요구 사항을 제시하고 있으며, 이에 추가로 정비본부 직원에게 작업 수행에 대한 완전한 지침을 제공하는 추가 정책 및 절차가 고려되어야 한다.

이에 따라. 우리나라 국적항공사의 운영기준 및 정비규정은 항공법/법령/시행규칙 등 감항당국의 규제(regulation)에 부합하도록 회사의 기본 정비정책(maintenance policy)을 정하고 있으며, 정비본부 내 지침은 운영기준/정비규정의 세부 이행 절차와 기준을 정하고 있다.

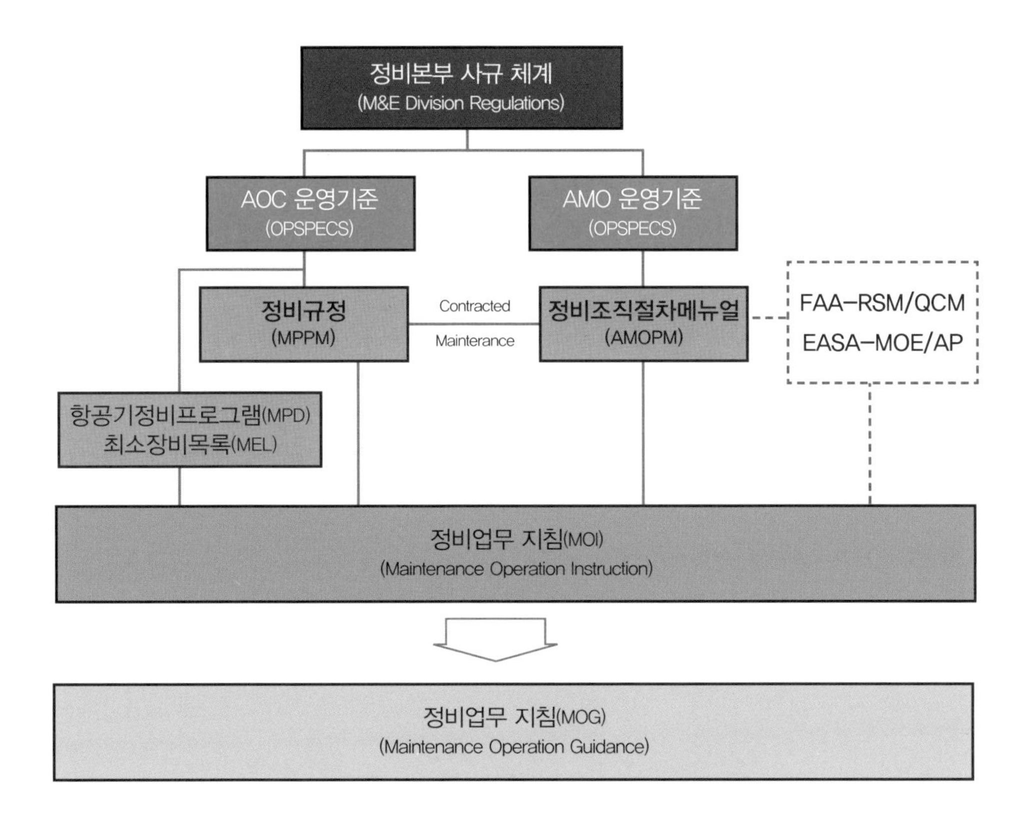

[그림 6-4] 국적항공사의 정비본부 운영 사규 체계

4.3 정비프로그램 개정 검토

간혹 정비프로그램의 효율성에 문제가 있을 수 있으며, 일부 작업은 비효율적이거나 적절하지 않을 수 있다.

원래 프로그램에서 제거된 일부 작업을 필요에 따라 복원해야 할 수도 있으며, 때에 따라서는 시스템 또는 부품들의 성능을 개선하거나 사용 중 발생하는 고장률을 줄이기 위한 반복적인 정비작업 주기를 단축하거나 연장하는 것이 요구될 수도 있다.

이러한 정비프로그램의 조정은 기술부 엔지니어에 의해 수행되며, 이러한 업무를 수행하기 위해서는 신뢰할 수 있는 조직(reliability organization)에 의한 자료 수집과 공학적 차원의 문제 분석 능력이 필요하다.

4.4 항공기 성능향상을 위한 개조 검토

항공기 안전성과 신뢰성 향상을 위하여 항공기, 엔진 및 부품제작사는 각 시스템의 수정 및 개선 사항을 정비개선 회보(service bulletin: SB) 또는 서비스 서신(service letter: SL) 형태로 발행한다.

이러한 개선 사항이 안전 또는 감항성에 치명적인 영향을 미칠 때는 감항 당국에 의해 감항성 개선지시(airworthiness directives: AD)가 발행되며, 항공사는 반드시 AD를 수행하여야 한다. 그러나 SB와 SL은 감항 당국에서 요구하는 필수사항이 아니므로 항공사 자체에서 수행 여부를 결정할 수 있다.

대부분 SB와 SL은 기술부에서 정비효율, 성능향상 또는 승객 편의성 측면에서 검토하고, 비용 대비 편익 분석을 기반으로 수행 여부를 결정한다. 우리나라 국적항공사의 경우 '수행보류' 또는 '수행 건의'로 판정하고 있다.

AD는 필수적인 수행 사항이므로 기술부에서 별도의 상세한 검토는 필요 없지만, AD, SB, SL의 형태와 관계없이 정비에 필요한 정보를 기술지시(engineering order: EO)의 형태로 상세한 지침을 발행하여야 한다.

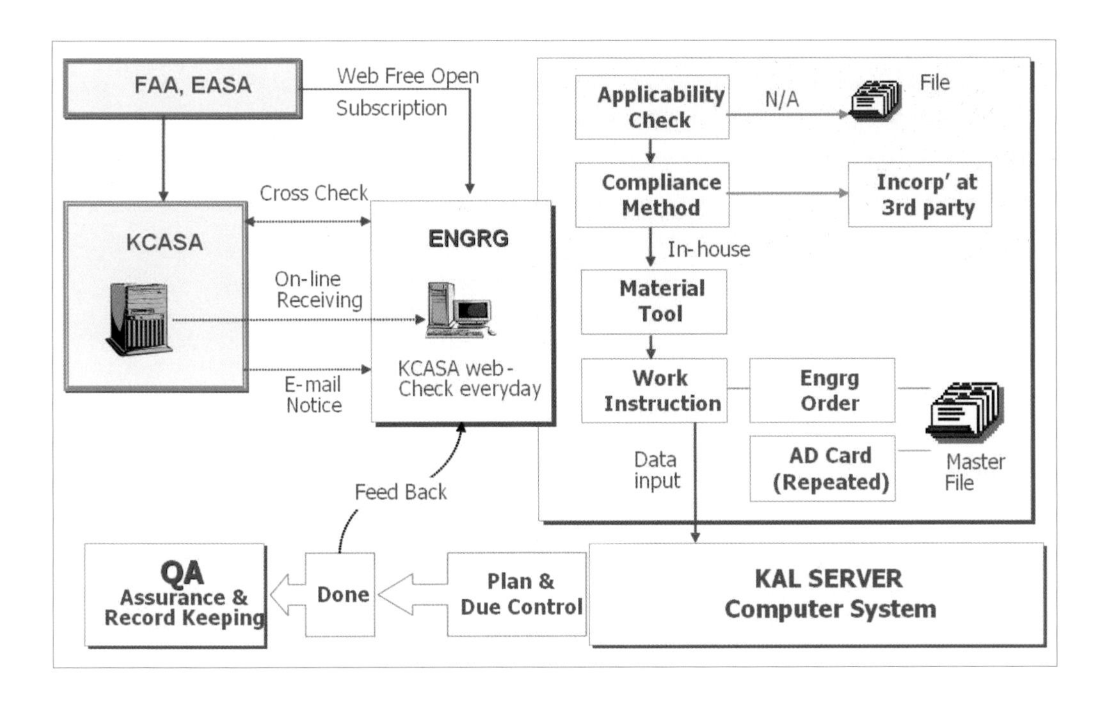

[그림 6-5] 국적항공사의 AD 발행 과정

4.5 신규 도입 항공기 검토

기술부의 주요 업무 중 하나는 항공사의 운항 확대를 위해 도입할 새로운 장비를 평가하는 것이다. 우선 해결해야 할 첫 번째 문제는 어떤 항공기/엔진의 조합을 구매할 것인지를 결정하여야 한다. 이 결정은 항로, 취항지, 예상 시장 점유율, 수익 대비 운용비용에 기초를 둔다. 이는 시장 상황과 항공사의 목표에 근거를 둔 경영적인 측면의 결정이다.

항공기/엔진을 결정하는 데에 있어 또 다른 중요한 점은 정비와 기술적인 관점에서 가장 좋은 기종을 선택하는 것이다. 경영적인 선택과 기술적인 선택 두 가지 결정은 항공사의 전반적인 목표를 달성하기 위해 적절히 조화시켜야 한다.

본 장에서는 경영적인 관점보다는 기술적인 관점에서 설명하고자 하며, 엔진이 2개이며 서로 비슷한 사양을 가진 B767과 A330을 선택해야 한다고 가정해보고 정비와 관련된 몇 가지 질문에 답해보자.

[그림 6-6] A330 항공기와 B767 항공기

(1) 도입 기종에 장착할 수 있는 엔진은 무엇인가? 현재 보유하고 있는 기종의 엔진과 호환을 할 수 있는가?

➔ 현재 항공사에서 운영 중인 엔진인지 아니면 이와 유사한 엔진인지 아닌지는 중요하다. 왜냐하면 새로운 엔진이 도입된다면, 이를 위한 새로운 정비 및 테스트 설비와 인력의 교육이 필요하여 추가적인 비용이 발생하기 때문이다.

(2) 도입 기종의 항속거리는 얼마인가?

➔ 항공기의 항속거리에 따라 취항지가 결정될 것이며, 취항지에서 항공기를 정비해줄 인력이 있는가를 고려해야 한다. 이를 위해 지점에 주재 정비사를 배치하거나 정비가 가능한 현지 업체와 계약을 맺어야 한다. 주재 정비사가 이미 배치되어 있을 경우라도 새로운 항공기를 다룰 수 있는지를 고려해야 하며, 필요한 경우 해당 기종 교육 또는 최소한의 추가 교육을 해야 할 것이다.

(3) 도입 기종에는 어떤 신기술들이 적용되었는가?

➔ 신기종을 도입하는 경우 현재 정비 및 기술 인력만으로도 신기종을 정비할 수 있는지, 아니면 추가 교육 또는 차이점에 대한 교육(differences training)이 필요한지 또는 신기종을 담당할 추가 인력이 필요한지를 고려해야 할 것이다.

(4) 현재 운영 중인 정비프로그램을 바탕으로 현재 항공사에서 운영 중인 일정(점검 주기)을 신기종에 적용할 수 있는가? 그렇지 않은 경우, 신기종을 수용하기 위한 기존의 격납고 공간, 생산계획, 운항정비 및 정비통제 등의 정비 관련 요소를 어떻게 변경하여야 하는가?

(5) 신기종을 위한 추가적인 지상 지원 장비(ground support equipment: GSE)가 필요한가? 필요하다면 어떤 장비가 필요한가?

(6) 기존의 격납고(hangar)는 신기종을 수용하기 적합한가? 혹은 격납고의 개조나 신설이 필요한가?

➔ 이를 위해 외부건설사 혹은 계약업체와의 협력이 필요할 수도 있다.

(7) 신기종을 운용하기 위해 모기지와 각 지점에서는 어떤 부품과 부품관리시설이 필요한가?

➔ 기존에 있는 기종에 흔히 쓰이는 부품이 아니면 상당한 양의 투자가 필요할 수 있다.

(8) 두 기종의 정비에 대한 업계의 평가(부품 가용성, 고장률, 요구되는 정비량 등)는 어떠한가?

기술부는 이러한 질문들과 그 외의 것들을 정비본부 내 다른 부서의 의견을 고려하여 어떤 항공기를 구매해야 할지를 결정해야 할 것이다. 위의 질문들은 간단한 사전 분석 수준이며 여기에는 시설 및 인력 업그레이드를 위한 비용 및 각종 교육 사항 등에 대한 정보가 추가되어야 한다.

어떤 항공기와 엔진을 구매할지가 결정되면 기술부는 상세한 견적을 산출하고, 새로 도입하는 항공기의 운영 및 정비 계획 등을 위해 모든 측면을 검토해야 한다. 또한 구매할 항공기의 수와 항공기 도입 일정 등에 관한 데이터도 고려해야 할 것이다.

4.6 중고 항공기 도입 검토

항공사가 타 항공사 혹은 리스사에서 중고기종을 도입하는 것을 고려하는 경우, 현재 사용 중인 장비와의 차이점을 고려해야 한다. 이 차이점들에는 엔진 형식을 포함한 항공기 구성(configuration), 현재 운용사가 적용 중인 정비프로그램 및 점검 일정(check schedule), AD 와 SB 등의 수행 여부 등이 포함되어야 한다.

이에 더불어 중고 항공기를 도입함으로 인해 추가적인 교육, 정비 지원, 자재 지원이 필요한지 또는 항공기를 리스하는 경우 항공기 구성에 있어서 어떠한 개조(modification)가 필요하고, 리스가 종료되는 시점에는 어떤 항공기 상태와 구성으로 유지해야 하는지 등을 명확하게 이해하고 이 점을 고려해야 할 것이다.

4.7 신규 지상 장비 도입 검토

기술부는 추가로 도입된 신기종의 지원을 위한 새로운 장비의 필요성을 검토해야 한다.[1] 여기에는 공구(tools), 시험 장비(test equipment), 작업대(stands), 전원 및 공압 카트(electric and pneumatic carts), 히터(heater), 견인바(tow bar), 견인 차량(tractor) 등이 있다.

때에 따라 기존에 보유한 장비가 신기종에 사용 가능할 수도 있지만, 규모가 커진 기단에 비해 수량이 부족하여 신기종을 지원하기에는 충분하지 않을 수 있다. 이럴 때 추가적인 장비의 구매가 요구된다.

4.8 정비본부 신규시설 검토

항공사는 새로운 장비 지원, 항공사 규모 확대 혹은 현대화를 위해 신규시설을 건설하거나 기존 시설을 확장해야 한다. 이 시설들에는 격납고, 엔진 시험 시설, 부품창고, 다양한 유형의 장비를 지원하기 위한 보관 시설, 특수한 부품을 위한 저장시설에 대한 계획이 포함된다.

일반적으로 기술부는 이러한 신규시설의 설계 및 건설에 관여하지는 않는다. 시설의 설계 및 시공은 건축을 전문으로 하는 기업에 외주를 줄 것이다. 그러나 기술부는 요구 사항에서 설계에 많은 영향을 끼칠 수 있으며 격납고, 작업시설 또는 기타 시설은 항공사 및 정비조직이 매끄럽게 사용할 수 있도록 설계되어야 한다. 그러므로 기술부는 시설에 요구 사항이 잘 반영되도록 설계자와 시공자 사이에서 이견을 조율하는 역할을 하여야 한다.[2]

4.9 기술지시(Engineering orders: EO) 발행

일일점검, 48시간(48-hour), 중간(transit), A, C 점검(check) 등의 표준 점검(standard checks)에 속하지 않은 작업은 기술지시(EO)에 의해 수행되어야 한다. 일부 항공사는 EO를 작업지시(work order), 기술지시(technical order) 또는 기술 승인(engineering authorization: EA)이라고도 부른다.

---

1) 일부 항공사는 장비 관련 기술 검토는 정비 계획부의 시설 · 장비팀에서 수행하기도 한다.
2) 일부 항공사는 시설 관련 기술 검토는 정비 계획부의 시설 · 장비팀에서 수행하기도 한다.

기술부에서 발행된 EO는 작업센터(work center)에서 작업 범위를 정하고 작업을 계획한다.

SB, SL, AD 및 신뢰성 조사(reliability investigation) 또는 품질관리 보고서(quality control report)로 인해 수행해야 하는 작업은 EO로 발행된다.

EO를 발행할 때는 정비조직 내의 관련 부서들(정비 계획, 품질관리, 자재 보급 및 정비통제 등)의 동의를 얻어야만 발행할 수 있으며, 기술부 엔지니어는 해당 작업의 진행 상황을 추적하여 관리하고 모든 작업이 완료되면 EO를 종결시킨다.

EO 발행 절차는 이 장의 마지막에 다시 소개하기로 한다.

4.10 기술지원

현장 정비사는 일상적인 결함은 고장탐구 매뉴얼을 활용하여 고장탐구를 수행하지만, 때로는 고장탐구가 정비사의 역량을 벗어났을 때 기술부 엔지니어의 지원을 받아 문제의 근본 원인을 파악할 수 있다.

이러한 지원은 운항(line), 중정비(hangar), 작업장(shop)뿐만 아니라 품질보증 담당자와 외주수리 업무 담당자들도 지원받을 수 있다. 즉 부품을 수리하거나 공급하는 부품공급업체와 외주정비를 수행하는 업체도 기술지원이 필요할 수 있다. 하지만 이 지원들은 기술부의 주된 업무가 아니며 어려운 문제해결에 대해서만 지원되어야 한다는 점을 숙지해야 한다. 엔지니어링은 정비를 대신하거나 대체할 수 없기 때문이다.

4.11 기타 엔지니어링 기능

기술부는 교육, 자재 또는 기술적 도움이 필요한 타 정비본부(M&E) 조직에 전문적인 기술을 제공할 수 있다. 기술부 엔지니어는 조직의 기술적인 전문가로 여겨지며 이러한 지원은 지원이 필요한 항공사 내 누구에게도 기술적인 지원을 제공할 수 있다.

5 기술지시(EO) 발행 과정

기술부 엔지니어는 운영기준에 의해 설정된 표준 정비프로그램 계획(standard maintenance program)에 포함되지 않은 작업에 대해 기술지시를 발행한다. 그러나 EO는 다양한 부문에서도 필요할 수 있다.

EO의 이행은 해당 작업의 종류와 복잡성에 따라 다양한 경로로 수행할 수 있다. 예를 들어, 정비 개조와 기타 관련 지시(AD, SB, SL 등)의 EO는 생산계획 및 통제)에 의해 일정이 조율되며, 정비프로그램의 수정(간격, 업무 등), 프로세스 수정, 교육 관련 사항 등에 관한 EO는 정비본부 조직 자체 또는 내부 부서에 직접 발행될 수 있다.

이후 기술할 8단계는 일반적인 발행 과정이다.

① 신뢰성 프로그램의 경고, 업무 요구 사항(QA/품질보증, QC/품질관리, 정비관리자 또는 정비사), AD, SB, SL 또는 기종 대상 활동 중 하나를 기준으로 작업을 수행하는 것을 결정한다.

② 기술부는 작업 요구 사항(문제점과 해결방안)을 분석한다. 시간, 인적 자원 등의 요건에 해당하면, 문제 원인을 파악하기 위해 고장탐구(troubleshooting) 및 조사가 필요한 경우, AD, SB, SL 등을 검토한다.

③ EO 작업을 어떠한 방식으로 수행할지 결정한다. EO에 의한 작업만을 독자적으로 수행할지, 기존의 점검 또는 기존의 계획(scheduled) 및 불시(unscheduled) 정비 활동과 병행할 수 있는지 확인하고, EO 작업을 이들 중 어떠한 방식으로 수행할지 결정한다.

④ 작업 수행의 필요성 및 일정을 파악한다. 엔지니어링 연구(study), 작업 계획, 가용한 부품과 장비, 특수 장비의 필요 유무 등을 결정한다.

⑤ 필요한 작업(work)을 파악한다. 작업 수행을 위해 필요한 인력(정비, 엔지니어링 등의 각종 분야), 시설(격납고 내의 가용한 공간, GSE 등), 작업이 완료되기 위한 작업시간 등을 분석한다.

⑥ (필요한 경우) EO 발행에 대한 회의를 소집한다. EO를 발행하기 위해서는 조직 내의 다양한 부서의 동의가 필요하므로 관련 부서와의 회의를 진행하고, 각종 사항을 조정한다.

⑦ EO를 발행한다. 생산계획 및 통제는 작업을 계획하고 관찰한다.

⑧ 모든 작업이 완료되면 EO를 종료시킨다.

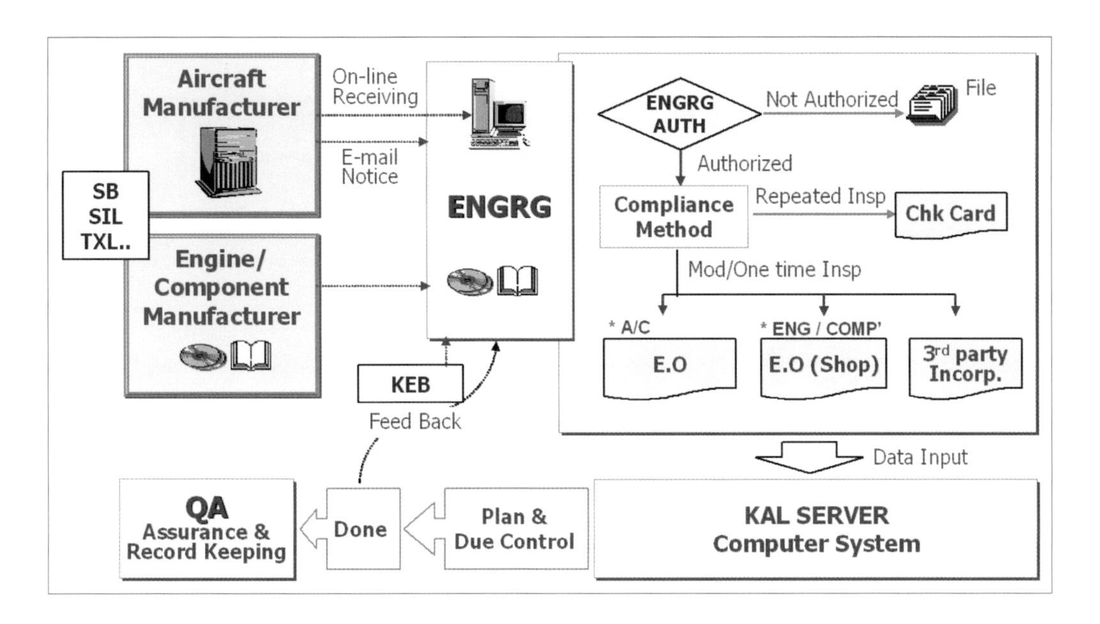

[그림 6-7] 국적항공사의 EO 관리 절차

제 7 장 생산계획 및 통제

광의의 생산계획 및 통제의 목적은 생산에 관련되는 개개의 생산 요소들을 총체적인 차원에서 조정하고 통제함으로써 기업 전체의 생산력을 최대로 발휘하게 하는 것이다.

항공기 정비 부문에서는 고객(영업/운송/고객)이 원하는 항공기를 특정 자원을 투입하여 변환 과정을 거쳐 적기에 적량의 좋은 품질(안전성/정시성/쾌적성)의 항공기를 공급하는 시스템 활동을 계획, 조직, 설계, 운영, 집행 및 통제하는 일련의 의사결정 과정이라고 볼 수 있다.

1 생산계획 및 통제조직

항공 정비 생산계획 및 관리(production planning & control: PP&C) 직무는 중앙집권적 조직(centralization), 현장 분산 조직(decentralization) 및 분권적 조직(partially centralization)으로 구분할 수 있다.

1.1 중앙집권적 조직(Centralization)

생산계획 및 통제기능이 특정부서에 집중된 형태의 조직으로서 작업 계획의 수립, 지시, 통제 및 생산분석을 생산계획 및 통제부서에서 수행하고, 현장부서에서 작업 수행을 하는 형태이다.

1.2 현장 분산 조직(Decentralization)

분산형 조직은 생산계획 및 통제기능이 현장부서에 분산된 형태의 조직으로서 현장부서에서 작업 계획의 수립, 지시, 통제 및 생산분석을 할 뿐만 아니라 작업 수행까지도 전담하는 형태이다.

1.3 분권적 조직(Partially Centralization)

분권적 조직은 우리나라 국적항공사들이 주로 운영하는 형태로서 생산계획 및 통제기능이 부분적으로 분산된 형태의 조직이다. 작업계획수립, 지시 및 생산분석은 생산계획 부서에서 수행하고, 현장부서에서 작업통제기능 및 작업 수행을 하는 형태이다.

2 생산계획 및 통제부서의 역할

부서 명칭에서도 알 수 있듯이 생산계획 및 통제(PP&C)는 계획(planning)과 통제(control)라는 두 가지 기능을 의미하지만 실제로는 예측, 계획 그리고 통제로 세 가지 기능을 가지고 있다.

PP&C의 요지를 잘 나타내는 격언이 있다. "일을 계획하고 계획을 세워라(plan your work and work your plan)." 계획은 생산계획 담당이 수립한다. 이것은 당면한 작업을 완수하기 위한 첫 번째 단계로서 작업을 수행하기 전에 실행되어야 한다.

계획이 없으면 작업 수행은 충동적이고 예측할 수 없는 결과를 낳게 될 수가 있기 때문이다.

PP&C의 생산 통제 측면은 '계획대로 작동'하는 것이다. 통제 단계는 계획이 확정되기 전에 관련된 모든 작업 단위의 회의로 시작된다.

통제 노력은 작업을 수행되는 동안뿐만 아니라 작업 직후에도 계속되어야 한다. 이를 통해 가능한 한 계획을 철저히 준수하고 실제 작업 수행 중에 발생하는 편차 및 상황에 따라 계획을 조정하는 데 필요한 조치를 할 수 있다.

[그림 7-1]은 적절한 계획 여부와 관계없이 일반적인 프로젝트에서 작업이 어떻게 진행되는

지를 보여주고 있다. 예비계획은 정비프로그램 개발 및 기술부서에서 수립한 일정과 PP&C의 개별 점검 계획수립으로 구성된다. 점검이 시작되면 그림에서 점선으로 나타난 것과 같이 작업이 순조롭게 진행된다. 그러나 PP&C의 사전 계획이 없으면 실선으로 표시된 것처럼 작업이 진행됨에 따라 예상치 못한 이벤트와 지연 등으로 작업 수행에 더 큰 노력이 필요하게 된다.

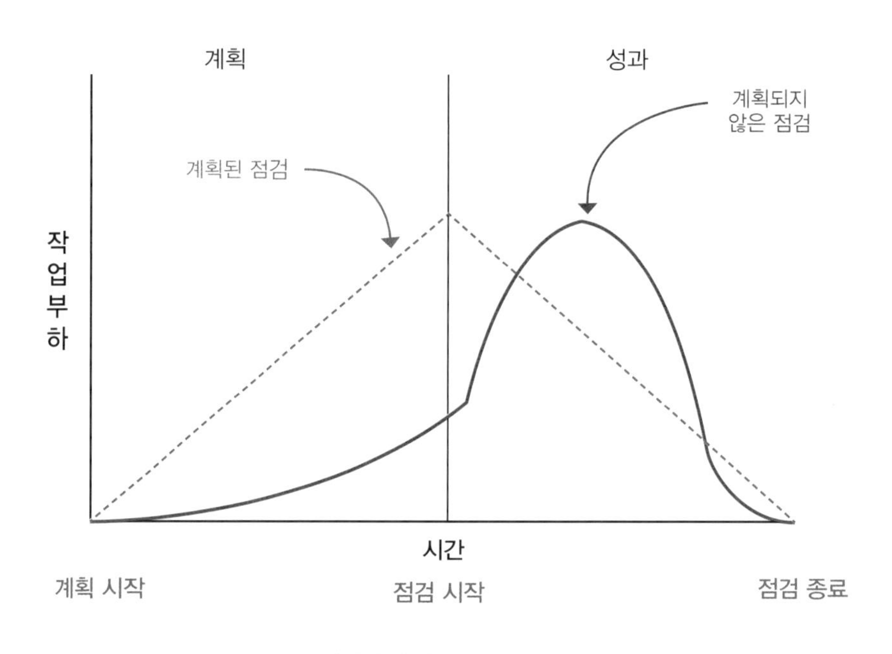

[그림 7-1] 계획의 중요성

결론적으로 PP&C의 목표는 다음과 같이 요약할 수 있다.

- 항공사에 대한 정비조직의 기여를 극대화한다.
- 작업을 수행하기 전에 작업 계획을 수립한다.
- 변화하는 요건에 맞추어 계획과 일정을 조율한다.

다음은 우리나라 국적항공사의 생산계획 및 통제기능에 대하여 설명하고자 한다.

2.1 생산 예측(Production forecasting)

생산 예측 활동에는 보유 기단(aircraft fleet)에 대한 정비 작업량의 측정, 사업 계획 수립, 예측 기간에 발생할 수 있는 변경 사항 등에 대한 인지 등이 포함된다. 즉 정비조직의 향후 발생할 작업량과 관련이 있다.

생산 부문의 활동을 계획하는 첫 단계로 수요예측에 의거 생산해야 할 생산량을 결정하는 정비 요구량을 산정하여야 한다.

항공기 정비 부문에서는 일반적으로 다음과 같은 기본 요소들을 이용하여 정비 요구량을 산정한다.

- 기단 계획: 장단기 항공기 운용 계획
- 영업 계획: 노선별 일정(schedule) 및 비행 계획
- 기술 계획: 정비, 수리를 위한 항공기 및 구성품 정비방식(사용 한계 시간)
- 특별작업: 제작사의 개조 작업, 당국/회사 경영 측면에서 발생하는 특별작업
- 신뢰성 자료: 항공기 운용 결과에 대한 신뢰성 자료(MTBR, EURR, SVR)

생산 부문의 활동을 계획하는 둘째 단계로 수요예측에 의거 산정된 정비 요구량을 이용하여 항공기 정비생산을 위해 필요한 제 자원 즉 정비인력, 정비용 자재, 장비, 공구와 정비시설 등의 제 자원의 요구량을 산정한다.

2.2 생산계획(Production planning)

변화하는 수요에 대해 생산시스템의 내적 자원을 활용하고, 장기적인 측면과 단기적인 측면에서 생산능력을 조정하여 적응해 나갈 수 있도록 중장기 생산능력 계획을 수립하는 것으로 다음의 요소를 고려하여 수립한다.

- 연간 사업량 계획 및 동/하계 항공기 영업 계획
- 항공기 운용 계획
- 항공기 정비방식 및 기술지시
- 제 자원 가용 능력

또한, 수요의 시간적 차원에 맞추어 생산 활동을 언제 시작해서 언제 완료할 것인지 생산자

원을 어디서, 누가, 얼마를 사용할 것인가를 구체적인 작업실시계획을 수립한다.

이러한 항공기 정비 일정 계획은 시설/장비, 공구/정비인력/자재 확보현황 및 향후 제 자원의 확보계획 등을 고려하여 항공기와 부품의 운용 제한 시간 범위 내에서 수행될 수 있도록 연간, 월간, 주간, 일일 단위로 항공기 작업량 계획을 수립한다.

2.3 생산 통제(Production control)

생산 일정 계획(production scheduling)에 따라 계획된 작업을 일정 및 공정 계획에 따라 작업을 지시하고 실제 작업 진행이 일정대로 진행되는지 확인 및 감독하는 단계로서, 작업 준비 상태 확인, 작업지시서 발행, 작업 인원 확인, 인원 배정, 작업 완료 시기 추정, 완료된 작업의 작업지시서별 소요 인시 수(man hour) 기록 등이 수행된다.

통제의 수행단계는 작업배정, 작업 진행 확인 및 작업 촉진의 과정으로 진행된다.

작업배정(dispatch)은 할당된 작업량을 수행할 수 있도록 작업 일정 및 작업 공정 계획에 따라 작업을 명령하거나 지시하는 것으로 작업내용이 기술된 작업 카드(work card) 또는 작업시트(work sheet) 등이 작업지시서(work order)에 의해 지시된다.

작업 진행 확인(follow up) 과정은 작업장에서 일정 및 공정 계획에 따라 작업이 진행되고 있는가를 확인하는 것으로 작업 진척 관리 또는 진도관리라고 하며, 이 단계에서 작업 수행상의 애로 및 문제점(인력, 장비, 자재, 기술, 방법)들이 발췌된다.

작업 촉진(expediting)은 작업이 여러 가지 원인(기계 고장, 작업 방법 미비, 작업자 결근, 자재 부족 등)으로 지연되면 작업 지연의 원인을 분석하고 대책을 마련하여 일정 계획에 차질이 없도록 진도를 촉진하는 과정이다.

2.4 생산 성과 분석(Production performance analysis)

생산성 향상(productivity improvement)을 목적으로 작업이 완료되었을 때 계량적 실적자료 또는 비계량적 실적자료를 이용하여 작업 성과를 분석하고 평가(production performance analysis&evaluation)하여 작업 수행 시 발생하였던 제 자원 또는 각종 지표 측면의 이상 상태를 찾아내어 작업 환경, 작업 방법, 생산 요소의 미비한 점을 보완/개선하여 생산계획 단계로 피드-백(feed-back) 시키는 단계로서 분석내용은 다음과 같다.

- 항공기 가동률과 정비 작업시간
- 인력 가동률 및 생산성
- 계획 대 실적 인시 수(M/H)에 대한 차이 분석
- 정비 소요 예측에 대한 차이 분석 및 향후 적용 방향 등

3 예측(Forecasting)

생산계획 및 통제(PP&C) 부서는 항공기에 대한 예상 정비작업을 검토하고 계획할 책임이 있으므로 작업 일정 계획, 목표 설정, 실행 및 모니터링이 필요하며, 정기 및 비정기(불시) 정비작업에 필요한 요구사항과 추가로 발생하는 정비작업의 계획 변경 또한 고려해야 한다. 즉, 장비의 노후화 및 교체, 부식 방지 관리 프로그램의 수행, 새로운 장비의 추가, 장비의 개조 및 추가작업이 요구되는 AD 및 SB 수행 등도 고려하여 계획해야 한다.

이러한 예측기능은 수행 시기에 따라 중장기, 연간, 월간, 주간, 일일 계획으로 구분할 수 있고 수행 시기가 다가오면서 중장기 계획의 큰 틀에서 점점 세분화, 구체화 되어 가게 된다. 따라서 정비예측(계획)을 수립하기 위해 고려하는 요소도 계획에 따라 조금씩 변화하게 된다.

항공사의 장기 예측(계획)은 정비 부문의 활동 및 일정, 예산, 교육, 인력 및 시설에 영향을 미치므로 정비 부문의 목표와 작업 수행을 달성하려면 이러한 모든 영역에서 조정이 이루어져야 한다. 항공사에서는 이를 수용하기 위한 계획을 미리 세워야 하는데, 이러한 장기 예측은 5~10년 정도의 기간으로 이루어지며, 1년 단위로 수정된다.

단기 예측은 보통 1~2년 정도의 기간을 예측하는 데 실제로 투입되는 인력과 예산 등이 포함된 보다 좀 더 상세하고, 확실한 계획이 포함된다.

중기 예측은 대형 항공사들의 경우 2~5년 정도의 기간을 예측한다.

따라서 이러한 세 가지 예측은 정비조직이 운영 환경의 변화에 맞춰서 정비 활동을 변경할 수 있도록 지속적인 변경된 계획을 제공하여야 한다.

4 생산계획(Production planning)

예측은 광범위하고 일반적이지만 계획은 정비조직의 일상적인 정비 활동을 다룬다. 정비조직의 목표는 모든 운항 일정에 맞춰 운항 부서에 감항성 있는 항공기를 제공하는 것이다. 즉, 사업적인 측면에서의 정비조직은 모든 정비가 수행된 감항성이 있는 항공기를 '생산'하는 것이다. 따라서 운항정비, 점검 및 작업장의 정비 활동들은 정비조직의 생산조직으로 볼 수 있다. 따라서 생산계획은 명시된 목표를 염두에 두고 작업을 계획하는 것이다.

기술부서는 MRB 또는 운영기준(ops specs) 등의 문서를 통하여 정비계획을 개발하고 작업을 적절한 작업 패키지(engineering package)로 분류하여 수행할 작업, 수행 주기 및 각 작업에 대한 투입인력 요건 등을 정리한다. 〈표 7-1〉은 일반적인 우리나라 대형 국적항공사의 작업 패키지 일정을 보여주고 있다. 계획 부서는 작업 패키지를 가지고 각 항공기에 대한 점검 작업 계획을 수립하고, 일정 등을 조율하여야 하며, 필요에 따라 예상되는 추가 작업등을 추가해야 한다.

<표 7-1> 국적항공사의 점검 주기

기종	'A'CHK	'C'CHK	'D'CHK	ISI
B744	600 FH	7,500 FH/18 개월	6 년	NONE
A330	800 FH	18 개월	NONE	6 년

생산계획에는 일일점검, 48시간 및 중간 점검(transit checks), 정형화된 정시 점검(letter check)과 감항성 개선지시, 기술 개선 회보(service bulletins), 기술 서신(service letters) 및 기술 지시서(engineering orders)로 인한 개조 등의 모든 정비 활동 계획이 포함된다. 또한 인력, 부품, 소모품과 시설을 포함하여 이러한 점검의 모든 측면을 계획하고 일정을 수립하는 것뿐만 아니라 운항 부문과 지상 조업 및 지원부서와의 조정도 계획 노력에 포함된다.

일일, 48시간 및 일상적인 운항 정비점검은 일반적으로 표준화되어있으므로 작업 일정을 잡는 것 외에 PP&C 측의 노력이 필요하지 않다. 적절한 작업 패키지는 기술부서에 의해 개발되고 필요한 점검을 위해 필요에 시기에 발행된다. 운항정비는 일반적으로 이러한 점검을 담당하며 일상적인 작업은 정비통제센터에서 관리한다. PP&C 부서는 이 활동을 관찰할 뿐이다.

점검 주기가 'A' 체크보다 짧은 추가 작업은 일반적으로 이러한 점검에 추가되거나 별도의 작업 인원이 동시에 수행한다. 때에 따라 비교적 간단하고 적은 시간이 소요되는 SB 및 기타 기술지시(EO)에 의한 작업은 운항 점검에 포함된다. 이러한 계획과 일정 수립은 정비통제센터와 운항정비의 협력을 통해 PP&C에 의해 수행된다.

'A' 체크의 경우, 1~2주 전에 계획이 수립되고, 'C' 체크의 경우 약 4주 전에 계획이 수립된다. 그리고 모든 'A' 체크 이상은 PP&C가 계획하고, 일정을 조율하는데 그 내용은 점검마다 다르다.

4.1 'A' 체크 주기보다 작은 정비작업

정비 검토위원회(maintenance review board: MRB) 보고서의 특정 정비항목은 정형화된 점검 주기보다 짧은 시간과 주기로 지정되어있다. PP&C 부서는 이러한 점검 정비작업이 적시에 수행될 수 있도록 주간, 격주 또는 일일 일정표를 운항정비 조직에 발행하여야 할 책임이 있다. 이러한 작업은 야간 점검과 같은 특정 시간에 배정하거나, 시간이 충분한 경우 특정 항공기 회항 시간(turnaround times)에 배정하기도 한다. 또는 'A' 체크에 포함할 수도 있다. 이러한 항목은 정상 회항 시 항공기를 디스패치(dispatch) 하기 위해 배정된 운항정비 인력이 수행할 수 있다. 또는 항공기 디스패치와 관련 없는 운항정비 요원에게 배정될 수 있다. 방법은 항공사에 따라 다르며, 일반적으로 현지 상황과 인력 가용성에 따라 결정된다. 이러한 작업이 어떻게 수행되든 간에 일정과 후속 조치를 수행하여 일정 주기 내에 완료될 수 있도록 하는 것이 PP&C의 책임이다.

이러한 정형화된 점검 주기보다 짧은 작업에 대해 항공사가 겪을 수 있는 예상되는 한 가지 문제가 있다. 즉, 항공기를 디스패치 하는 정비사의 빡빡한 작업 일정으로 이러한 작업을 하루하루 미루는 것이다. 이러한 작업이 습관적으로 더 편한 시간으로 미뤄지면, 수행 완료 시점이 코앞으로 다가온다는 것이다. 종극에는 항공사는 감항 당국의 수행시한을 넘기지 않기 위하여 몇 시간 동안 항공기 운항을 중지하여야 한다. 그러므로 이러한 작업 일정을 미루는 행위는 큰 비용으로 이어질 수 있다.

4.2. 다중 점검(Multiple checks)

항공기 정비 주기에 따라 수행되는 'A' 체크 또는 'C' 체크 중에 수행되어야 하는 점검항목 이외의 다른 추가 작업이 있으며, 그 작업은 서로 다른 시간과 인력 등이 요구된다. 따라서 점검 일정 변동에 따른 부품과 소모품, 인력, 설비, 시간 확보는 PP&C의 책임 중의 하나이다.

〈표 7-2〉는 다중 'A' 체크에 대한 일반적인 패턴을 보여준다. 이러한 주기는 감항 당국의 승인으로 변경될 때까지 수행된다. 또한 모든 'C' 체크에는 표에서 보는 것과 같이 모든 'A' 체크 항목이 포함되어 있다는 점에 주목할 필요가 있다. 때에 따라서 작업 카드를 조합해야 할 수도 있다. 예를 들어, 'A' 체크는 시스템의 작동시험(operational test)을 요구하는 반면, 'C' 체크는 같은 시스템임에도 기능시험(functional test)을 요구하기도 한다.

정비 매뉴얼(작업 카드)은 개별 테스트에 대한 전체 테스트 지침을 제공한다. 그러나 두 가지 작업을 모두 수행하면 불필요하게 작업이 중복될 수 있으므로 작업 카드는 불필요한 작업을 피하고자 기술부서 등의 검토를 거쳐 수정되어야 한다. 또한, 'C' 체크 항목은 원래 2C(every second), 3C(every third) 등으로 지정된 더 긴 간격으로 계획할 수 있다. 다중 'C' 체크에 대해서는 〈표 7-2〉와 같은 유사한 표를 작성해보면 계획수립에 큰 도움이 된다.

<표 7-2> 일반적인 항공기의 'A' 체크와 'C' 체크 점검 주기

check	300	600	900	1200	1500	1800	2100	2400	2700	3000	3300
1A	X	X	X	X	X	X	X	X	X	X	X
2A		X		X		X		X		X	
3A			X			X			X		
4A				X				X			
5A					X					X	
C										X	

"A" check = 300 hours
"C" check = 3000 hours

4.3 단계별 점검(Phased checks)

단계별 점검은 다중 점검과 다르게 번호부여 방식을 채택하고 있다. 'A' 체크는 두 단계로 나눌 수 있으며, 각 단계는 항공기 가동률을 높이고, 정비인력을 효율적으로 운영하기 위하여 주로 야간에 수행된다. 이러한 유형의 점검은 부위별 정비(zonal type maintenance: 제2장 참조) 작업카드로 분류되고, 작업 카드 요구사항에 따라 서로 다른 부위를 점검하고 정비를 수행한다. 예를 들어 좌우 날개와 애일 러론 계통과 테일 부분은 A1 체크로 검사하고, 나중에 나머지 기체구조를 A2 체크를 수행한다. 이러한 점검은 항공기 제작사에서 제공하고, 항공사가 조정하며, 감항 당국이 승인한 정비 주기에 따라 여러 부분으로 나눌 수 있다.

각 항공사는 단계별 점검(phased checks), A 체크(check), B 체크 또는 C 체크 등을 수행하는 방법은 항공사마다 차이가 있다. 항공사의 규모와 승인된 방법에 따라 일부 항공사는 'C' 체크를 3개월마다 한 번씩 수행할 수 있도록 4개 부분(C1, C2, C3, C4)으로 나누고, 일부 항공사는 'C' 체크를 12개 부분으로 세분화하기도 하는데, 이 경우 매달 'C' 체크를 하나씩 수행하여야 한다.

4.4 'A' 체크 계획

'A' 체크는 일상적인 점검이라고 할 수 있다. 필요한 작업내용은 기술부서에서 MRB 또는 운영기준(ops specs)문서를 통해서 확정된다. 점검 작업에 필요한 시간, 인력, 부품과 소모품 등도 일반적으로 정해져 있다. 하지만 작업시간에 영향을 미칠 수 있는 문제들로 인해 계획 수정이 필요한 경우가 발생할 수 있다.

예를 들어 항공기 정비 일지에 회항(turnaround), 일일점검 또는 야간 점검 시 처리하지 못한 결함에 대한 기록이 있는 경우에는 점검 일정이 다음으로 점검으로 지연될 수 있다. 이러한 지연은 부품의 부족, 인력의 부족 또는 문제를 해결하기에 필요한 시간 부족의 결과일 수 있다. 이럴 때, PP&C는 다음 'A' 체크를 위해 보류된 정비작업 일정을 수립하여야 한다. 이때 필요한 부품, 소모품 및 인력은 준비되어 있어야 한다.

'A' 체크의 수행에는 시간과 부품 제약으로 인해 'A' 체크 주기보다 짧은 주기에 수행하는 때도 있다(100시간, 250 사이클 등). 이들은 시간 또는 사이클이 점검 주기에 가까우므로 편의를 위해 'A' 체크와 함께 배치된다. 작업시간이 길지 않고, 부품이 필요하지 않은 SB 또는 SL이 있는 경우 'A' 체크 일정에 포함할 수 있다.

따라서 'A' 체크는 비교적 단순하고 간단하지만 그래도 계획은 필요하다. PP&C는 이러한 계획과 일정을 담당하기 때문에, 작업 패키지를 개발하여 검사 예정일 며칠 전에 해당 작업 센터에 검토를 의뢰하여야 한다. 이를 통해 상황 변화에 대한 조율이 가능해진다. 여기부터가 PP&C의 '통제' 부분의 시작이 된다.

'B' 체크는 'A' 체크와 유사하지만, 일반적으로 연속되는 'A' 체크 사이에 있는 다른 작업과 관련이 있다고는 하지만 점검 계획은 본질적으로 'A' 체크와 같다.

4.5 'C' 체크 계획

'C' 체크는 일반적으로 항공사 운항 일정에 따라 1년에 한 번 또는 신형 항공기의 경우에는 12~18개월마다 수행되며, 'A' 체크보다 더 자세하고 정교하게 계획을 수립하여야 한다. 일반적으로 'C' 체크는 모델과 상황에 따라 완료하는 데 4~7일이 소요된다.

근무 교대 수, 인력 및 부품의 가용성, 작업에 필요한 기술적인 요구조건 등이 소요 시간에 영향을 미친다. 점검은 일상적(routine), 가변적 일상(variable routine) 및 비일상적(non-routine) 등 세 가지 범주의 작업으로 구성된다.

일상적인 작업(routine task)은 MRB 문서에 나타나 있는 작업으로서 지정된 주기로 수행해야 하는 항목들이다. 이러한 항목 중 일부는 'C' 체크마다 수행되고 다른 항목은 두 번째, 세 번째 또는 네 번째 검사(2C, 3C 또는 4C)마다 수행되기 때문에 예약된 각 검사를 수행하는 데 필요한 시간은 점검마다 다르다. 이러한 일정 및 시간 요구사항의 변동은 PP&C에서 관심을 두고 다루어야 한다.

가변적인 일상 작업(variable routine tasks)은 기술 개선 회보(service bulletins)와 감항성 개선지시(airworthiness directives), 기단 캠페인, 이전 정비점검에서 보류된 항목 및 특정 항공기에 필요한 기타 일회성 정비작업이 포함된다. 이러한 작업을 수행하는 데 필요한 시간은 일반적으로 고정되어 있으므로 이러한 항목은 계획수립 차원에서는 일상적인 작업과 유사하다.

비일상적인(불시) 작업(non-routine task)은 다른 일상적인 작업을 수행하여 생성되는 작업 항목이다. 예를 들어, 착륙장치 수용 공간(wheel well)의 유압 누출검사를 해야 하는 경우 누출검사는 일상적인 작업이지만 누출이 발견되면 추가적인 작업을 위해 비일상적인(불시) 정비작업이 요구됨에 따라 불시작업 카드가 생성된다. 비일상적인 작업 건수는 추정만 할 수 있을 뿐이며, 비일상적인 항목을 완료하는 데 필요한 시간은 여러 요인에 따라 다르므로 PP&C가 이러한 비일상적인 항목을 완료하는 데 필요한 시간과 전체적인 점검을 적절하게 추정하는 것은 흥미로운 작업이 된다.

다음은 일반적인 'C' 체크 항목으로서 모든 것이 매번 포함되는 것은 아니다.

① 승인된 정비프로그램의 'C' 체크 항목(일상적)

② 운항 및 기타 점검패키지의 정비가 지연됨(가변적 일상)

③ SB, SL, AD 수행 통합(가변적 일상)

④ 항공사 유행(mod)과 기종 캠페인의 도입(가변적 일상)

⑤ 항공기 청소, 도장(가변적 일상)

⑥ 검사 및 일상적인 사항으로 인해 발생하는 작업(비일상적)

일상 및 가변적 일상 항목에 필요한 시간을 정확하게 예측하고, 비일상적 및 기타 지연에 대한 합리적인 시간을 예측하여 이러한 항목을 수집하고 일정을 잡는 것이 PP&C의 임무이다. 패키지가 설정되고 예상 시간이 추정되면 PP&C는 패키지를 적절하게 실행하는 데 필요한 다음과 같은 요소를 준비하고 일정을 잡아야 한다.

① 점검 기간 사용할 격납고 확보

② 정비 목적으로 항공기의 운항 중단 허가(MCC에서 수행)

③ 항공기 세척 준비 및 일정 수립

④ 항공기를 세척장으로 이동한 후 격납고로 이동하는 데 필요한 견인 차량 및 인력 확보

⑤ 점검을 수행하는 데 필요한 모든 부품 및 공급품 준비 확인

⑥ 해당 부품 및 공급품이 필요한 시간에 격납고로 인도 확인

⑦ 점검에 필요한 인력 및 기술 파악

'A' 체크와 마찬가지로, 'C' 체크 패키지를 개발하여 정비점검작업 1~2주 전에 해당 작업센터에 배포한 후 관련 부서의 회의를 통해 정비점검 작업 일정을 확정한다. 이를 통해 PP&C가 계획수립 당시 파악하지 못한 변수들을 고려하여 계획된 일정을 수정할 수 있다. 이러한 변수들의 사례로는 특정 항목의 경우, 계획된 시간보다 더 많은 시간이 필요할 수 있고, 계획된 작업보다 우선순위가 있는 지연된 작업 항목이 있을 수 있으며, 작업에 필요한 부품을 확

보하지 못하거나, 질병, 휴가 등으로 인해 인력이 부족할 수 있다. 이럴 때 점검 패키지는 필요에 따라 조정되는데, 드문 경우지만 필요에 따라 점검 기간을 1일 또는 1교대 정도 연장할 수 있다. 물론, 이것은 항공기 운항 일정을 재조정할 수 있도록 운송 및 영업 부문과 협의가 이뤄지어야 한다.

PP&C는 최종적으로 컴퓨터 데이터베이스(또는 수작업)로 점검 패키지를 제작하고 점검 작업 중에 항공정비사 및 품질 검사원이 사용할 작업 카드를 발급해야 한다.

5 생산 통제(Production control)

PP&C는 과거 경험을 바탕으로 일정 시간 안에 수행할 수 있으며, 부품, 소모품, 인력, 시설 등을 이용할 수 있다는 가정하에 작업을 계획하고 있다. 이 계획은 또한 작업 중에 변수는 없다고 가정한다. PP&C 작업 계획 담당자는 비일상적(non-routine) 항목에 필요한 시간만 추정할 수 있으며 이는 정확하지 않을 수 있다. 예를 들어, "유압 라인의 누출 여부를 점검하라."라는 일상적(routine)인 작업을 예로 들 수 있다. 점검 결과 누출이 없다면 점검 작업은 일정 시간이 걸리지만, 계획 담당자가 누출 여부를 판단하거나 누출 정도를 알 방법이 없으므로 계획 담당자가 누출 수리라는 불시(non-routine)작업을 수행하는 데 필요한 시간을 정확하게 예측할 방법이 없다. 그래서 어쩔 수 없이 누출을 수리하는 데 필요한 시간은 추정하는 방법밖에 없다.

그러나 이전 점검에서 경험했던 유사한 작업의 피드백은 계획 담당자의 시간 예측에 큰 도움이 된다. 따라서 작업을 수행하고 점검을 통제하는 담당자는 다음 점검 계획수립 시 더 정확한 추정치를 작성할 수 있도록 계획하는 데 필요한 피드백을 제공하는 것이 중요하다.

하드 타임(hard time) 정비방식에 따라 부품을 장탈 및 교환하는 일상적인 작업(routine task)은 정상적인 상황에서 2시간이 소요된다고 했을 때, 부품을 장착하는 중에 볼트가 부러졌다고 가정해 보자. 이런 상황에서는 부러져서 박힌 볼트를 뽑아내는 추가 작업이 요구된다. 이러한 특수 작업을 수행하기 위한 공구는 현장에서 쉽게 구할 수 없을 뿐만 아니라 볼트를 뽑아내고 나사산을 새로 내는 과정에 상당한 시간이 소요될 수 있다. 왜 이런 일이 발생했는지 원인 파악(정비사의 부적절한 공구 사용, 취약한 부품, 보정되지 않은 토크 렌치 사용 등)을 위한 검사 또는 사고조사가 있을 수도 있다. 이러한 소요 시간은 상당할 수 있으며 같은 영역 내에서 다른 작업을 수행하는 데 연쇄적으로 지연이 발생할 수 있다.

이러한 일들이 항공 정비에서는 다반사로 발생한다. 따라서 정비는 각 작업에 소요된 시간을 추적하는 것이 중요하다. 작업자와 작업자가 속한 노조에서는 작업시간을 측정하는 것을 반기지는 않지만, 주어진 작업이 얼마나 오래 걸릴지, 그 작업을 수행할 때 어떤 문제가 발생할 수 있는지, 그리고 발생한 문제를 수정하는 데 필요한 시간을 아는 것은 일정 수립과 계획 목적에서 중요하다. 경영진과 작업자 모두 이해해야 할 것은 어떤 사람은 일하는데 다른 사람보다 시간이 오래 걸리고, 어떤 날은 같은 사람이 다른 날보다 더 오래 걸린다는 것이다. 이러한 사례들은 드문 일이 아니며, 실제의 현실이다. 따라서 작업시간을 추적하는 것은 징계 목적으로 사용되는 것이 아니라 실용적인 계획 목적으로만 사용되어야 한다. 관리자, 엔지니어와 정비사 모두 여러 가지 타당한 이유로 계획의 일정을 조정할 필요가 있으므로 이에 따른 계획의 변경은 존중되어야 한다.

6 기타 계획된 작업(Other scheduled work)

계획 부서는 운항 정비점검을 포함한 모든 정비작업에 대한 일일 작업 계획을 발행한다. 이러한 점검에는 모든 안전 항목을 포함해서 항공기 객실 및 조종실 내부 검사, 엔진 오일 보충, 유압유 보충, 승무원과 승객 산소계통의 점검, 브레이크와 타이어, 날개 및 동체 검사, 위성 위치 확인 시스템(global positioning system: GPS) 및 공중충돌방지장치(traffic collision avoidance system: TCAS) 시스템과 같은 모든 내비게이션 시스템 업데이트 등이 포함된다.

또한, 모든 MEL, CDL, NEF 품목과 엔진 오일 소모량을 모니터링한다. 엔진 오일 소모량 모니터링 프로그램은 항공기가 매일 출발하기 전에 오일 레벨을 점검하도록 하여야 한다. 계획은 수행된 작업을 모니터링하고 필요에 따라 정비 스테이션을 업데이트하는 역할도 하여야 한다.

7 계획을 위한 피드백(Feedback for planning)

항공기는 지상에 있는 동안 수익을 창출하지 않는다. 정비에 소요되는 시간은 일반적으로 선택 사항이 아니다. 따라서 정비계획 담당자는 계획을 정확하게 수립하고 합리적인 시간 내에 정비점검을 완료할 수 있도록 작업 수행 및 전체 점검에 필요한 시간을 파악하는 것이 중요하다.

정형화된 정시 점검(letter check) 계획은 가능한 최상의 정보를 가지고 개발한 다음 인력, 물류 및 특수 공구 등으로 발생하는 문제를 방지하기 위해 관련된 모든 작업 센터에서 계획을 검토한다. 일부 변경이 요구되는 요인들이 발생하게 되는데, 이러한 변경 사항을 PP&C 계획 담당자에게 전달하여 향후 이러한 요구사항을 고려할 수 있도록 하는 것이 매우 중요하다.

계획 담당자가 향후 계획을 조정하기 위해 알아야 할 사항은 다음과 같다.

① 각 작업을 수행하는 데 필요한 정확한 시간

② 부품의 납기, 소모품, 공구 등의 대기시간

③ 비정상적인 상황으로 인한 작업대기 시간

④ 비일상적인 발견으로 소요되는 정확한 추가 시간

⑤ 인력 가용성의 변화(병가, 휴가 등)

⑥ 부품유용 등으로 인한 시간 낭비

이러한 정보들은 여러 가지 방법으로 사용된다. 정비계획 데이터에서 예상 또는 계산된 필요한 시간 대신 실제 필요한 시간을 알고 있는 경우 작업 계획이 더 정확할 수 있다. 부품이나 소모품이 필요할 때 작업장에 도착하지 않아 시간을 낭비하고 있는 경우, 다음번 예정된 점검을 위해 보다 시기적절하게 납품할 수 있도록 준비해야 한다. 또한 다음 점검에서 휴가 등으로 인해 가용 인력이 변경되면 작업 수행에도 영향을 미칠 수 있으므로 계획에 포함해야 한다.

항공사에서 부품유용은 오래된 문제이다. 운항정비 라인에서 일하는 사람들은 항공기를 가능한 한 빨리 서비스에 복귀시켜야 할 의무가 있다. 이를 위해 부품이 필요한데, 부품 재고가 없는 경우, 가장 가능성이 큰 출처는 현재 운항 일정이 잡히지 않은 항공기일 것이다. 그래서 격납고에서 'C' 체크 중인 항공기가 주요 소스가 된다. 부품을 주문하고, 'C' 체크가 완료되기 전에 도착하기를 기대하는 것이다. 불행히도 'C' 체크를 수행하는 사람들에게는 같은 작업을 두 번 수행하게 되어 점검을 완료하는 데 필요한 시간보다 더 많은 시간이 소요된다.

부품유용은 예정된 점검에 부정적인 영향을 미치지만, 계획의 문제만은 아니다. PP&C 보다 상위의 정비조직이 해결해야 할 전체의 문제이다. 그러나 그 영향이 해결될 때까지 점검 계획 작업에 포함되어야 한다. 부품유용에 대한 자세한 설명은 제9장 중정비를 참조하기를 바란다.

제8장 정비 교육훈련

항공사는 감항 당국의 항공 관련법에 따라 보유 기종의 적절한 정비를 수행하여야 할 뿐만 아니라 직원들에게 적절한 훈련을 하여야 한다. 여기에는 운항승무원, 객실 승무원, 지상 조업원, 항공정비사, 검사원, 감사원, 관리자, 컴퓨터 운영 및 관리 직원 등이 포함된다. 특히 승무원(조종사)과 정비사에 대한 훈련의 상당 부분은 항공사에 채용되기 전에 수행된다. 여기에는 감항 당국에서 승인된 공식적이고 전문적인 훈련과 특정 전문 분야에 대한 항공종사자 자격증명 발급이 포함된다. 제3장(항공산업 인증 요건)에서 항공정비사 자격증명을 취득하기 위한 기준과 요건에 대하여 상세하게 언급한 바 있다.

항공정비사 자격증은 항공 정비의 기본적인 교육을 이수했다는 것을 증명하는 것일 뿐 항공정비사 자격증이 있다고 해서 항공사의 특정 항공기 또는 시스템에 대해 작업할 수 있는 것은 아니다. 그러므로 항공기의 특정 장비 및 시스템에 대한 정비와 서비스 수행에 필요한 교육을 받아야 하며, 문서화해야 한다.

1 정비 교육훈련의 개념

정비 교육훈련은 항공기 정비업무 종사자에게 항공기, 엔진 및 장비품에 대한 정비지식과 실무기술을 갖추고 관련 규정 및 절차를 숙지하게 하여 해당 작업을 수행할 수 있는 능력을 갖추도록 하는 것이다.

국제민간항공기구(ICAO)는 "항공정비사가 되려면 교육 배경과 관계없이 항공기 정비에 필수적인 지식과 기술, 그리고 항공기 정비에 대해 확고한 책임을 지는 자세를 배울 수 있도록 폭넓은 기술 훈련을 받아야 한다."[1] 라고 포괄적으로 정의하고 있다. 즉, 매뉴얼에 수록된 내용은 정비사 훈련요건들을 모두 포함한 것이 아니기 때문에 항공기 정비훈련이나 정비사 훈련에 이용되는 최소 요건을 위한 지침으로 인식해야 하며, ICAO 부속서(Annex 1-Personnel Licensing and Annex 6-Operation of Aircraft) 요건들을 충족하기 위한 항공정비사들의 훈련과정에는 매뉴얼에 제시된 교과목들이 모두 포함되어야 하며 이는 최소한의 기준이라는 것이다.

또한, 항공기 운항에서 위험 요소를 식별하고 안전 성능을 유지하는데 항공기 정비사가 중요한 역할을 하므로 항공정비사에 대한 적절한 훈련의 요구와 항공기 운영 중에 안전상 위험 요소를 식별하고 안전 성능을 유지하는 데 필요한 시정 조치 시행을 보장하도록 국가별 감항 당국의 책임을 명시하고 있다.

이에 따라 우리나라는 국토교통부 항공기 기술기준에 "항공운송사업 자는 작업을 수행하는 모든 항공종사자(검사원 포함)가 절차, 기법 및 사용하는 새로운 장비에 대해 충분히 정보를 얻고, 임무를 수행할 능력을 갖추고 있음을 보증하고, 정비프로그램의 적합한 수행을 위하여 충분한 인력을 제공할 수 있도록 교육훈련 프로그램을 개발하여야 한다."라고 규정하고 있다.[2]

2 항공 정비 교육훈련 프로그램

정비 교육훈련 프로그램은 정비, 검사, 예방정비 및 개조작업을 수행하는 정비업무 종사자가 자신의 업무를 적절하게 수행할 수 있는 능력이 있음을 보증하여야 하며, 감항 당국의 인가를 취득한 후, 각 항공사는 인가된 절차를 준수하여야 한다.

---

1) ICAO Dance(Second Edition, 2003).oc 7192, Technical Manual D-1 Aircraft Mainten

2) 국토교통부, 항공기 기술기준 Part 21 항공기 등, 장비품 및 부품 인증 절차(Certification Procedures for Products and Parts), 제10장 항공종사자 교육훈련, 2017.

2.1 교육훈련 프로그램의 범위

항공사의 정비 교육훈련 프로그램에는 다음 사항들이 포함되어야 한다.

① 신입직원과 기존 직원을 위한 초기교육과정 및 정기교육과정으로 구성된 정비업무 과정(indoctrination course)은 규정(regulation)과 항공사의 운영, 정책 및 절차를 포함한다.

② 새로운 직무를 담당하는 신입직원과 기존 직원을 위하여 적절한 기술 훈련을 제공하는 초기 기술적 요건(initial technical requirements)이 규정되어야 한다.

③ 현재의 작업 능력을 유지하거나 작업 능력(capability)을 추가하기 위하여 특정 작업이나 직능을 위한 정기교육과정(recurrent training)이 규정되어야 한다.

④ 특수 업무나 직능을 수행하는 정비업무 종사자가 해당 업무를 수행할 능력이 있음을 보증하도록 필요한 특수기술 훈련 요건(advanced training requirements)이 규정되어야 한다.

⑤ 부족한 기술이나 지식을 보충하는 데 필요한 안전 보수 교육 요건(remedial technical training requirement)이 규정되어야 한다.

2.2 정비 교육훈련 프로그램의 운영

항공사의 정비 교육훈련 프로그램은 과정 수, 교육내용, 강의 시간, 훈련 방법 및 근거(sources) 등이 다양할 수 있다. 정비업무 과정의 경우에는 임시직을 포함한 모든 직원을 위한 1개의 과정으로 운영할 수도 있고, 직능(정비사, 검사원, 관리자, 감독자)별로 별개의 과정으로 운영할 수도 있다.

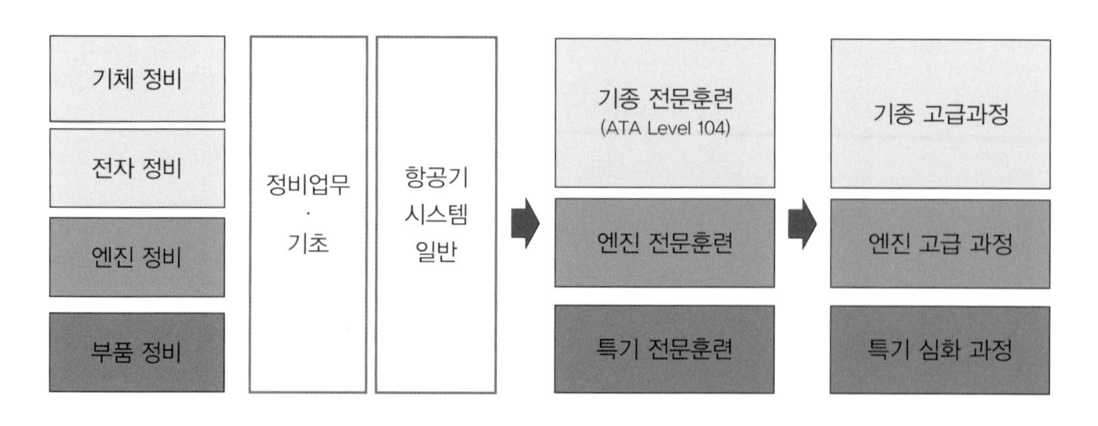

[그림 8-1] 항공사 정비 교육훈련 프로그램 체계(예시)

3 교육훈련 과정의 구분

교육훈련 과정은 정비업무 종사자의 교육 시기에 따라서 초기교육(정비업무 과정, 기술교육 과정, 특수교육과정 포함), 정기교육, 안전 보수 교육 및 역량 기반 훈련(competency-based training) 등으로 구분할 수 있으며, 교육의 강제성 여부에 따라 필수 교육과 항공사 프로그램 교육으로 나누어 진다.

필수교육(mandatory training)은 항공사가 관련 업무를 수행하는 항공정비사에게 필수적으로 수행하도록 감항 당국이 지정하는 교육으로서 항공 법령(운항 기술기준 등)으로 지정된 교육이며, 항공사 프로그램 교육은 항공사가 항공 정비 품질을 유지하고 항공기 정비범위를 확대하기 위하여 자발적으로 교육훈련 프로그램을 제정하여 관련 업무를 수행하는 항공정비사에게 항공 정비사의 능력 향상을 위하여 수행하는 교육이다.

3.1 초기교육(Initial training)

교육받는 항공정비사를 기준으로 최초로 실시하는 교육으로 신규 채용 인력, 새로운 장비 도입 또는 인사이동 등의 사유로 새로운 업무를 시작하기 전에 실시하는 교육으로 다음 사항을 포함한다.

① 회사입문 교육 또는 회사소개 오리엔테이션

② 정비부서의 정책과 절차

③ 정비 기록 유지와 문서화

④ 항공기 시스템 또는 지상 장비

⑤ 인적요인(human factors)

⑥ 위험물 처리

⑦ 그 밖의 항공사가 필요하다고 판단되는 사항

3.1.1 정비업무 과정

정비업무 과정은 항공사의 정비업무를 수행하기 위하여 행정 및 품질 측면에서 필요한 교육으로 정비조직의 핵심 교육이라고 할 수 있다.

교육 범위와 심도는 항공사의 상황에 따라 다를 수 있으며, 항공사는 다음에서 논의될 수요분석 절차에 따라서 각 직무에서 요구하는 정비업무 과정의 수준을 결정하여야 한다.

정비업무 과정 프로그램의 주요 내용은 다음과 같다.

① 항공사 정비조직 인증서와 운영기준(operations specification)에 반영된 정비 기능(function)과 권한에 관련된 법적 요건

② 항공사의 인증기준 이행을 보증하기 위하여 정비, 검사, 예방정비 및 개조 절차의 이행과 관련된 품질관리 절차를 포함한 회사 매뉴얼, 정책, 절차 및 기준

③ 직무에 따라 요구되는 위험물 취급요건, 산업안전과 보건, 환경보호 및 기타 정부에서 규정하는 법규

④ 정비 인적요인(human factors)

인적요인(human factors) 초기교육과정에 포함되어야 할 사항으로 국제민간항공기구(ICAO), 미연방항공청(FAA) 및 유럽항공안전청(EASA) 등에서는 다음과 같이 10개의 모듈로 구성할 것을 권장하고 있다.

① 인적요인 개요(general/introduction to human factors)

② 안전 문화/조직 요소(safety culture/organizational factors)

③ 인적오류(human error)

④ 인적 수행 능력(human performance)

⑤ 환경(environment)

⑥ 절차, 정보, 도구 및 실행(procedures, information, tools and practices)

⑦ 의사소통(communication)

⑧ 팀워크(teamwork)

⑨ 전문성과 성실성(professionalism and integrity)

⑩ 정비조직의 인적요인 프로그램(the maintenance organization's own human factors programme)

3.1.2 기술교육 과정

기술교육 과정은 항공 정비업무를 수행하기 위하여 기술적 측면에서 필요한 교육으로 정비업무 과정과 분리되어야 하고, 직무분류에 따라서 다르게 적용될 수 있다.

정비 교육훈련부서는 직무와 개인의 경험 및 수요분석에 따라 수립된 능력에 기초하여 초기교육과정과 정기교육과정의 교육 범위와 심도를 결정하는 절차를 수립하여야 하며, 다음과 같이 개인별 훈련, 경험 및 기술력을 고려, 초기교육과정과 정기교육과정을 개발하여야 한다.

① 항공정비사 자격증명 소지자

② 다른 항공사에서 유사 업무를 수행한 경력자

③ 군 정비경력자

④ 정비 기술, 경력 또는 지식이 없는 자

정비경력이 있는 신입직원을 위한 초기교육과정에서 동일 분야는 필요한 정도의 개요만 소개하고 해당 직무교육은 심도 있게 제공할 수 있지만, 개인의 특정 훈련요건은 수요분석에 기초하여 수립되어야 한다.

새로운 정보가 소개될 때마다 신입직원을 위한 초기교육 요건은 개정되어야 하고 기존 직원에게는 단축된 초기교육과정이 제공되거나 정기교육과정이 제공되어야 한다.

초기 또는 정기교육에 걸리는 시간은 개인의 경험과 직무와 관련된 기술과 지식 정도에 따라 다를 수 있지만, 정비훈련부서는 특정 직무에 종사하는 모든 직원에 대하여 훈련에 필요한 최저 기준을 수립한다.

3.1.3 특수교육과정

항공사의 정비업무 범위와 규모에 따라서 특수한 업무에 필요한 교육으로 정비훈련부서는 특수기술이 요구되는 직무를 확인하는 절차를 보유하거나, 직무능력을 보증하기 위하여 특수교육과정을 개발하여야 한다.

특수교육이 필요할 수 있는 분야에는 화염 또는 플라스마 분무 작업, 특수 검사 또는 시험기술, 특수 기계 가공 작업, 복잡한 용접 작업, 항공기 검사 기술 또는 복잡한 조립 작업이 있다. 특수교육과정도 초기교육과정과 정기교육과정으로 분류한다.

3.2 정기교육과정(Recurrent training)

정기교육과정은 교육내용을 반복적 또는 내용을 보충할 목적으로 실시하는 교육으로, 직원에게 요구되는 자격 수준을 유지하는 데 필요한 정보와 기술을 제공하는 교육으로 다음 사항을 포함한다.

① 새로운 항공기 도입 및 항공기 개조,

② 신규 또는 다른 지상 장비 도입,

③ 새로운 절차, 새로운 기법, 방법 또는 기타 새로운 정보를 제공

④ 항공종사자 자격 유지 등을 위한 내용

⑤ 수행 빈도가 낮은 작업 또는 기술에 대한 교육

⑥ 특정 작업 또는 기술에 대한 능력 유지 교육

⑦ 그 밖의 항공사가 필요하다고 판단되는 사항

정기교육과정은 해당 업무를 적절하게 수행할 능력을 유지하고 있음을 보증하기 위해 실시하는 것으로 보수 교육과정(refresher training)을 포함한다. 훈련 프로그램은 입과 대상, 과정명 및 교육내용을 명시한다. 정비훈련부서는 직무에 따른 정기교육과정 요건을 결정하는 절차를 보유하여야 하며, 수요분석을 통하여 각 개인의 정기교육과정의 유형과 주기를 결정하는 절차를 보유한다.

3.3 안전 보수 교육 과정(Remedial training)

정비업무 종사자의 지식이나 기술 수준이 현저하게 부족하거나 이로 인하여 정비 실수를 한 경우 항공사의 절차에 따라 정비업무 종사자 개개인을 대상으로 실시하는 교육으로서 정비훈련부서는 교정과정을 받아야 할 시기를 포함하여 개인의 훈련요건을 결정하는 절차가 있어야 하며, 정비업무 종사자의 지식이나 기술 수준의 부족 현상을 해소하기 위하여 관련 정보를 제공하는 교정과정 절차를 보유한다.

안전 보수 교육은 적정 자격소지자가 지식이나 기술이 부족한 당사자와 함께 현장 직무훈련(on the job training: OJT)를 통하여 관련 절차를 검토하는 형식을 취할 수 있으며, 이른 시일 안에 교정이 이루어져야 하고 일대일 맞춤 교육에 중점을 두어야 한다. 또한, 문제의 현상, 발생원인

및 적극적인 예방 방법을 제시하여야 하며, 초기교육과정이나 정기교육과정의 요건에 포함할 수도 있다.

3.4 역량 강화교육(Competency-based training)

역량 강화교육은 숙련도에 기반을 둔 교육훈련 기법으로서 소속 직원이 어떤 교육을 해야 하는지 개인별 테스트 통해 평가하여 소속 직원과 정비위탁업체의 특정 요구에 맞게 정비 교육프로그램을 제공하는 것으로서 직원의 직무숙련도를 개인별 업무와 책임에 따른 요구 수준까지 끌어올릴 수 있다.

특히 최종 감항성을 보증하도록 확인하는 확인 정비사의 업무와 책임에 따른 요구 수준을 만족하기 위한 항공기 신기술 발달과 계속되는 개조와 개선 등의 up date 유지 등을 통한 역량 강화가 필요하다.

숙련도 부족으로 사건(event)을 유발한 직원의 안전 보수 교육(remedial training)의 경우, 역량 강화교육을 통해 개별적으로 어떤 일이 발생했고, 왜 발생했는지, 어떻게 재발을 방지할 수 있는지를 긍정적인 방법으로 시범을 통해 보여줄 수 있어야 한다.

국제민간항공기구(ICAO annex 1)에서는 항공종사자 중 조종사와 항공정비사에 한해 역량 강화교육(CBT)을 이미 적용하였으며, 항공정비사의 역량 강화를 위한 교육훈련 과정을 다음과 같이 단계별로 소개하고 있다.

(1) 1단계: 직무에 필요한 기본지식 등의 이론 훈련

기본 교육훈련으로 구성되어 있으며, 2단계 훈련을 위한 필수지식으로 항공정비사의 모든 직무에서 흔히 사용되는 지식으로 구성

(2) 2단계: 기술 향상을 위한 실습 훈련

1단계인 기본 지식(knowledge)을 쌓고 난 후 실시하는 일반적인 정비 실무들로서 정비행위, 실질적인 기술 및 자세 훈련으로 본격적인 감항성 확인 작업 전 주요 실무를 익히는 단계이며, 2단계 훈련 지침서는 기체, 엔진 및 항공전자 분야별로 구성

(3) 3단계: 현장 직무훈련(OJT)

실제 현장 직무훈련(OJT)으로 모의 과제 또는 감독하에 실시하는 실제 수행하는 직무 지향적 정비 경험으로 구성. 이 단계는 현장에서 또는 정비 교육훈련부서 주도하에 실시할 수 있음

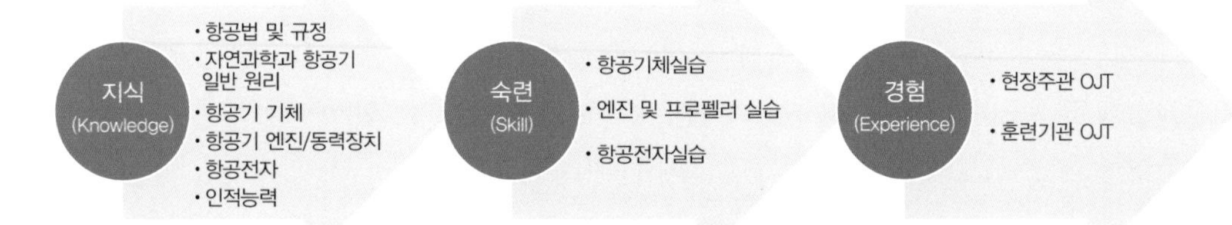

[그림 8-2] 역량 강화를 위한 항공정비사 교육훈련 과정

4 교육훈련 프로그램 기본요소

교육훈련 프로그램은 다음 요소들을 포함하여야 하며, 이러한 요소들은 각 항공사의 작업 범위에 따라 다양하게 적용될 수 있으나, 궁극적으로 교육훈련 프로그램은 정비, 검사, 예방정비 및 개조작업 수행자가 자신의 직무를 수행할 능력이 있음을 보증한다.

① 수요분석: 정비훈련부서는 훈련요건을 확인하고 각 개인의 능력을 분석하는 정확한 절차를 수립한다.

② 학습 분야 및 과정 정의: 훈련 프로그램은 학습 분야와 각 과정을 설계하는 절차를 포함한다. 이것은 학습 분야의 목적과 목표, 과정 입과 조건, 선행 학습, 교육 시간 및 희망하는 결과(기술 수준이나 지식) 등을 정의하는 것이다. 각 과정은 참고자료, 도구(tool), 장비 또는 절차와 함께 기술정보 또는 기능의 자세한 설명을 포함하여야 하고, 또한 사용 가능한 교육 방법과 근거, 강사 자격 및 학습 성취도, 기록 방법 등을 포함한다.

③ 훈련방식 설정: 정비훈련부서는 각 과정의 훈련방식을 결정하도록 하는 절차를 수립한

다. 결정할 대상은 초기교육과 정기교육의 필요 여부, 교육 실시 방법, 교육 시간, 정기교육의 교육 주기 등이 포함된다.

④ 필수교육 과정 설정: 정비훈련부서는 본 지침에서 주어진 교육을 포함하여 항공사가 자체적으로 필요로 하는 교육을 추가하여 항공사에 맞는 필수교육 과정을 설정한다.

⑤ 교육훈련 근거 및 방법의 확인: 정비훈련부서는 규정과 훈련 목표에 들어맞는 훈련 근거와 방법을 확인하고 선택하는 방법을 보유한다.

⑥ 온라인 교육 조건 설정: 정비훈련부서는 온라인 교육을 운영하고자 하는 경우 항공사에 맞는 온라인 교육 조건을 설정하여 운영한다.

⑦ 강사 임명 기준 수립: 정비훈련부서는 강사 임명에 대한 기준을 수립하여 운영한다.

⑧ 교육훈련 효과측정: 부적격자가 정비 또는 개조업무에 배치되는 잠재적 요인을 배제하기 위하여 훈련 프로그램은 전체적인 훈련 프로그램과 각 훈련과정의 효과를 지속해서 측정하는 절차를 포함한다.

⑨ 교육훈련 기록 유지: 정비훈련부서는 개인의 훈련을 유지 관리하는 절차를 보유한다. 이것은 훈련기록의 범위를 정의하고 훈련기록의 작성, 분석 및 훈련 종료 후 최소 2년 동안 훈련기록을 유지하는 것이다.

⑩ 상호작용(interface): 훈련 프로그램은 항공사의 기능과 훈련 프로그램이 상호 어떻게 작용을 하는지, 특별히 정비, 검사, 예방정비 및 개조작업 전, 개인의 능력 분석 방법을 자세히 설명한다.

4.1 수요분석 절차

수요분석 절차는 정비훈련부서가 직무에 따른 자체 훈련요건을 확인하도록 하는 것으로 훈련기준을 결정하고, 개인의 능력을 분석하여 직무요건과 개인의 능력과의 차이를 보충하는 훈련 프로그램을 수립하도록 하는 것이다. 이 절차는 항공사의 규모, 종사자, 작업배치와 훈련기준, 고객 및 업무 한정(rating)과 운영범위에 기초한다. 정비훈련부서는 개인의 기술과 지식을 기초로 직무분석에 의한 개인의 훈련 수요를 결정하는 기준을 수립한다.

4.1.1 항공사 교육훈련 수요분석

교육훈련 프로그램은 정비, 검사, 예방정비 및 개조작업 수행자가 자신의 직무를 수행하는데 필요한 훈련요건을 확인하는 절차를 포함하여야 하며, 전체적인 교육훈련 수요를 확인할 때 다음 사항을 고려한다.

① 정비, 예방정비 및 개조작업 수행에 필요한 직무

② 신입직원 및 기존 직원의 기술, 경험 및 훈련

③ 신규직무 배치를 위한 분석 방법

④ 유효기간이 지난 직원의 복직

⑤ 새로운 규정, 절차, 장비 및 기록보관 요건의 소개

⑥ 항공사의 능력 변경을 위한 준비

수요분석은 직원의 능력과 특정 직무와의 관계에 근거한 항공사의 교육훈련 요건을 검토하는 것이다. 수요분석에 기초하여 학습 분야와 훈련과정을 개발하고 개정한다. 수요분석은 초기교육과정과 정기교육과정의 요건을 분석하여 회사와 개인을 위한 훈련 수요 유형과 범위를 결정한다.

4.1.2 개인 수요분석

개인 수요분석은 기술직과 일반직의 현재 능력을 평가한다. 정비, 예방정비 및 개조작업 수행자는 항공 관련 법령(운항 기술기준 제6장 정비조직의 인증기준) 등에 의하여 교육훈련을 받아야 하지만 기술직을 돕는 일반직이나 관리자도 포함할 수 있다. 개인 역량평가의 방법으로 〈표 8-1〉과 같은 방법이 사용될 수 있다.

개인 역량평가를 위한 절차는 가능한 한 객관적이어야 하고 일관된 결과를 끌어낼 수 있도록 구성되어야 한다. 항공사는 직무에 의한 작업배치를 위한 기본적인 기술 수준과 자격을 수립하여야 하고, 기술기준과 개인의 능력을 비교하는 객관적인 방법을 수립한다. 항공사는 개인의 역량평가를 위하여 입사 전 경력, 훈련 또는 교육을 수용하는 절차를 보유하여야 하며, 다음과 같은 절차를 보유한다.

① 객관적이고 일관적인 분석

② 개인 훈련기록의 문서화

③ 분석 결과를 평가하는 분석자는 유자격자이어야 함

④ 해당 직무능력이 적정 수준임을 보증하고 필요하면, 정기교육과정과 교정교육 과정에 입과 하도록 감시

<표 8-1> 개인 역량평가 방법

역량평가 방법	방법의 유용성
정규시험(formal examination)	정규시험은 합격/불합격으로 표시되는 정규 필기시험을 포함한다. 정규시험은 지식을 평가하는 효과적인 방법이지만 지식을 실무에 적용할 수 있음을 보증하는 기준은 아니다.
수료증(certificate)	수료증은 일부 특별과정의 입과 조건이 될 수도 있으며, 자격증이나 신뢰할 수 있는 교육기관으로부터의 교육은 개인의 지식평가 척도가 될 수 있다. 그러나 수료증이 개인의 실무 수행 능력을 보증하는 기준은 아니다.
과정 수료(completion of a training course)	주어진 도서나 지침서의 검토는 개인의 지식을 확립하는 데 사용될 수 있다. 시험이나 시연을 통하여 검증된 과정의 수료는 과정목표를 습득하였음을 증명하는 가장 유용한 자료이다. 그러나 과정 수료가 해당 업무 수행 능력을 보증하는 것은 아니다.
실무 평가 (practical evaluation)	실무 평가는 유사한 작업환경 또는 실제상황 일부에서 개인의 기술 시연을 가능하게 한다. 이와 같은 방법은 전체과정 중 중요한 과정만 집중하여 평가할 수도 있다. 실무 평가는 개인 역량평가의 유용한 방법이나 평가 결과는 실무 평가 방법을 설계하는 평가자의 기술 수준에 좌우될 수 있다.
집단실습 (group exercise)	집단실습은 반드시 함께 일해야 하는 집단의 이해도를 시연하는 데 사용될 수 있다. 더 큰 체계에서 개인의 역할에 대한 이해가 중요한 경우, 전체과정에서 개인의 지식을 시험하는 집단실습은 누가 그룹 내에서 도움이 필요한지 알 수 있고 학생이 오해할 수 있는 훈련이 필요한 인적요소를 조명하여 준다. 집단실습을 통하여 즉각적인 교정훈련과 집단의 다른 구성원에 의한 훈련의 강화가 이루어진다.
OJT 평가 (on-the-job assessment)	OJT 평가는 특정 과제의 성공적 수행에 근거하여 평가되어야 한다. OJT 평가는 개인 역량평가의 유용한 방법이나 객관적 평가 기준이 수립되어 있지 않으면 평가 결과는 평가자의 기술 수준에 좌우될 수 있다.
구술시험(oral examination)	구술시험은 일관된 일련의 질문에 대한 대답에 근거하여 평가되어야 한다. 구술시험은 개인의 지식과 지식을 적용하는 능력을 평가하는 유용한 방법이나 객관적 평가 기준이 수립되어 있지 않으면 평가 결과는 평가자의 기술 수준에 좌우될 수 있다. 구술시험은 검사원이나 감독자의 영어 읽기, 쓰기 및 이해도를 측정하는 효과적인 방법이다.

4.2 학습 분야 및 과정 정의

각 개인의 훈련유형을 포함한 훈련요건이 확인되면, 학습 분야와 개설 가능한 교육과정 및 각 과정의 이수 수준이 정의된다. 정비훈련부서는 자체 과정을 개발하거나 항공사가 수용할 수 있는 과정을 각 개인에게 제공한다.

각 과정은 다음 사항을 포함한다.

① 과정 등록을 위하여 규정에서 요구하는 입과 자격 또는 최소 자격 기준

② 매뉴얼, 공구, 장비와 같은 교육교재

③ 훈련 방법, 훈련 근거 및 강사 자격

④ 과정 개요

⑤ 과정 이수를 위한 최소 참석 시간, 시연 가능한 지식이나 기술 요건

⑥ 훈련유형과 과정 진행 또는 이수를 기록할 수 있는 기록

⑦ 교육용 소프트웨어(courseware), 교수계획서 및 강사 참고서 같은 정보

4.3 훈련방식 설정

모든 교육은 필수적으로 초기교육을 포함하고 정기교육은 필요할 때 실시한다. 단 외부기관에서 초기교육을 하고 입사할 때는 초기교육 제외할 수 있다.

정기교육은 필수교육으로 강제로 정하거나 항공사 자체적으로 필요하다고 판단되는 경우 항공사 교육훈련 프로그램에서 추가하며, 초기교육은 집합교육으로 실시하는 것을 원칙으로 하나, 교육의 성격에 따라, 온라인 교육 또는 혼합(blended) 교육으로 대체할 수 있다.

정기교육은 집합교육, 온라인 교육, 혼합(blended) 교육 중 항공사가 선택하여 실시할 수 있으며, 항공사 자체적으로 설정한 정기교육의 교육 시간, 교육 주기, 유효기간은 항공사에서 자체적으로 결정한다.

정기교육의 유효기간은 기간 만료일이 되는 날이 속하는 해의 1월 1일부터 12월 31일까지 하고, 동 기간에 정기교육을 받으면 새로운 유효기간은 교육 수료 일이 아닌 기존 만료일 기준으로 새로운 기간을 계산한다.

4.4 필수교육과정 설정

항공사는 필수교육과정 프로그램을 운영하며, 교육실시는 초기교육과 정기교육으로 구분하여 실시한다.

항공사마다 차이는 있으나, 일반적으로 우리나라 국적항공사의 초기 필수교육과정과 정기 필수과정은 〈표 8-2〉, 〈표 8-3〉과 같다.

<표 8-2> 초기 필수교육과정

교육과정 명칭	시간	필수과정 근거/사유
안전교육	8	운항기술 기준 6.4.6/9.1.19.13 EASA Annex II AMC 145. A.30(e)
인적요소 교육	15	운항기술 기준 6.4.6/9.1.19.13
항공기 제방빙 교육	4	운항기술 기준 6.4.6/9.1.19.13
RVSM교육	3	운항기술 기준 6.4.6/9.1.19.13 국토부 예규 제229호 RVSM 승인 안내서
EDTO교육	4	운항기술 기준 6.4.6/9.1.19.13 국토부 훈령 제884호 EDTO 승인 절차
CATII/III교육	4	운항기술 기준 6.4.6/9.1.19.13 국토부 예규 제174호 CAT-II/III 운용 절차
ESDS 교육	2	
검사원 교육	12	운항기술 기준 6.4.7
품질 심사원 교육	12	운항기술 기준 6.4.7
법, MPPM, 운항기술 기준교육	2	

<표 8-3> 정기 필수교육과정

교육과정 명칭	교육 주기	교육 시간	필수과정 근거/사유
인적요소 교육	2	4	운항기술 기준 6.4.6/9.1.19.13
항공기 제방빙 교육	1	2	운항기술 기준 6.4.6/9.1.19.13
RVSM교육	2	2	운항기술 기준 6.4.6/9.1.19.13 국토부 예규 제229호 RVSM 승인 안내서
EDTO교육	2	2	운항기술 기준 6.4.6/9.1.19.13 국토부 훈령 제884호 EDTO승인절차
CATII/III 교육	1	2	운항기술 기준 6.4.6/9.1.19.13 국토부 예규 제174호 CAT-II/III 운용 절차
검사원 교육	2	4	운항기술 기준 6.4.7
품질심사원 교육	2	4	운항기술 기준 6.4.7
기종 정기	2	8	운항기술 기준 6.4.6/9.1.19.13

정기교육과정 중 기종 정기 교육과 검사원 및 품질 심사원 교육은 정비사와 검사원들이 함께 모여서 항공기 정비에 대한 경험을 공유하는 토론의 시간을 갖도록 집합교육으로 실시하는 것을 권장하고 있다.

4.5 교육훈련 근거 및 방법

4.5.1 교육훈련 근거

다양한 교육훈련 근거 중에서 항공사는 훈련요건을 만족하는 훈련 근거를 선택할 수 있다. 일반적인 훈련 근거는 다음과 같으며, 훈련 근거와 관계없이 정비훈련부서는 훈련과정의 행정절차, 훈련 프로그램의 유효성 및 훈련기록의 보관에 대한 책임이 있다.

(1) 제작사(original equipment manufacturers: OEM)

제작사는 정비나 개조에 관한 기술정보를 학과교육, OJT, 통신교육 또는 CBT 교재를 통하여 전달할 수 있다. 제작사 강사는 현지 교육을 위하여 정비조직을 방문하여 교육할 수도 있고, 다른 장소에서 세미나나 강좌를 통하여 정보를 전달할 수 있다. 항공사가 제작사 교육과정을 선택한다면 효율적인 훈련을 위하여 입과자가 해당과정의 선수과정을 이수하였는지, 경력을 소유하였는지 확인하여야 하며, 학습 분야, 교육목표, 교육교재 및 강사가 항공사의 기준에 들어맞는지 확인한다.

(2) 전문 교육기관(aviation maintenance training school)

기초지식과 기술을 습득하기 위하여 항공 안전법 제48조(전문교육 기관의 지정)에 의하여 인가받은 항공종사자 전문 교육기관 또는 항공 관련 대학 기관은 효과적인 훈련 근거(source)가 될 수 있다. 교육훈련 과정은 항공사의 업무(task)와 장비(equipment)에 초점을 맞추어 보충될 수 있다.

(3) 항공사 또는 정비조직(operator or other AMO)

훈련 프로그램을 보유한 항공사 또는 정비조직은 계약에 따라 외부에 훈련과정을 제공할 수 있다.

(4) 정부 기관(government agencies)

정부 기관은 직업 안전과 건강, 환경보호, 위험물 취급과정을 제공할 수 있으며, 인적요소(human factor)와 일반안전에 관한 교육 근거가 될 수 있다.

(5) 협회(trade associations)

항공 또는 특정 사업 분야의 협회는 기술 또는 법/규정 관련 교육을 제공한다. 항공사는 참석자가 항공사의 요건에 맞게 해당과정을 이수하고 관련 지식을 습득하였는지 확인한다.

(6) 기타(other sources)

세미나, 제품전시회, CBT, 비디오, 장비 제작사 등 다양한 훈련 근거(source)가 있으므로 정비훈련 프로그램은 직무에 필요한 교육을 이수할 수 있도록 훈련 기회를 제공한다.

4.5.2 교육훈련방법 확인

항공사가 훈련 방법 개발과 도입을 위하여 사용할 수 있는 방법은 다양하다. 훈련은 자체 과정을 통하여 또는 대학, 제작사, 기타 훈련조직과 같은 외부 교육기관에 의하여 이루어질 수 있으며, 다음은 현재 사용 가능한 훈련 방법의 예시며, 항공사는 훈련 수요분석에 기초하여 훈련 방법을 선택하여야 하고 훈련 방법이 교육생들에게 효과적인지 확인하는 절차를 보유하여야 한다.

(1) 정규 이론교육(formal classroom instruction)

정규 이론교육은 학과장에서 강사에 의하여 실시되는 정규과정이다. 효과적인 훈련을 위하여 정규 이론 과정은 과정목표, 과정 개요, 기대효과, 사용된 교육 자료의 근거, 강사 자격 및 학습 내용 요약 등을 포함한다. 학생과 강사의 상호작용은 성공적인 정보전달을 위하여 중요하다.

(2) 직무 교육훈련(on-the-job training, OJT)

OJT는 유자격자의 감독 아래 작업에 참여하거나, 시범을 참관하고 유자격자의 감독 아래, 같은 방법으로 작업을 수행하여 만족할 만한 결과를 얻음으로써 지식을 습득하는 방식이다. 이는 이론적 설명만으로 이해하기 어려운 주제나 직무 또는 과정을 이수하기 위하여 능력을 시연하는 것이 필수인 과정에 효과적인 방법이다. 실무기술은 OJT를 사용하여 전달되며, 더 효과적인 학습을 위하여 실무작업에 사용되는 정비 매뉴얼로부터 얻은 인가된 자료 및 규정된 장비/공구 등을 사용함으로써 정보전달 과정은 표준화되어야 한다. 기술이나 과제를 완성하기 위하여 교육생이 시연하는 과정은 문서로 만들어져야 하고 모든 교육생이 같은 작업과 기술을 사용하여 훈련되어야 한다.

(3) 컴퓨터 활용 교육훈련(computer-based training, CBT)

상호작용이 가능한 CBT 훈련은 각 교육생에게 정확한 지식을 전달하고 실무 수행 능력을 배양시킨다. CBT 훈련은 교육생에게 편리한 시간과 장소에서 이루어진다. 이 과정의 학습효과 증대를 위하여 항공사는 전달하고자 하는 정보가 전달되었는지 평가한다.

(4) 원격교육(distance learning)

원격교육은 강사와 교육생이 지리적으로 같은 장소에 있지 않을 때 사용하는 일반적인 교육 방법이다. 원격교육은 통신교육, 비디오테이프(videotape), CBT 교재, 화상 회의(video conference), 원격지 회의(teleconference) 또는 교육생이 강사나 CBT 교육용 소프트웨어(courseware)와 상호작용이 가능한 인터넷이나 인트라넷의 혼합 형태를 취할 수 있다. 이 교육 방법의 장점은 강사가 교육생의 개별적 질문에 응답함으로써 특별한 요구사항에 맞춤식 교육이 가능하다. 반면에 단점으로는 기술적 문제로 야기되는 의사 전달의 오해가 발생할 수 있고, 교육생과의 상호작용이 생략될 수 있다.

(5) 기타(other methods including self-study, case study and seminars)

습득한 지식이 작업을 수행하는데 필요한 직무나 기술에 적용되는 경우 항공사는 이러한 교육 방법이나 지식을 수용할 수 있다. 항공사는 정보전달에 사용되는 과정이 객관적 기준과 요건에 의하여 수립되었음을 보장한다. 모든 과정은 교육목표, 교육교재 또는 장비/공구가 있어야 하고 교육생이 습득한 지식을 측정할 수 있어야 한다.

4.6 온라인 교육 조건

온라인 교육으로 실시할 때 다음 조건을 갖추어 실시한다.

① 근무시간에 회사가 제공하는 컴퓨터를 이용하여 실시하는 것을 원칙으로 함. 단, 해외에 근무하거나 장기간 출장일 때 정비훈련책임자의 허가를 받아 사외 컴퓨터 사용 가능

② 각 과정의 교육 시간에 상당하는 분량의 자료 제공

③ 제공하는 자료의 분량 기준(교육 시간 1시간 기준): 200자 원고지 20매 이상, 사진 또는 그림 1장은 200자 원고지 2분의 1매, 동영상 자료는 실제 상영시간

④ 교육생이 수강 결과에 대한 평가 및 결과를 확인 가능

⑤ 교육생의 개인 이력과 학습 이력을 개인별로 관리 가능

⑥ 교육생 출석 관리와 동일 ID에 대한 동시접속 방지기능 구비

⑦ 관리자 모듈에서 교육생 선정, 수강 신청(배정) 및 교육과정의 진행 상황 확인 가능

⑧ 평가(시험)는 교육생별로 무작위로 출제될 수 있도록 문제은행 유지

⑨ 평가시간 제한 및 평가 재응시 제한 기능을 구비

4.7 강사 임명 기준

항공사는 강사평가 및 강사 임명에 대한 기준을 수립한다. 강사 임명은 강의 분야에 대한 적정 경력(정규과정 또는 경험)과 특정 주제에 대한 정보전달 능력 등의 교수 능력을 위하여 고려하여야 한다.

4.8 교육훈련 효과측정

항공사의 정비업무 종사자가 직무 수행 능력이 있음을 보증하기 위하여 훈련 프로그램은 훈련 효과측정 방법을 보유한다.

측정은 훈련 목표가 달성되었고 필수지식 및 기술이 전달되었는지를 확인하기 위하여 훈련 종료 후 즉시 실시하여야 하며, 실무 적응 능력을 측정한다. 실무 적응 능력 측정은 실제 작업 환경에서 최종 작업 결과를 통하여 학습효과를 측정한다.

훈련 효과측정 절차는 훈련요건을 확인하고 개정하는 절차로 연결되어야 하며, 항공사는 훈련 효과측정을 위하여 다음과 같은 방법을 사용할 수 있다.

① 작업 관련 문제의 검토, 고객 불만, 검사원 보고서 또는 사고

② 부적절한 훈련이나 훈련 부족으로 인한 자발적 보고

③ 작업자의 작업 능력 취약점으로 지적된 감사보고

④ 직무 관련 작업자의 불만이나 제언

항공사는 훈련과정이 조정되어야 한다고 판단되면, 추가 정보를 갱신하고 작업자에게 제공하는 방법을 보유한다.

4.9 교육훈련 기록

항공사는 개인의 훈련기록을 감항 당국이 수용할 수 있는 형태로 문서화한다. 각 개인의 능력은 훈련, 지식 및 경험에 따라 결정된다. 결과적으로 정비, 예방정비 또는 개조작업을 수행할 능력이 있음을 항공사가 결정할 때는 개인의 능력에 영향을 미치는 요소들에 대한 분석이 필요하다. 이러한 분석에 필요한 자료는 개인의 훈련기록에 근거한다.

훈련기록은 전자 형식(electronic format)이나 하드카피(hard copy) 형태로 보관할 수 있으며, 개인별 훈련기록은 다음 사항을 포함한다.

① 교육생 명부

② 교육생 성적 기록부

③ 교육생 출석부 또는 교육 서명지

④ 평가표 또는 시험지

직무 수행 능력을 판단하기 위하여 훈련 프로그램에서 요구하는 모든 자료 및 항공사에서 실시하는 훈련기록은 구체적이어야 하고 최소 2년간 보관하여야 하며, 교육훈련 이수 현황은 개인별로 문서로 만들어 전자 형식(electronic format)이나 하드카피(hard copy) 형태로 유지한다.

4.10 훈련 프로그램 공유영역

우리나라 운항 기술기준의 경우 정비조직이 정비, 검사, 예방정비 및 개조작업 수행자는 적절한 직무 수행 능력을 보유함을 보증하도록 요구한다. 능력 측정의 한 방법으로 개인이 이수한 훈련이 사용될 수 있다. 항공사는 작업 감독자가 작업을 배정할 때 작업자가 해당 직무를 수행할 지식과 기술이 있는지 확인하는 절차를 보유한다. 결과적으로 항공사는 훈련 프로그램에서 개인 직무능력 및 훈련기록과 정비계획 공정과의 상호관계를 분명하게 정의하고 이에 따라 개인에 대한 자격을 다음과 같이 임명한다.

① 개별 교육 완료 보고 시에는 교육 성적을 고려하여 부서 배속 및 추가 교육 시 참조할 수 있도록 개인별 성적을 첨부하여 교육훈련 실시자료에 함께 관리되어야 한다.

② 신입 또는 경력직 모두 항공사 ATA 104 Level 별 difference 교육 또는 fam course와 항공사의 특성 교육(MEL 적용, RTS 절차, 정비방식, Ops pec. 운영기준, 정비규정 등)은 반드시 수강하도록 조치한다.

③ 경력 정비사의 훈련 요구 수준 판단은 해당 정비사가 제시하는 훈련기록에 따라 항공사의 활용할 업무를 기준으로 필요자격에 대한 교육 수료 여부를 훈련 부서와 품질 담당 부서가 판단하고, 정비훈련부서에서 교육/훈련을 실시한다.

제 9 장 항공기 운항정비

운항정비는 예측할 수 없는 고장으로 발생된 비계획 정비 또는 특수한 장비 또는 시설이 필요치 않은 서비스 및(또는) 검사를 포함한 계획점검(A 점검 및 B 점검)을 말한다.

운항정비의 구성은 항공사 규모에 따라 달라진다. 항공운송 사업용 항공사는 일반적으로 운항 항공기, 일일 운항 횟수 및 양호한 운영을 위해 필요한 정비 인력에 따라 구성된다. 정비통제센터는 모기지의 운항정비 현장과 지점의 정비 활동을 조정한다.

1 항공기 운항정비의 개념

운항정비(flight line maintenance)는 항공기 회항 시간(aircraft turnaround times)으로 인해 계획(scheduled) 정비와 비계획(unscheduled) 정비로 구성된 빠른 속도의 정비 환경이다. 운항정비에 의한 작업은 운항 중인 항공기에 대해 비행 일정을 방해하지 않고 수행할 수 있는 정비이다. 이러한 정비 작업에는 일일점검부터 48시간 점검 및 'A' 점검 항목이 포함될 수 있다.

항공사가 'A'와 'C' 사이의 간격으로 'B' 점검을 수행하는 경우, 이러한 점검도 대개 운항정비에서 수행한다. 많은 항공사에서 'A' 체크 간격 작업이 추가되거나 일일 라인 정비 점검과 같은 다른 작업이 예약되는데, 이 모든 작업은 항공사의 정비 프로그램으로 정의되고 PP&C에 의해 계획되며 정비통제센터(maintenance control center: MCC)에 의해 통제된다.

운항 정비사는 언급된 모든 항목을 수행하는 단일정비사(single crew)로 구성되거나 특정 작업에 대한 특기별 정비사(separate crews)로 구성될 수 있다. 예를 들어, 한 명의 단일정비사(single crew)가 운항에 투입된 항공기의 모든 정비 및 비행일지에 기록된 결함(discrepancies)을 처리하는 동안 다른 정비사(separate crews)는 다른 정비점검에만 배정될 수 있다는 것이다. 일일 서비스 및 점검은 보통 주간이나 야간의 일과 중 가장 먼저 수행된다.

운항 정비사는 일반적으로 경험이 풍부한 종사자로 항공사가 운항하는 항공기 시스템에 대한 지식과 이해도가 매우 높다.

정비사가 입항되는 항공기(inbound aircraft)로부터 결함 해소를 위한 정비요청을 받을 때, 운항 정비사는 일반적으로 결함을 신속하게 해결하고 안전하고 감항성이 있는 상태로 항공기를 운항시키는 방법을 잘 알고 있다.

운항 현장의 정비사들은 더운 날씨, 비, 눈과 같은 열악한 환경에서 일하고 있으며, 항공기 부품을 장탈 및 장착하기 위해 계속 서 있거나 무릎을 꿇거나 불편한 자세로 구부려야 하는 경우도 많다. 또한, 안전기준(safety standards)을 준수해야 하는 엄청난 부담을 느끼고 있으며, 이러한 기준을 충족시키기 위해 수행하는 업무는 과중한 스트레스를 줄 수 있다.

운항정비 현장에는 일반적으로 항공기 정비 감독관(aircraft maintenance supervisor) 사무실, 정비사 준비실(break room), 부품 및 공구실 및 고장 탐구(troubleshooting)를 위해 항공기 정비 매뉴얼을 쉽게 이용할 수 있는 항공기 정비 자료실(aircraft maintenance library)이 설치되어 있다.

운항 항공전자실(the line avionics room)에는 항공기 시험 장비를 위한 모든 무선 장비와 충전소가 있으며, 여기에는 매우 정전기에 민감한 장비가 포함된다.

2 정비 통제기능

정비본부에는 [그림 9-1]과 같이 정비 활동을 통제하는 두 개의 조직(PP&C, MCC)이 있다.

제7장에서 일차적인 통제기능(primary control function)이라고 할 수 있는 PP&C(production planning and control)에 대해 이미 논의했다.

PP&C는 [그림 9-1]의 좌측에 제시된 다양한 소스(source)의 투입(input)이 요구된다. 항공사의 정비 프로그램에서 확인된 모든 정비와 이전 점검에서의 정비 이월(defer), 업그레이드 또는 개조(modification)를 위한 추가 요건은 PP&C가 통제하고 계획한다. 이러한 정비는 필요에 따라 격납고, 작업장(shop) 및 운항정비(flight line)에서 수행하게 되는데 PP&C 조직은 운항에 투입된 항공기와 관련된 작업수행은 이차적인 통제 활동(second controlling activity)을 수행하는 정비통제센터(MCC)를 통하게 된다.

MCC는 운항 중인 항공기에 대해 모든 계획 또는 비계획 정비 활동을 통제한다. [그림 9-1]의 쌍방향 화살표는 쌍방향 의사소통(two-way communication)을 나타낸다. MCC는 항로상의 항공기 위치와 관계없이 운항 일정에 따라 모든 항공기를 다뤄야 하며, 항공사 또는 외부 위탁업체(third party)에 의해 수행되는 모든 정비 활동을 통제해야 한다. 또한 MCC는 이전의 정비 협약(previous maintenance agreement)에 없는 작업 사항의 정비계약(contracting of maintenance)을 조정한다. MCC는 또한 운항 중인 항공기 결함(discrepancy)의 지원 및 정비 행위(maintenance actions)의 일정 변경을 위해 항공사 정비조직의 관련 부서와 조율하며, 운항 중단 시간, 비행 지연 및 취소와 관련하여 운항조직(flight operations organization)과 조정한다.

운항 중인 항공기(aircraft in service)에 정비가 필요하지만, 항공기의 현재 위치에서 정비지원을 받을 수 없는 경우, 정비 이월(defer) 요건에 충족된다면 정비를 이월(defer) 할 수 있다. 이러한 정비 이월(defer)은 MCC에 의해 처리되는데 적절한 시간, 시설과 정비사가 존재하는 곳이라

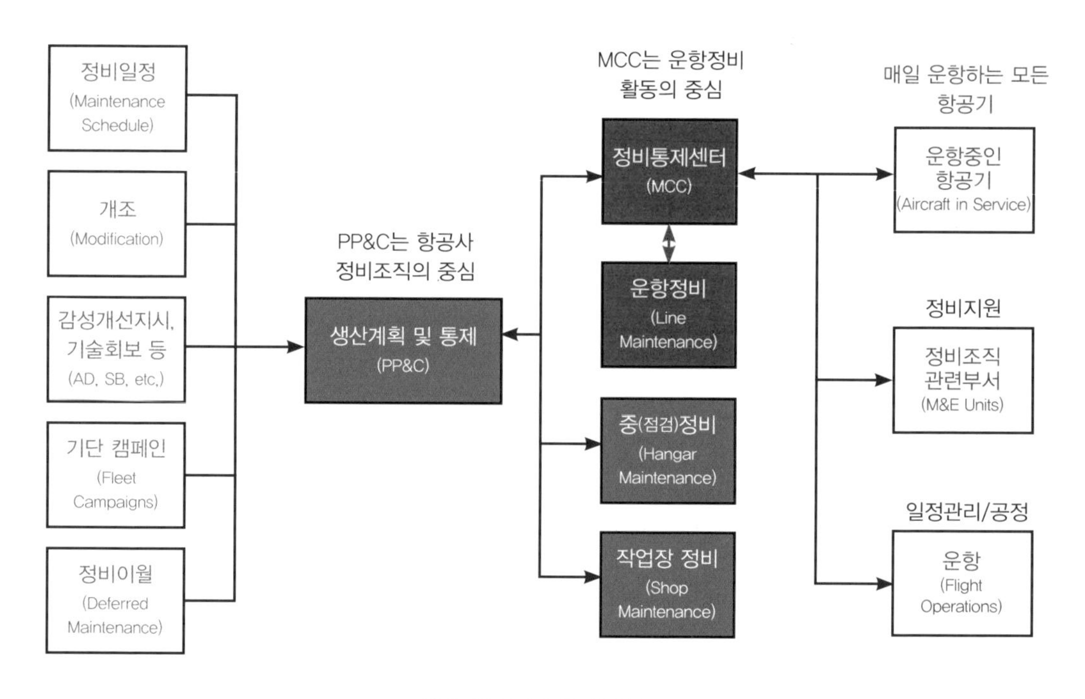

[그림 9-1] 정비통제 기능

면 지점(outstation)이든지 또는 모기지(home base)이든지 간에 작업수행을 계획한다.

정비를 주요 점검('A' 체크 이상)으로 이월(defer) 해야 하는 경우, MCC는 해당 조치를 PP&C와 협의하고, PP&C는 적절한 항공기 운항 중단 시간(down time)을 위해 작업을 예약하고 해당 점검에 부품, 공급품 등을 사용할 수 있도록 하여야 한다. 물론 이러한 정비 이월(defer)은 MEL 및 CDL 요건에 따라야 한다.

2.1 정비통제센터(MCC)의 역할

MCC는 운항정비의 심장이다. 항공사의 규모와 상관없이 MCC 기능은 반드시 수립되어야 하고 통제되어야 한다. MCC의 역할은 다음과 같다.

① 매일 지정된 항공기에 대한 모든 점검을 완료한다.

② 필요에 따라 항공기에 대한 중간(transit) 또는 회항 정비(turnaround maintenance)를 수행한다.

③ 항공기의 서비스(식품, 물, 연료 등)를 조율한다.

④ 할당된 처리 시간 내에 정비 문제를 고장 탐구(troubleshoot)하고 가능한 경우 수리 일정을 잡거나 정비 이월(MEL, CDL, NEF)을 통해 적절한 시간까지 연기한다.

⑤ 저장/자재(stores/materiel), 기술, 검사, 계획 및 기타 정비조직 등 다양한 부서와 협력하여 모기지(home base) 또는 지점(outstation)의 정비 문제 해결을 위해 지원한다.

⑥ 정비, 정비 이월(defer), 기능 점검 비행(functional check flight), 항공기 공수비행 허가(aircraft ferry permits)에 대한 일정에 영향을 미칠 수 있을 때마다 항공 운항을 조율한다.

⑦ 비행 중 모든 항공기를 추적하여 위치, 정비 요건 및 상태를 파악한다.

⑧ 필요에 따라 다른 항공사 또는 승인된 외부 위탁계약업체와 함께 지점(outstation)의 정비를 조율한다.

⑨ 비행 중 엔진 정지(in-flight engine shutdown), 조류 충돌(bird strikes), 낙뢰(lighting strikes) 또는 항공기가 비행에서 회항해야 하는 비상 상황 및 지상 장애에 대한 비행일지 기록을 수집한다.

2.2 정비통제센터(MCC)의 직무

MCC 담당자의 업무는 매우 다양하다. 이를 위해서는 업무 수행에 도움을 줄 수 있는 적절한 시설이 필요하다.

첫째, 담당자의 모든 활동과 긴밀한 접촉을 할 수 있는 운항이 이루어지는 최전방 지역 가까이에 사무실이 필요하다.

둘째로, MCC 담당자는 항공기의 운항 일정, 항속시간(flight durations), 현재 위치 및 정비의 필요 여부를 식별하기 위하여 항공기 형식 및 등록번호에 따라 모든 항공기 현황판(tally boards) 또는 컴퓨터 디스플레이를 보유해야 한다. 또한 이러한 현황판에는 해당 항공기의 정비상태와 다음 예정된 정비점검(check)의 마감일(A, B, C 등)이 표시되어야 한다. 이러한 점검이 특정 기지에서만 수행되는 경우, MCC는 항공기 점검 도래 시 항공기가 해당 점검을 위해 적절한 위치에 있는지 확인하기 위해 항공 운항 및 일정 수립과 조정해야 할 책임이 있다. MCC는 운항 중인 항공기에서 일어날 수 있는 모든 것 중에 최상위(on top)에 있어야 한다.

셋째, MCC는 위에 명시된 모든 요건을 수행하기에 충분한 통신장치를 가지고 있어야 한다. 이는 특정 문제와 관련된 누구와도 내부 및 외부 대화를 할 수 있게 하기 위한 전화(telephone), 항공기와의 통신을 위한 무선(radios), 기타 통신장치로 접근할 수 없는 운항정비 현장의 정비사와의 통신을 위한 휴대용 라디오(또는 휴대전화) 등 다양한 데이터 및 양식 전송을 위한 장치들을 의미한다.

네 번째는 시설 내에 광범위한 기술 자료실을 보유하는 것이다. MCC는 정비에 문제가 있다는 것을 가장 먼저 통보받기 때문에, MCC 담당자는 첫 번째 방어선이며 신속한 해결을 위한 책임이 있는 사람이다. 담당자는 성공적인 완성에 도달하기 위해 다른 정비조직 부서들과 협력해야 하며, 항공기를 다시 운항할 수 있도록 해야 하는 책임이 있다. 이렇듯 할당된 많은 작업을 수행하기 위해 MCC는 정비 매뉴얼 및 기타 기술 문서에 액세스할 수 있어야 한다.

마지막으로, MCC 담당자는 이러한 활동을 수행할 수 있는 충분한 자격을 갖추어야 하며, 운항 중인 항공기의 정비와 관련된 모든 문제에 대한 신속하고 정확한 대응을 관리할 수 있도록 모든 공인된 항공정비사 자격증명을 소지하여야 한다.

MCC는 항공사의 목표뿐만 아니라 정비 조직의 목표와 이를 충족시키기 위한 노력에 매우 중요한 역할을 한다. 앞서 언급한 바와 같이 MCC 부서의 주요 기능은 모든 항공기가 매일 비행할 수 있도록 보장하는 것이다. MCC는 또한 항공사의 신뢰성 프로그램(reliability program)을 지원한다. MCC는 항공기의 모든 지연과 취소를 확인하고 보고할 책임이 있으며 모든 사고에 대한 세부 사항을 제공해야 한다. 운항정비 부서와 그 절차가 운항 지연과 취소에 있어서 중요하기 때문에, MCC는 이러한 문제의 조사와 해결에서 핵심 주체(key player)이다. MCC는 또한 MEL, CDL 및 NEF 시스템에 따른 모든 정비 이월(defer) 항목을 조정, 발행, 통제 및 검토한다.

3 운항정비 작업일반

[그림 9-2]는 주어진 비행에 대한 일반적인 비행 대기선(flight line) 활동을 보여준다. 항공기는 비행 중에 어떤 고장이나 결함이 발생할 수도 있고 그렇지 않을 수도 있다. 항공기가 탑승구(gate)에 도착하면 승객, 수화물 및 화물의 탑재뿐만 아니라 정상적인 서비스(연료, 음식 등)가 제공될 것이다. 비행 중에 고장이나 결함이 발생한 경우, 두 가지 가능한 시나리오가 있다. 일반적

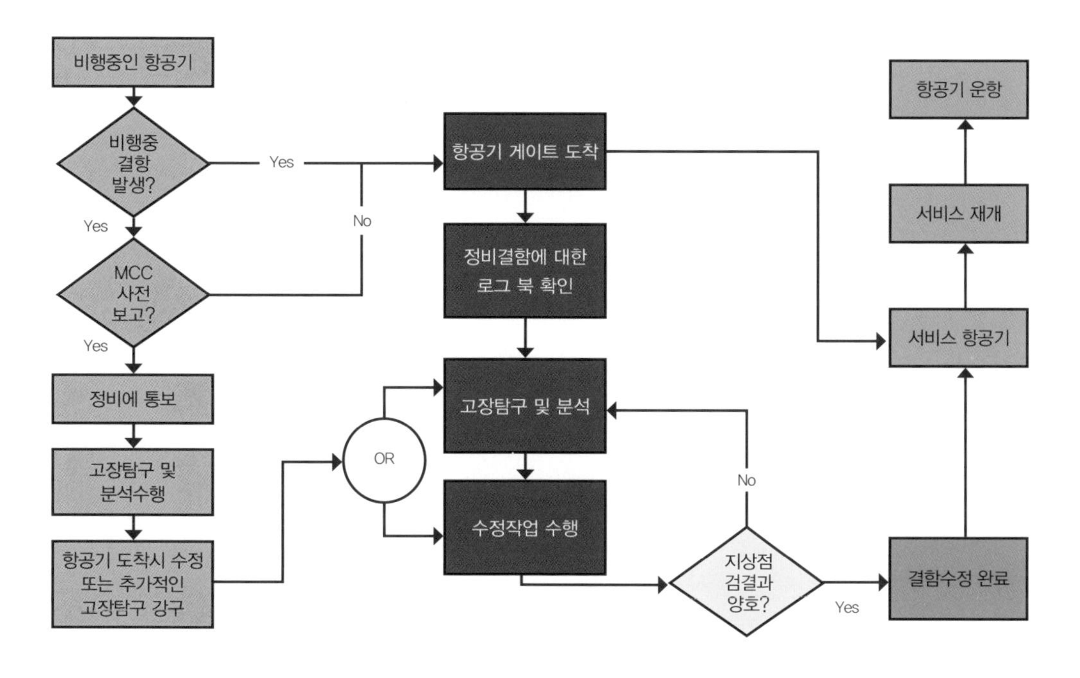

[그림 9-2] 운항정비 작업수행

으로 문제는 항공기 정비 일지(aircraft maintenance log book)에 기록되며 도착 즉시 지상 정비사에 의해 해결된다. 정비 조치는 [그림 9-2]의 중심 기둥 블록에 표시된 것과 같다.

하지만 지상에서의 지연을 최소화하기 위해, 운항 승무원(flight crew)이 항공 운항 부서(flight operation)와 MCC를 통해 정비사에게 사전에 통보할 것을 권고한다. 이를 통해 정비는 항공기가 도착하기 전에 과거 기록을 검토하고 고장 탐구(trouble shoot)를 위한 시간을 단축할 수 있다. 이에 따라 정비에서는 [그림 9-2]의 왼쪽 열에 표시된 조치를 사용한다.

정비사 대부분은 해결책을 가지고 항공기를 맞이할 수 있으므로 정비 중단 시간(downtime)과 지연을 최소화할 수 있다. 이는 별도의 팀 또는 다른 정비일지의 항목을 취급하는 같은 팀이 수행할 수 있다. 항공기의 모든 결함(또는 지연)에 대한 승인과 서비스 모두 항공기를 운항 서비스(flight service)로 되돌리기 전에 완료해야 한다는 점에 유의해야 한다.

4 항공일지(aircraft logbook)

항공일지(aircraft logbook)는 감항 당국과 항공사가 정비 결함을 기록하기 위해 요구하는 문서 유형이다. 항공기는 항공일지가 탑재되어 있지 않으면, 목적지까지 비행할 수 없을 뿐만 아니라 다른 위치로 유도(taxing)될 수도 없다.

이 일지에는 정비 결함 여부와 항공기를 이동하거나 시동함으로써 누군가 항공기나 시스템에 손상을 입힐 수 있는지가 표시된다.

항공기 정비부서는 항공기의 정비 결함을 수정할 때 총 비행시간 및 주기(cycles)와 같은 정보의 기록을 포함하는 항공일지를 최신 상태로 유지할 책임이 있다.

조종사는 운항 승무원(flight crew)의 이름과 편명(flight number)과 같은 기본적인 정보를 적어야 하며 항공기 운항 승인에 서명해야 한다. 이 일지에는 운항 승무원이 비행 전 점검 중에 발견된 정비 결함, 비행 중에 발생하는 정비 문제 또는 비행 후 점검 중에 발견된 정비 결함을 기록할 수 있는 섹션이 포함되어 있다. 운항 승무원은 정비 직원이 문제를 해결할 수 있도록 정비 결함을 일지에 기록하고 MCC에 통보해야 한다.

정비의 결함에 따라 해당 결함이 신속하게 수정되거나 MEL 프로그램에 따라 수정이 지연될 수 있다. MCC와 항공정비사가 정비이월항목(deferral item)에 동의하면, 항공정비사는 기계적 결함 칸(mechanical discrepancy box)에 인접한 수정 조치 칸(corrective action box)에 적절한 정보를 입력하고 MCC에서 받은 MEL의 정보 및 승인 번호(authorization number)로 승인한다.

항공기에 대한 정비가 완료되고 결함이 승인되면, 항공정비사는 로그 페이지 복사본을 탈취하여 MCC로 전달한다. 일부 항공사들은 각 비행 일이 끝날 때마다 로그 사본을 수집한다. 로그 북 페이지는 일반적으로 중복 사본(duplicate copies)이지만 세 부(triplicate)씩 복사될 수 있다.

LOGPAGE 613501

FLT & MAINT LOG	A/C NO	HL7473	DATE	23-SEP-02 DAY-MON-YEAR(DD-MM-YY)	~~1~~ 2 3 4 / 5 6 7 8

CREW NAME	EMP. NO.	DUTY 1	2	3	4	5	6	CREW NAME	EMP. NO.	DUTY 1	2	3	4	5	6	FOR TRANING ONLY NAME	LCL TIME	T/O & L/O
1. 이규선	9301294	C						8.										
2. 김동광	9129313	F						9.										
3. 김호인	9305405	L						10.										
4.								11.										
5.								12.										
6.								13.										
7.								14.										

LEG	FLT. NO.	STATION FROM	TO	T/P	BLOCK TIME R/O	R/I	B/T	TIME IN SERVICE T/O	L/D	A/T	NIGHT	INST TIME	FUEL STATUS TTL IN TANK	REMAIN	B/O	CREW T/O	L/D	AUTOLAND RWY	RVR	S/U	CAPT's SIGNATURE
1.	083	SEL	JFK		0110	1454	13+44	0126	1442	13+16	5+00	1+00	337,500	33,200	304,300	1	3				이규선
2.																					
3.																					
4.																					
5.																					
6.																					
								TTL													

LEG	LCL DATE	ACTURL PAY-LOAD	REMARKS	INS ACCURACY CHECK 1	2	3
1.	23-SEP-02	101065		0	0	0.1
2.						
3.						
4.						
5.						
6.						

DUTY CODE					A/C TIME	L/D	SCHEDULE CHECK DUE	
K	H	T	L	TODAY	*13+16*	*1*	A	*8532 : 28*
C	F	E	N	PREV.	*8360:54*	*1041*	B	
R	O	D	S	TOTAL	*8374:10*	*1042*	C	*9764 : 43*

PART CHANGED RECODE

ITEM	KEY WORLD	PART NO.	POS.	S/N ON	S/N OFF
1	*HF TRANCIEVER*	*622-2588-022*	*1*	*3178M*	*2134M*

A/C RELEASE BOX

	MAINT. DONE	DAY/TIME	STA	MAINT. RELEASE RELEASED BY	LIC. NO.	AC ACCEPT
1.	*TR*	*23/1045*	*JFK*	염성균	*3285*	홍길동
2.						
3.						
4.						
5.						
6.						

NO	FUEL GRADE	S.GRAVITY OR DENSITY	REMAIN (LBS)	SERVICE (LBS)	IN TANK (LBS)	TTL IN TANK (LBS)	ENG OIL(QT) #	#2	#3	#4	CSD/IDG OIL(QT) #	#2	#3	#4	HYD(QT) #	#2	#3	#4	APU OIL (QT)	SERVICED BY STA	BY
1.	*JETA-1*	*6.75*	*33,200*	*25,100*	*58,300*	*58,300*	*0*	*0*	*0*	*0*	*0*	*0*	*0*	*0*	*0*	*0*	*0*	*0*	*0*	*JFK*	임성규
2.																					
3.																					
4.																					
5.																					
6.																					

APU TIME										
	START	1.	2.	3.	4.	5.	6.	7.	8.	9.
	CUTOFF	1.	2.	3.	4.	5.	6.	7.	8.	9.
	STATION	1.	2.	3.	4.	5.	6.	7.	8.	9.

ITEM NO.	LEG. NO.	MALFUNCTION	ITEM NO.	CORRECTIVE ACTION (STA. DATE, SIGNATURE, CERT NO, DEFER, etc. ...)
A		FER TO NEW LOG BOOK	A	TRANSFERRED FROM OLD LEG BOOK.
				(OLD LOG PAGE # 580500)
				SEL 23-SEP-02 오노인
1	1	OP.	1	REPLACED WITH HF TRANCIEVER, AND
				GROUND CHECK NORMAL.
				JFK 23-SEP-02 JOHNSON 98235
B		TROBE L'T INOP	B	DEFER AS PER MEL 33-48-01
				KUL 23-SEP-02 JOHNSON 98235

KAL - MA - 005 1978. 7. 1 등록 265mm × 385 mm 황. 백. 적. 녹. N. C. R. 지 PAGE 613501

[그림 9-3] 비행 기록부(Flight and Maintenance Log Book)

탈취 시, 로그 북 페이지의 복사본만 제거되며 로그 페이지 원본은 로그 북이 가득 차고 새 일지(new book)가 들어올 때까지 항상 항공기와 함께 있게 된다.

작성한 로그 북은 항공기 기록부서(aircraft records department)로 전달된다. MCC로 전송되는 로그 페이지는 정비조직의 정비 데이터베이스에 입력되며, 이 정보는 정비, 품질보증, 품질관리 및 신뢰성 부서에서 다양한 기타 조치, ATA 검증 및 향후 참고자료에 사용된다.

기술의 진보로 인해, 현대 항공기는 기존 로그 북을 전자 로그 북으로 대체/개선했다. ACARS(ARINC communication and reporting system)는 운항 승무원이 비행 중에 항공기와 정비 모기지(airline home base) 사이에 메시지를 전송하기 위해 사용하는 디지털 데이터링크이며, 항공사 모기지로 데이터를 전송하는 데 사용된다. 이를 통해 MCC는 결함을 평가하고 수리에 필요한 시간을 산출할 수 있게 된다. ACARS 시스템은 사용된 항공기와 그 능력에 따라 정비 결함(전자 로그 북으로 사용)을 승인하는 데도 사용된다. 항공정비사가 ACARS 시스템의 결함을 승인하면 MCC 또는 항공기 기록 시스템 데이터베이스에 이를 기록한다. 또한 ACARS 시스템은 항공기의 무게와 균형을 계산하고 엔진 동향을 관찰하기 위해 비행 전 통신 및 기타 통합 시스템에 사용된다.

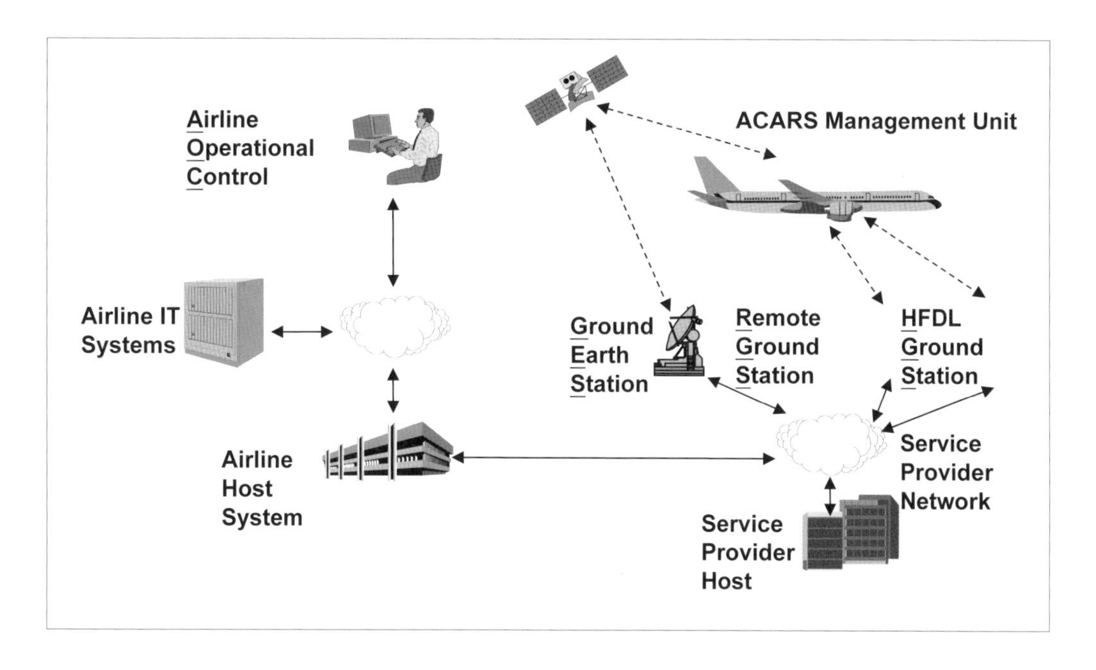

[그림 9-4] 비행 기록 전송 장치(ACARS)

5 계류장과 터미널 운영(Ramp and terminal operations)

중간 기착 항공기(transiting aircraft)는 모든 공항에서 많은 관심과 주의가 집중되고 있으며, 이러한 주의는 대개 턴어라운드(turnaround)[1]라고 하는 짧은 시간 범위(종종 30분)에 집중된다. 이러한 턴어라운드 중에 운항 조업(flight handling), 급유 및 정비 업무를 수행해야 한다. 이러한 조치가 모든 턴어라운드 중에 필요한 것은 아니지만, 수행할 수 있는 작업은 다음과 같다.

1) 항공기가 도착 후 다시 출발하는 사이의 중간시간으로 되짚어가는 준비시간을 의미한다.

5.1 운항 조업(Flight handling)

운항 조업의 주된 목적은 승객, 수화물 및 화물을 항공기에서 내리고 싣는 것이다. 이는 항공기를 게이트에 주기하고 항공기 탑승 계단(air stairs) 또는 게이트웨이 램프(gateway ramp)를 배치하고 항공기 도어를 여는 것으로 시작한다. 운항 조업은 정비, 지상조업 요원, 운항 및 객실 승무원, 항공사 터미널 직원, 그리고 지상 통제를 책임지는 감항 당국의 관제사(tower people)와의 협업으로 이루어진다.

승객 라운지(passenger lounge)에서 이 활동을 지켜보면, 사람과 기계의 유기적으로 잘 조화되어 움직이는 것을 볼 수 있다. 항공기가 도착해서 다시 출발하기 전에 항공기 서비싱이 수행되는데 이때 비행에 필요한 연료를 비롯한 모든 음식과 음료 등을 보급하면서 이전 비행 중에 발생한 쓰레기 및 기타 폐기물을 제거하는 일을 수행한다. 그러는 동안 정비사는 조종실에 들어가서 로그 북을 확인하고, 비행 중 결함이 발생된 경우 운항 및 객실 승무원들과의 대화를 통해 결함을 확인하고 고장 탐구(trouble shooting) 및 수리를 시작한다.

최근에는 항공기 운항 중 결함 발생 시 지상의 정비사에게 사전에 정보를 제공하여 정비사가 고장 탐구 매뉴얼(fault isolation manual)과 항공 정비매뉴얼(airplane maintenance manual)을 사용하여 항공기 도착 전에 문제를 서류상으로 고장 탐구(troubleshoot)할 수 있도록 해주며, 그에 대한 해결책을 가지고 비행기를 맞이할 수 있게 한다.

결함수정 등의 정비가 완료되면 로그 북에 작업내용을 기재하고, 결함이 수정되지 않아 정해진 절차에 따라 정비 이월을 할 경우에도 해당 조치가 로그 북에 기록되어야 한다. 운항 승무원 또한 비행 전에 이 조건을 통보받는다. 이러한 정비 이월은 MEL 요건과 그러한 조건에서 항공기를 운항할지에 대한 최종 결정권을 가진 기장(pilot in command: PIC)의 결정에 따라 처리되어야 한다. 정비 이월(deferral)이 허용되지 않는 경우, 정비부서는 즉시 수리해야 하며, 때에 따라서는 비행 지연(flight delay)이나 취소에 대한 책임을 져야 한다.

지연 또는 취소가 발생하는 경우, MCC는 항공 운항(flight operations) 및 항공사 터미널 직원과 협력하여 필요한 경우 승객 및 수화물을 처리해야 한다.

운항정비는 항공기가 턴어라운드 할 때 라인에서 일어나는 활동 일부분으로 볼 수 있지만 매우 중요하다. 일부 항공사의 경우, 취항기지에 자체 정비사가 없는 다른 외국 항공사를 위해, 운항정비 일부(부분 위탁) 또는 전부(완전 위탁)를 계약에 의해 수행해주고 있다. 이러한 계약 업무는 MCC를 통해 조정된다.

5.2 비행 전·후 점검(Preflight and postflight)

운항 예정 항공기의 비행 준비상태를 점검하는 작업으로 당일의 비행 형태에 따라서 중간 점검(transit check) 또는 비행 전/후 점검(pre/post flight check)으로 구분된다.

5.2.1 중간 점검(Transit check): 'TR' Check

연료의 보급과 엔진오일(engine oil)의 점검 및 항공기의 출발 태세를 확인하는 것으로 필요에 따라 상태 점검과 액체, 기체류의 점검도 한다. 이 점검은 중간기지에서 수행하는 것이 원칙이지만 출발기지에서도 운항편이 바뀔 때마다 실시한다.

5.2.2 비행 전 점검(Pre/post flight check): 'PR/PO' Check

비행 전 점검은 그날의 최종비행을 마치고부터 다음 비행 확인 전까지 항공기의 출발 태세를 확인하는 점검으로서 액체 및 기체류의 보급, 항공기 결함교정, 항공기 내외의 청결, 세척 및 탑재물의 하역 등을 수행하는 것을 말한다.

수행 시기는 국내선만을 운항하는 경우 최종비행 후 다음 비행이 계획된 날 첫 비행 이전에 수행하고, 국제선을 포함하는 경우는 점검수행 후 비행 시각으로부터 48시간 이내에 수행하며, 비행이 없을 경우는 생략할 수 있다.

5.3 비행 전 점검의 확인 사항

5.3.1. 항공기 계통의 작동유 보급 상태 확인

항공기는 다양한 기능성 부분품들의 결합으로 이루어져 있으며 이런 부분품들의 작동을 위한 각 계통의 작동유 상태 및 적정량 여부를 점검하고 필요시 청결한 제 규격의 작동유가 유지되도록 관련 작동유를 교환하여 준다.

(1) 엔진/보조동력장치 오일(engine/APU oil) 보급

항공기 엔진 및 보조 동력 장치(auxiliary power unit: APU)는 작동유가 엔진 부분품을 순환하는 과정에서 일부가 소모되므로 비행을 시작하기 이전에 필요한 적정량이 보충되어야만 한다. 매

비행 전에 적정량이 확보되어 있는지를 확인하고 필요시 적정량을 보급한다.

(2) 통합구동 발전기(integrated drive generator: IDG) 오일 보급

IDG는 비행 상태에 따라 변동되는 엔진 회전수를 일정한 회전수로 변환하여 항공기에서 필요한 필요 전력을 생산하는 기상 전원 발전기로서 내부 윤활유의 소모량에 따라 매 비행 전에 필요한 적정량을 보충한다.

[그림 9-5] 항공기 엔진오일과 오일 보급

[그림 9-6] 유압유 보급

(3) 유압유(hydraulic fluid) 보급

고속에서 비행하는 항공기의 움직임을 제어(control)하기 위한 비행 조종면(flight control surface)을 움직이고, 육중한 착륙장치(landing gear)를 이륙/착륙의 목적에 따라 항공기 동체 내로 접어 넣거나, 외부로 돌출시키기 위한 동력원으로써 필요한 작동 유압의 생산을 위하여 항상 작동유의 보유량을 확인하여 부족한 경우에는 적정량을 보급한다.

(4) 산소/음용수(oxygen/potable water) 보급

기내 여압 상실 등의 비상 상황에 대비한 고압 기체 산소 용기 및 산소발생기 등은 법적인 요구량이 비행마다 유지되어야 하며, 기내 음료수 등도 기종별 비행 구간에 맞추어 적정량이 공급되도록 보급한다.

5.3.2. 비행에 필요한 법정 연료의 보급

운항관리사는 비행 구간, 탑승객 및 화물무게를 고려하여 비행에 필요한 연료량을 계산하여 정비사에게 통보하면 정비사는 항공기 연료탱크(integral fuel tank)에 적절하게 배분하여 탑재한다.

[그림 9-7] 항공기 연료 보급

이때, 탑재되는 연료는 아래와 같은 연료량을 포함한다.

① 사전에 계획된 비행경로의 비행에 필요한 연료

② 착륙 공항 상공에서의 체공비행에 필요한 연료

③ 부득이한 때를 대비한 대체 공항까지의 연료

④ 기상 상태에 따른 추가 연료 및 여분의 연료

B747-400 항공기의 경우 인천-뉴욕(ICN-JFK) 구간 비행을 위한 연료는 기상 상태에 따라 다소 차이는 있지만 대략 350,000파운드 이상이며 보급 소요 시간은 최소 60분(연료 보급 차량 2대 동시 급유 시) 정도이다.

5.3.3. 항공기 내, 외부의 청결 상태 확인

비행 후 승객 하기가 완료된 이후 비행 중 승객들이 사용한 항공기 물품들의 하기, 기내 청소 및 오물의 처리작업이 이루어지며, B747-400 항공기를 기준으로 35분 정도가 소요된다.

기내 청소와 더불어 결함의 사전 탐지를 위하여 기체 외부의 작동유 누설 등을 중점적으로 점검하며, 조종사 시야 확보를 위한 조종석 전면창(wind shield)의 세척과 항공기 도색 보호를 위

[그림 9-8] 항공기 외부세척 작업

한 외부 세척 작업 등도 이루어진다.

5.3.4. 최종비행 준비상태 확인

확인 정비사는 항공기가 비행에 필요한 모든 작동유, 연료 등의 보급이 완료되고, 항공기 각 계통의 작동점검 및 최종 외부점검(final walk around inspection)을 통하여 항공기의 모든 기능이 비행 가능 상태임을 확인한다.

항공기의 모든 기능이 비행을 위한 정상 상태임을 확인한 후에 비행 기록부(flight and maintenance log book)의 확인 정비사 난에 서명(stamp)함으로써 감항성을 입증하게 되고 이를 운항 승무원에게 인계하여 최종비행 준비를 마치게 된다.

5.4 비행 후 점검

비행 후 항공기의 작동상태를 점검하는 작업으로 주요 점검 대상은 항공기 비행 중 또는 점검 중에 발견된 비정상적인 항공기 계통 작동상태의 확인 및 결함의 해소(fault isolation)와 항공기 각 계통의 작동상태 점검 등으로 구성된다.

5.4.1 외부 육안 점검(Exterior visual check)

비행 중, 항공기 작동에 따른 기계적 변형 또는 장치 내부의 결함 등에 대하여 육안을 통하여 점검하는 단계로써 조종실 내부로부터 항공기 외부 표피 및 동체 지부에 이르기까지 외부로 드러난 항공기의 모든 부분을 대상으로 광범위한 육안 점검과 결함이 의심되는 부분에 대한 세밀한 확인 행위까지를 포함한다.

5.4.2 항공기 계통 기능 점검(Operational test)

항공기의 필수적인 부분들에 대한 기능을 점검하고 정상적인 작동상태를 확인함으로써 감항성을 유지하거나 확보할 수 있도록 하며, B747-400 항공기를 기준으로 다음과 같다.

① 화재 감지 및 소화 계통의 기능 점검(fire/overheat, squib test)

② 항법등 및 충돌방지등 점검(navigation 및 anti-collision light test)

[그림 9-9] 항공기 엔진 화재 감지 및 소화 계통의 기능 점검

[그림 9-10] EICAS 상의 결함 지시문(fault message)

③ 비상 전원공급 계통 점검(standby power test)

④ 공중 충돌방지장치 점검(TCAS test)

⑤ 승객에 대한 비상 상태 경고 계통 점검(passenger information test)

5.4.3 항공기 결함 해소(Trouble shooting&squawks clear)

비행 중에 발견된 기능 이상이나, 비행 후 항공기 외부의 육안 점검 및 작동 점검을 통해 탐지된 부분품의 기능 이상은 차기 비행의 안전성을 확보하기 위하여 본래의 제 기능 상태로 복원되어야만 한다.

항공기의 기능 이상은 경고등(fault indication light) 또는 결함 지시문(fault message) 등의 형태로 나타나며, 제작사의 고장탐구 교범(fault isolation manual) 및 정비사의 항공기 기술적 지식 등을 토대로 결함 해소 작업(trouble shooting)을 수행한다.

5.4.4 비행 전 주기(Parking)

비행 후 점검을 통해 차기 비행 준비가 완료된 비행기는 차기 비행에 투입될 수가 있으며,

[그림 9-11] 착륙장치 고정핀 장착

비행 계획에 따라 일정 기간 주기 상태(parking)를 유지하기도 한다.

정확한 주기 방법은 항공기별로 별도로 정한 절차에 따라 정해지며, 기간별로는 24시간 이내의 단기간 주기 또는 그보다 긴 장기간 주기로 나누어질 수 있다.

일반적으로 주기 된 항공기는 착륙장치(landing gear)가 계속 펼쳐진 상태에서 유지하도록 착륙장치 고정핀(landing gear down lock pin)이 장착되어야 하며, 일정 수량의 고임목(choke)을 고여 경사진 지면에서 항공기가 움직이지 않도록 고정한다.

또한 낙뢰 또는 정전기 발생에 대비하여 항공기와 계류장의 지정된 접지점 사이에 접지선(ground wire)을 연결하여 접지 등도 이루어져야 하며, 민감한 속도 감지 계통의 동·정압 공(pitot static tube) 등은 불순물 침투 방지를 위하여 덥게(cover) 장착하기도 한다. 물론 이런 보호 장비들은 비행에 투입되기 이전에 항공기로부터 제거되어야만 한다.

6 운항 정비사의 자격요건 (Maintenance crew skill requirements)

흔히 턴어라운드 정비, LRU(line replaceble unit) 교환 및 오일 등의 액체류 보급 등의 단순한 특성으로 인해, 이러한 작업은 경험이 적은 신입 정비사가 수행할 수 있다고 생각한다. 하지만 이는 사실과 다르다. 운항정비에 의해 수행되는 작업은 광범위한 활동 범위를 포함한다. 작업장(shops) 및 중정비(hangar)는 기본적으로 한 가지 또는 몇 가지 항목을 반복적으로 작업하는 특기 정비사(specialist)를 고용할 수 있지만, 운항 정비사는 항공기 전체, 즉 모든 시스템과 이들의 상호 작용을 알아야 따라서 운항 정비사는 해당 직종에서 충분한 자격을 갖추고 있어야 한다. 이들은 기체, 엔진과 항공기 시스템에 대한 작업을 위해 감항 당국과 항공사의 승인을 받은 정비사여야 하며, 정비 작업을 종료하고 항공기가 운항을 재개할 수 있도록 승인해야 한다. 때때로 운항정비 요원으로 무면허 보조 정비사 및 수습 정비사가 포함될 수 있지만, 이때는 반드시 자격을 갖춘 정비사의 감독하에 작업해야 한다.

일부 대형항공사에서는 운항정비에 전담 QC 검사원을 배정하기도 하지만, 그렇지 않을 때는 운항정비 인력을 지정된 검사원(inspectors)으로 임명하여 품질 문제를 해결하기도 한다.

운항 정비사는 항공사 보유 기종의 모든 유형을 숙지해야 하며, 해당 감항 당국의 규칙과 규정뿐만 아니라 운항정비 행위와 관련된 항공사의 정책과 절차를 숙지해야 한다. 일반적으로 이러한 운항정비 인력은 MCC의 감독 및 지원을 받지만, 운항정비 인력이 정상적인 직무 외에도 MCC의 직무를 수행하는 때도 있다. 일반적인 정비 기술과 기능은 필수이지만, 운항 정비사는 자신이 처리할 수 없는 경우 특정 작업을 완료하기 위해 어떤 전문가가 필요한지도 알아야 한다. 물론 이러한 경우의 대부분은 운항정비 현장 관리자 또는 MCC가 처리한다. 그러나 소규모 항공사에서는 이러한 기능이 모두 합쳐져 한 명의 정비사가 될 수도 있고 한 두 명의 정비사가 될 수도 있다는 점을 명심해야 한다.

운항 정비사는 발생하는 모든 문제에 대한 책임이 있으므로, 계획 정비 및 비계획 정비(scheduled and unscheduled maintenance) 수행, 문제 해결, 필수 검사(RII) 및 조건부 검사(hard landings, bird strikes 등) 수행 및 필요한 모든 문서작업을 하는데 필요한 기술을 보유해야 한다. 문서작업(paperwork)에는 로그 북 취급(조종사 보고서 또는 PIREPS), 작업 카드 취급('A' 체크 및 이하), 기술지시(engineering orders), 반복결함 항목, 정비 이월 항목(deferred maintenance items: DMI) 및 발생할 수 있는 기타 보고서 또는 MCC 조치가 포함된다.

운항정비 인력의 구성, 교대 조의 수, 교대 시간 및 인력의 계획은 항공사 규모, 근무 시간, 비행 일정, 항공기 형식, 수행하는 작업 유형 및 양 등 몇 가지 요인에 따라 달라진다. 각 항공사는 자신의 요구를 충족시키기 위해 가장 적절한 접근법을 결정해야 한다.

마지막으로 운항정비 활동의 방점은 반드시 강조돼야 한다. 정비 작업을 2개(또는 그 이상의) 교대 조로 분산시켜야 하는 경우, 작업의 적절한 완료를 보장하기 위해 작업 정보를 한 작업반에서 다음 작업반으로 신송하는 방법에 대한 절차가 작성되어야 한다. 일부 항공사들은 원래 인력들이 업무가 완료될 때까지 정상 근무 시간을 넘겨 계속 근무하도록 요구함으로써 이것을 달성하며 이 경우 변경 절차가 필요하지 않다. 그러나 대부분의 항공사는 다음 교대 근무 종사자에게 업무(정비, 검사 및 서류 작업 등)를 넘기는 것을 선호한다. 어떤 방식으로 수행되든, 업무 및 검사 활동의 이전 절차는 반드시 TPPM에 명시되어야 한다.

제10장 공장 정비

공장 정비는 운항정비 기간에 축적된 항공기의 불량상태에 대한 수리 및 기능적으로 운항 저해의 가능성이 많은 제 계통의 예방정비 및 감항성을 확인하고, 운항정비 능력을 초과하는 정비를 수행하는데, 'C' 체크 이상의 정시점검 및 항공기의 수리·개조 작업 등을 수행하는 기체 점검 정비와 기체로부터 분리된 상태로 있는 부분품의 정비작업을 수행하는 작업장(shop) 정비로 구분할 수 있다.

1 기체 점검 정비의 개념

외국에서는 격납고 정비(hangar maintenance)라고도 부르고 있으나, 우리나라 항공사들은 일반적으로 기체 점검 정비 또는 중정비로 통용하고 있다.

기체 점검 정비는 항공사가 실제로 점검 정비를 위한 격납고 보유 여부와 관계없이 운항에 투입되지 않은 항공기에서 이루어지는 정비를 의미하는데 급박한 항공기의 주요 정비 또는 개조를 위하여 일시적으로 운항에서 제외된 경우도 포함된다.

1.1 기체 점검 정비 작업 일반

점검 정비의 주요 작업 사항은 다음과 같다.

① 주기 점검(schedule checks)

- 'C' 체크, 'D' 체크 및 중정비(heavy maintenance visit)

② 기술개선 회보(SB) 감항성 개선지시(AD) 또는 기술지시(EO)에 따른 항공기 기체 또는 항공기 시스템의 개조

③ 항공사 캠페인 지시(fleet campaign directives)

④ 항공기 엔진 장·탈착

⑤ 항공기 도색(painting)

⑥ 항공기 객실 내부(interior) 개조

⑦ 감항당국에서 요구하는 특별검사(부식 프로그램 등)

항공기 세척은 램프 바깥이나 격납고 앞의 포장된 광장(apron)에서 수행할 수 있지만, 항공기 도색은 지정된 페인트 격납고 안에서 이루어진다.

주 격납고(main hangar)는 통상적으로 정비를 위해 사용되는데 항공사에서 운용하고 있는 항공기 중 가장 큰 항공기가 들어가서 격납고 문이 완전히 닫힐 만큼 충분히 커야 하며, 항공기 수직 꼬리 부분(vertical tail section)의 높이뿐만 아니라 정비 작업대 및 정비작업에 필요한 그 밖의 작업 관련 설비와 장치 등을 수용할 수 있는 항공기 주변 공간이 확보되어야 한다. 일부 항공사의 경우 격납고 밖으로 수직 꼬리 부분이 튀어나와서 격납고 문이 완전히 닫히지 않은 항공기에서 작업을 해야 하는 경우가 있다. 이는 격납고를 개조하거나 새로운 격납고를 신축하는 방법 외에 대안이 없는 경우에는 허용 가능한 절차이기도 하다.

격납고 건물은 점검 정비, 생산 계획 및 통제(PP&C), 부품보관 창고, 관리 직원을 위한 사무실 공간뿐만 아니라 많은 지원 작업장(shop), 오버-홀 작업장(overhaul shop), 지상 지원 장비를 위한 공간을 제공하여야 하며, 격납고에서 기체 점검 정비작업 진행의 통제센터 역할을 할 수 있는 도크(dock) 구역을 제공해야 한다. 여기에는 작업 할당 및 다양한 정비작업을 승인하기 위해 작업 카드 및 비정기 작업 카드를 보관하는 공간이 포함된다. 또한, 격납고 감독자와 검사원의 중심 거점이기도 하다. 이러한 도크 영역은 정비통제센터(MCC)의 운항정비와 점검 정비를 위한 활동과 통제의 중심이 된다.

격납고에서 수행 중인 정비에 필요한 부품과 소모품은 가능한 항공기 근처 전용공간에 보관해야 하며, 항공기에서 장탈 된 품목과 새로 장착할 품목을 위한 별도의 공간이 마련되어야 한다. 아울러 모든 부품에는 부품의 상태를 식별할 수 있는 태그(tag)가 부착되어야 한다.

[그림 10-1] 항공기 점검 정비작업

격납고 바닥 배치와 도크 공간은 항공기 장착 엔진 수, 동체의 형태(wide-body 또는 narrow-body)[1] 와이드 바디는 동체의 폭이 커서 객실에 통로(복도)가 두 개 이상이 설치되어있는 반면, 내로우 바디는 통로(복도)가 한 개인 폭이 좁은 동체를 말한다.

및 엔진 위치가 다른 항공기 등 기종에 따라 계획된다. 격납고는 다른 유형의 항공기에 대한 정비를 동시에 수용할 수 있게 되어있다. 기본적으로 격납고 공간은 수행된 작업에 적합해야 하며, 격납고에서의 점검 정비는 필요한 작업이 제시간에 완료되도록 계획, 일정 및 통제되어야 한다.

1) 와이드 바디는 동체의 폭이 커서 객실에 통로(복도)가 두 개 이상이 설치되어있는 반면, 내로우 바디는 통로(복도)가 한 개인 폭이 좁은 동체를 말한다.

1.2 기체 점검 정비조직

격납고의 점검 정비조직은 정비본부장(DOM) 산하에 있으며, 항공기 정비, 지상지원장비(ground support equipment: GSE), 시설 및 지원작업장 등의 관리와 감독을 위한 조직으로 구성되어있다.

항공기 정비감독자는 모든 점검 정비행위에 대한 책임을 진다. 또한 점검 작업을 하는 정비사들뿐만 아니라 점검 정비를 위해 입출고되는 항공기를 통제하고, 입고된 항공기에 대한 오버-홀 및 지원 작업장(support shop), 자재, 생산 계획 및 통제, 운항정비 및 운항 부서와 조율한다.

지상 장비(GSE)와 시설의 감독자는 점검 정비작업을 지원하기 위해 사용되는 모든 지상 지원 장비뿐만 아니라 항공기 정비행위 및 정비작업에 사용되는 건물과 시설에 대한 책임을 진다.

지원작업장 감독자는 오버-홀 작업장을 제외한 항공기 서비스 및 정비에 대한 모든 지원작업을 책임진다. 지원작업장에는, 용접, 복합소재, 판금, 가구, 시트, 객실 수리를 지원하는 작업장이 있다.

1.3 기체 점검 정비작업 문제점

점검 정비작업 중에 예상되는 문제점은 다음과 같다.

1.3.1 비일상적 항목(Nonroutine items)

기본적인 정비점검에는 항공기 장비의 다양한 검사, 기능 점검 및 작동 점검에 대한 작업 요건이 있다. 이러한 항목을 일상적 정비항목(routine maintenance items)이라고 하며, 이를 수행하는 데 걸리는 시간은 고정되어 일정하다. 정비계획문서(maintenance planning document: MPD)에 명시되어 있는 작업 소요 시간은 작업완료에 필요한 모든 부품, 소모품, 공구, 장비 및 인력 등의 지원이 완벽하다는 가정하에 수립된 것이다. 즉, 모든 작업이 지연이나 중단 없이 원활하게 진행되고 정비사는 수행할 작업과 수행 방법을 정확히 알고 있다고 가정한다. 그러므로 항공사는 더 현실적으로 진행하기 위해 보통 추정 시간을 2~3배(구형 항공기의 경우 더 많음) 곱한다. 이것은 일반적으로 정비프로그램을 개발할 때 기술부서에 의해 수행되거나 계획을 수립할 때 생산 계획 및 통제(production planning & control: PP & C)에 의해 수행된다.

작업이 항상 계획대로 진행된다면 대부분의 점검에 필요한 모든 작업은 간단할 것이고 정비 작업은 고정된 일정한 시간이 필요할 것이다. 그런데도, 일상적인 작업 중 해결해야 할 많은 문제가 발생하게 된다.

숙련도, 부품, 소모품 및 시간의 요구사항은 발견된 결함의 특성에 따라 상당히 다를 수 있다. 이것을 비일상적 항목이라고 하며, 점검 정비작업을 수행하는 데 필요한 항공기 가동 중지 시간을 늘어나게 한다. 이러한 비일상적인 항목에 필요한 시간을 적절하게 추정하는 것은 점검 정비 또는 도크(dock) 감독자의 책임이다. 이러한 비일상적인 항목으로 인해 과도한 지연이 발생하지 않도록 정비 종사자와 경영진은 지속적인 노력을 기울여야 한다.

어떤 정비사도 자신의 작업 시간이 늘어나는 것을 좋아하지 않지만, 미래에 적절한 계획을 수립할 수 있도록 이러한 비일상적인 작업을 수행하는 데 필요한 평균적인 예상소요시간을 아는 것이 계획의 목표 달성을 위해 중요하다. 이것은 여러 번의 점검 주기에 걸쳐 수집되는 정보이다.

1.3.2 부품 가용성(Parts availability)

정비 작업 중단을 초래하는 것 중의 하나는 정비사가 '부품 추적'에 시간을 낭비하는 것이다. 다시 말해, 일상적 및 비일상적 작업에 필요한 부품과 소모품은 물론, 그 밖의 정비점검에서 연기된 항목과 기술개선 회보(SB), 감항성 개선지시(AD) 및 그 밖의 작업에 필요한 부품을 결정하는 것은 생산 계획 및 통제(PP&C)의 기능이다.

자재관리 부서는 부품 또는 소모품을 사용하는 정비 현장에 적기(just-in-time: JIT)에 납품해야 하는 책임이 있다. 격납고 관리부서는 이러한 부품과 소모품이 전달되고 저장할 수 있도록 격납고에 부품 준비공간을 마련하여야 한다. 이 구역은 작업자의 접근이 쉬워야 하며, 동시에 부품 도난 또는 절도로부터 보호되어야 한다. 또한 정비사들이 수리 또는 폐기할 부품을 재사용하지 않도록 항공기로부터 격리할 수 있는 공간이 마련되어야 하며, 이러한 품목에 적절한 식별 태그를 붙이는 것은 정비사 책임이다.

부품 준비공간을 설정하고 적기에 부품을 지원해줌으로써 정비사는 필요한 부품과 소모품을 찾기 위해 공항을 돌아다니며 시간을 낭비하는 대신 고유의 직무인 항공기 정비작업에 몰입할 수 있다.

1.3.3 부품유용에 대한 논의(The saga of parts robbing)

항공기 정비에서 부품유용(parts robbing or cannibalization)은 필요악이다. 이러한 부품유용과 같은 관행은 바람직하지 않지만, 필요성은 이해하여야 한다. 이는 항공사 정비프로그램에 설정된 기한 및 목표를 충족하려는 경우 특히 그렇다. 운항 일정에 맞추기 위해 모든 정비가 완료된 항공기를 제시간에 감항성 있는 항공기를 운항 부서로 넘겨주어야 한다. 다른 항공기에서 부품을 유용해서 운항정비를 통해 항공기를 신속하게 서비스로 복귀시키는 것은 훌륭한 성과지만, 부품을 유용 당한 항공기의 서비스 복귀가 지연되는 결과를 낳기도 한다.

ROB TICKET

(유 용 표)

ATTACH THIS COPY WHERE PARTS
REMOVED & LOOSEN STREAMER SO THAT
IT IS PLAINLY VISIBLE

DATE

ATTENTION

PART NO.

SERI AL NO.

DESCRIPTION

REMOVED FORM PLANE/ENG. NO.

INSTALLED ON PLANE/ENG. NO.

REMOVAL NECESSARY BECAUSE

AUTH NO.

ENTERED IN
WORK SHETS BY

TECHNICIAN : INSPECTOR :

KAL-MA-447
등록일자 : 1975. 05. 01

90mmX180mm 백분화
개정일자 : R2/2005. 04. 15

[그림 10-2] 부품 유용표

예를 들어, 등록번호 HL7401 항공기가 중간점검 중(30분 턴어라운드) 정비 결함으로 인해 부품 교환이 요구되는데 해당 부품의 재고가 없다고 가정해보자. HL7401의 예정된 비행이 지연되거나 취소되는 것을 피하고자 격납고에서 'C' 체크를 수행 중인 HL7406에서 필요한 부품을 장탈해서 HL7401에 장착해준다. 따라서 HL7401은 지연 없이 운항에 투입됐고, 운항정비, 영업, 운송 및 승객 모두가 해피엔딩이다. 하지만 점검 정비는 어떨까?

우선, 부품유용으로 HL7406에서 필요로 하는 부품을 항공기 운항불가상태(aircraft on the ground: AOG)로 긴급 신청하였는가? 점검 정비사는 부품을 재장착하고, 관련 시스템의 기능시험을 다시 실시하여야 하는 등의 추가적인 복원작업으로 인해 'C' 체크 출고가 지연될 수 있다. 만약 긴급 신청한 부품의 입고가 지연된다면 'C' 체크 일정을 맞추기 위하여 또 다른 'C' 체크 항공기에서 유용하여야 하며, 이러한 부품의 돌려막기는 신청한 부품이 입고될 때까지 항공기에서 항공기로 계속된다.

부품을 유용한 정비사는 유용 일자, 부품 번호 및 일련번호, 부품 명칭, 유용해준 항공기, 유용 후 장착한 항공기 등이 명시된 유용표(rob ticket)를 작성하여야 한다. 유용표는 하나의 태그(tag)로 구성되어있으며, 부품을 유용한 항공기 또는 장비품에 붙이는 표찰로 사용한다.

2 기체 점검 정비 절차('C' 체크 기반)

'C' 체크 내용은 항공사마다, 항공기마다, 심지어는 동일기종 간에도 다르다. 이 장에서는 통상적인 점검을 준비(preparation), 사전작업(preliminary activities), 점검 수행(conduct of the check), 완료 및 승인(completion and sign-off), 서비스 복귀(return to service)의 5개의 부분으로 나누어서 설명하기로 한다.

2.1 'C' 체크 작업준비

우리는 이미 기술관리(제6장), 생산 계획 및 통제(제7장) 등에서 점검 정비를 위한 예비활동들에 대해 이미 논의했으므로 여기서는 다시는 반복하지 않도록 한다.

실제 점검 정비작업을 시작하기 위해서는 점검 정비조직이 항공기 입고와 점검에 필요한 자재와 방법 등을 준비해야 한다.

격납고를 청소하고, 항공기를 위한 공간을 확보하며, 스탠드(stand), 작업대와 그 밖의 필요한 장비를 격납고로 이동시켜서 점검 정비작업 중에 사용할 수 있도록 한다. 부품보관 공간에는 작업을 수행하는 데 필요한 부품과 소모품이 저장되어 있다. 물론 이것은 점검 전반에 걸쳐 진행되는 과정이다. 부품과 소모품은 적재, 적시에 배송된다. 관리 및 통제가 이루어지는 도크 구역에서는 정비프로그램과 수행해야 할 특정 점검에 필요한 모든 일상적인 작업 카드가 포켓이 있는 대형 벽면 선반에 채워져 있다. 각 작업장(항공전자, 유압 장치 등)의 카드를 위한 칸과 작업 완료 카드와 작업 진행 중인 카드를 분리하기 위한 두 개 영역으로 나누어져 있다. 작업자들은 항공기 입고를 기다리면서 대기하고 있다.

2.2 'C' 체크 사전작업

일반적으로 정비작업의 첫 번째 순서는 항공기를 세척하는 것이다. 항공기는 견인 절차에 따라 안전하게 세척장으로 견인해서 철저하게 세척을 실시한다. 세척이 완료되면 격납고로 견인하여 주기(parking)하고, 고임목(chock)을 고인다.

이제 작업이 시작된다. 패널(panel)과 카울링(cowling)을 열고, 육안검사를 수행한다. 이때 발견된 모든 결함은 비일상적(non-routine) 작업 카드를 요구한다. 이러한 카드들은 품질관리(QC)에 의하여 만들어지며 나중에 다른 카드들과 작업이 수행될 수 있도록 카드 선반에 올려놓는다. 다음으로, 스탠드 및 작업대를 항공기 주변에 배치하여 점검 중에 작업 부위에 접근할 수 있도록 한다. 모든 지상 전원과 공압 혹은 유압 카트뿐만 아니라 계획된 작업에 필요한 특수 공구 및 시험 장비도 배치되어야 한다.

2.3 'C' 체크 작업 수행

정비사들은 PP&C에서 산출한 점검 일정에 따라 효율적인 방식으로 작업을 배정받는다. 한 곳의 점검 정비작업 위치에 둘 이상의 지원작업장 또는 작업조가 투입될 때 작업의 혼잡을 방지하고 패널, 카울링 등의 개폐를 최소화하기 위해 작업이 차례대로 수행될 수 있도록 계획되어야 한다. 또한, 정상 작업 중에 생성된 모든 비일상적 항목은 비일상적 카드에 기록되며 다음에 수정작업을 실시할 수 있도록 별도의 작업계획을 수립하여야 한다.

대부분의 점검 정비조직은 계획된 작업 일정을 보여주는 PERT(program evaluation and review technique)차트 또는 다른 형태의 시각 보조 자료를 활용한다. 이 차트는 비일상적인 작업이나 발생할 수 있는 그 밖의 지연 또는 일정을 조율하기 위해 점검 정비작업을 수행하면서 필요에 따라 업데이트되거나 주석이 추가된다.

원래 계획에 없는 추가 부품이나 자재에 대한 신청 또는 작업 현장에 도착하지 않은 부품과 자재는 도크 직원이 자재부서로 신청 및 독촉하고, 자재부서는 부품 보관구역으로 배송해서 정비사들이 부품을 찾아 헤매는 것을 방지한다.

품질 관리 검사원은 이전에 불합격 판정된 모든 항목을 재검사하여 작업을 승인한다. 점검 일정의 지연, 특히 서비스로 복귀하는 것에 영향을 미치는 지연은 도크 관리자에 의해 MCC 및 운항 부서와 조율한다. 모든 것이 순조롭게 진행되면 'C' 체크는 제시간에 완료되며 항공기는 완벽한 점검 즉, 정비 지연 없이 모든 필수 작업을 완료하게 된다.

2.4 'C' 체크 완료와 승인

비록 정비작업이 핵심 작업이지만, 모든 작업 카드가 완료, 승인 및 필요한 경우 QC의 검사, 스탬프 및 승인을 받을 때까지 점검은 실제로 완료되지 않는다. 여기에는 모든 불합격된 작업(rejected work)과 후속 재작업 등이 포함된다. 이 업무를 담당하는 사람은 점검에 지정된 선임 QC 검사원이다. 선임 검사원은 작업 수행에 대한 정비사 서명 빠짐은 없는지 작업 카드를 면밀하게 검토해야 하며, 작업의 완료를 나타내는 QC 검사가 필요한 작업에 대한 검사원 스탬프를 확인하여야 한다. 이때 지적된 부적합은 추가 작업 및 검사가 필요하더라도 수정되어야 한다. 모든 작업 카드가 완료, 승인, 수락되면 QC는 점검을 완료로 승인하고, 항공기를 출고하여 서비스를 준비한다.

2.5 항공기 서비스 복귀

QC가 점검을 종료하면, 도크 관리자는 MCC와 운항 관리부서에 항공기 운용이 가능함(availability)을 통보한다. 그런 다음 항공기는 격납고에서 램프까지 견인되고, 운항 관리부서는 항공기를 비행에 투입한다. 지상 조업자는 항공기에 서비스(연료 보급 및 기내식 선적 등)를 수행하고, 객실 승무원은 승객을 맞이하기 위한 준비를 한다.

다른 한편, 항공기 점검 정비가 완료되어 서비스 복귀로 격납고를 나가면 격납고 및 도크(dock) 지역의 청소 작업이 필요하다. 먼저, 완료된 작업 카드를 정리하여 관련 정비부서(PP&C, 기술관리, 신뢰성 등)로 보내져서 주요 항목의 분석과 기록을 하도록 하여야 한다. 이를 통해 PP&C는 앞으로의 점검 정비계획 수립에 도움이 될 것이며, 기술 및 신뢰성 관리에서는 점검 결과에 대한 정보를 집계하여 앞으로의 문제 조사를 돕고 작업 또는 점검 간격의 조정(보완)에 도움이 될 것이다.

부품 준비구역에 남아 있는 미사용 자재와 수리를 필요로 하는 품목 및 폐기된 모든 품목은 자재 담당에 의해 반납 및 폐기 등 필요에 따라 처리된다.

다음 정비작업을 위해 격납고와 도크(dock) 구역은 깨끗하게 정리 정돈되어야 한다. 항공사의 규모와 기종 구성에 따라 특정 점검에 대한 점검 정비방식이 약간 다를 수 있지만, 기본적인 모든 점검 정비 과정은 같다.

2.6 일일 회의

정비조직(M&E) 운영의 가장 중요한 활동 중 하나는 오전 회의로서 매일 아침 가장 먼저 진행되며, 다음과 같은 정비현황을 해결하기 위해 정비통제센터(MCC)에서 주관한다.

① 항공사의 시스템을 통한 서비스에서 제외된 항공기 정비현황

② 항공기 AOG 상황과 해결책

③ 당일 비행 계획

④ 당일 비행 및 점검 작업 일정에 영향을 미칠 수 있는 중대한 문제 또는 점검 사항 변경

오전 회의 중에 정비담당자는 예정된 점검 정비 및 작업장 정비작업 및 문제에 대해 논의하거나 별도로 회의를 진행할 수 있다.

오전 MCC 항공기 정비현황 브리핑 후 또 다른 회의가 있는데, 여기에는 필수 정비로 인한 항공기 일정, 예상 필요 자재와 공구 등을 포함하여 일일 정비 계획이 논의된다. 이러한 회의의 목적은 정비조직 관리자와 감독자가 정비 부문에서 일어나는 모든 일을 파악하고 발생할 수 있는 모든 문제를 신속하게 해결할 수 있도록 하는 것이다.

3 기체 점검 지원작업장과 오버-홀 작업장

점검 정비지원작업장과 오버-홀 작업장은 공장 정비 운영의 중요한 부분이다. 이러한 작업장들은 항공기 중 정비점검('C' 및 'D' 체크)을 돕고 지원하도록 설계되어있으며 다양한 특기별 전문 정비사로 구성되어있다. 이러한 지원작업장의 특기 정비사는 수행하는 작업에 대한 특별한

기술을 필요로 한다. 항공정비사 자격증명 또는 정비업무 한정 자격증명이 필요한 오버-홀 작업장에서 일하는 정비사처럼 항공종사자 자격증명이 필요하지 않다.

지원작업은 작업 부적합에 따라 항공기 내부 또는 외부에서 수행될 수 있다. 일부 수리의 특성 때문에 이러한 중정비들은 항공기가 장기간 서비스되지 않는 동안에 수행된다. 따라서 지원 및 오버-홀 작업장들은 공장 정비기능의 일부이다.

점검 정비지원작업장과 오버홀 작업장은 다양한 전문적인 특기로 구성되어있다. 항공기 패널, 표면 및 항공기 엔진 카울(금속 또는 복합소재)의 재가공(refurbishment) 혹은 수리 작업을 수행한다. 또한 항공기 객실 내부의 수리, 개조 및 재단장, 승객과 승무원 좌석 수리 및 개조 등을 위한 객실 수리 작업장도 가지고 있다. 용접작업(가스, 전기 헬리아크)을 수행하는 작업장도 점검 정비작업과 연관되어 있다.

이러한 작업장에서 수행되는 작업은 예정된 정비프로그램의 직접적인 부분이 아니며, MRB(maintenance review board) 문서나 항공사 운영기준(Ops spec)에 일상적 또는 비일상적 정비로 명시되지 않았지만, 위에서 언급한 다양한 구성 요소에 대한 작업이 비일상적 작업 카드 또는 SB, AD 또는 EO에 의해 요구될 것이다. 일부 항공사는 수익 창출을 위해 다른 항공사나 고정 기지 운영자(fixed-base operators: FBO)[2)]를 위해서 지원작업장에서 이러한 작업을 수행할 수 있다.

3.1 지원 및 오버-홀 작업장 조직

공장 정비 관리자는 정비지원과 오버홀 작업장의 전반적인 관리 및 운영을 담당한다. 작업장 감독자의 도움으로 관리자는 정비를 위해 항공기에서 장탈 된 부품과 부분품의 오버-홀, 수리와 정비를 감독하고 관리한다. 이러한 정비는 간단한 세척, 조정에서 완전한 오버-홀에 이르기까지 모든 것이 가능하다.

작업장 정비는 보통 서비스 중단을 기본으로 수행된다. 부분품은 항공기로부터 장탈 되며 운항 혹은 점검 정비 정비사에 의해서 사용 가능한 부품으로 교환된다. 장탈 된 부품은 정비 상

2) 고정 기지 운영자(FBO)는 공항에서 연료 보급, 항공기 타이다운과 주기, 항공기 정비, 운항 지원 등의 항공 서비스를 제공하는 조직이다.

태에 따라 적절하게 태그되며, 표준 정비 절차에 따라 폐기되거나 수리를 위해 적절한 작업장으로 발송해주는 창고나 자재부서로 보내진다. 여기에는 항공사 작업장 또는 승인된 부품 수리 계약자가 포함된다. 보증(warranty) 기간 이내인 부품들은 자재부서에 의해 제조업체 또는 지정된 보증 수리 시설로 보내진다. 이러한 수리가 완료되면 부품은 사용 가능 태그(serviceable tag)와 함께 자재부서로 반환되어 앞으로의 사용을 위해 창고에 저장된다. 항공사 상황에 따라 운항이나 점검 정비 정비사에 의해 항공기로부터 부품을 장탈해서 수리를 위해 자재부서를 통하지 않고 해당 작업장으로 직접 보낸 다음 재장착을 위해 항공기로 직접 반환되는 때도 있다.

3.2 작업장 유형

항공사 정비조직에는 두 가지 유형의 작업장 정비작업이 있다. 그중 하나는 중정비 중인 항공기의 점검 정비와 관련된 작업장 기능이다. 이러한 지원작업장에는 판금, 복합소재 및 항공기 객실 수리와 같은 특별한 기술과 작업이 포함되며, 필요에 따라 운항정비에 일부 지원이 제공되지만, 주로 운항이 중단된 항공기를 지원하는 것이다. 다른 유형의 정비지원과 오버-홀 작업장은 엔진, 항공전자, 유압 및 공압 시스템과 같은 특수 부분품에 대한 지원이 포함된다. 이러한 작업장에서 수행되는 작업은 운항 혹은 점검 정비작업 중 항공기에서 장탈 된 부분품에 대한 것이다.

3.2.1 판금 작업장(Sheet metal shop)

판금 작업장은 일반적으로 알루미늄, 강철, 복합소재, 허니콤 및 필요에 따라 그 밖에 재료 작업을 포함한 모든 판금 작업을 다루며, 항공기 외피, 구조, 동체 및 날개에 대한 모든 종류의 손상을 수리한다.

항공기 'C' 또는 'D' 체크 중의 판금 작업은 일반적으로 구조 수리 매뉴얼(SRM)을 사용한 가벼운 손상, 긁힘 및 수리와 같은 판금 또는 복합형 작업을 요구하는 개조, 부식 문제 및 이전에 연기된 정비항목에 대한 작업을 수행한다.

PP&C는 일반적으로 'C' 체크를 위해 항공기가 도착하기 전에 모든 작업을 할당하고 PP&C에 따라 판금 작업장은 AD, SB 및 EO를 수행하고 일상적, 비일상적 및 정기 작업 중에 발견된 결함을 해결한다. 또한 운항정비에 필요한 예정되지 않은 정비를 지원한다.

비가동 시간(downtime)에는 앞으로의 수리 및 오버-홀 작업에 필요한 복잡한 템플릿(complex templates)을 만드는 작업을 하며, 또한 균열이나 가벼운 손상으로 인해 이전 항공기에서 장탈 된 복합소재 패널(composite panels)을 다른 항공기에 장착을 대비하여 수리를 미리 진행한다.

3.2.2 항공기 객실 수리 작업장(Aircraft interior shop)

항공기 객실 수리 작업장은 항공기 객실의 모든 것을 수리, 제작, 오버-홀 한다. 여기에는 승객과 승무원 좌석의 장탈과 오버-홀, 항공기 주방(galley)과 갤러리 구역(gallery areas), 음료 서빙 카트의 장탈 및 오버-홀 그리고 항공기 전체의 화장실(lavatories) 오버-홀이 포함된다. 그들은 새로운 가벽, 사이드 패널(side panels), 그리고 오버헤드 패널(overhead panels)을 장착한다. 또한, 스크래치와 움푹 파인 객실 창문과 조종실 윈드실드 및 측면 창문을 장탈하고 교환한다. 조종실 창문의 장·탈착은 너트와 볼트에 대한 토크 요구사항과 실란트의 기밀작업 등으로 특히 주의해야 한다. 이러한 이유로 우리나라 일부 국적항공사에서는 조종실 창문의 교체는 점검 또는 운항 정비사가 수행하고 있다.

객실 수리 작업장은 또한 오버헤드 패널과 오버헤드 빈을 도색한다. 항공기 외부 도색은 매우 중요하고 큰일이며, 실수의 여지가 없어서 전문 도장 격납고(paint hangar)에서 수행한다.

[그림 10-3] 객실 내부 전경

3.2.3 엔진 작업장(Engine shop)

엔진 작업장은 공간 측면에서 가장 큰 작업장이다. 소형부품 작업(벤치 작업)을 위한 작업장 구역 외에도 엔진 작업장에는 엔진 빌드업(engine buildup: EBU) 작업을 위한 공간도 필요하다. 이것은 연료 펌프, 연료관, 발전기, 점화장치, 엔진 마운트 및 기타 구성품이 기본 엔진(basic engine)에 비행기의 특정 위치(즉, 좌·우측, 중앙 또는 날개 위치 1, 2, 3 또는 4)에 따라 추가로 장착된다. 이러한 EBU 과정이 진행되는 동안 엔진을 고정하기 위한 적절한 엔진 스탠드가 필요하다. EBU 작업은 엔진을 항공기에 장착하기 전에 미리 수행되기 때문에 엔진 교환 시간을 최소화함으로써 엔진 교환으로 인한 항공기 가동 중지 시간을 줄여준다. 이를 QEC(quick engine change)[3] 과정이라고도 한다.

엔진 작업장은 또한 터빈 보기류(accessories)와 보조 동력 장치(auxiliary power units: APU)에 대한 작업 및 검사를 수행한다. APU는 일반적으로 항공기 꼬리 끝에 있는 소형 엔진으로 항공기가 주기 되어있는 동안 전원을 공급한다.

또한, 오일 및 연료관과 발전기 센서를 장탈하고, 오버-홀 공장으로 보내기 전에 항공기에서 장탈 된 엔진의 내시경(boroscope) 검사를 수행하는 것도 엔진 작업장의 기능이다. 엔진 작업장은 일반적으로 엔진 장탈 및 장착 부품 재고 점검표에 따라서 장·탈착 부품의 부품 번호 및 일련번호, 사용 가능 태그(serviceable tags)의 정보 등 상세한 리스트를 제시하여야 한다. 이것은 장착된 부품의 사용 시간을 추적하기 위하여 항공기 등록번호가 포함된다.

엔진 작업장은 정비 전·후에 항공기에 장착된 엔진의 지상 시험을 위해 소음 등을 고려하여 메인 시설에서 떨어진 곳에 엔진 런업(run-up)장을 필요로 하기도 한다. 대형 방음벽(baffle) 구조물은 엔진 런업장의 일부분이다. 다양한 항공기를 가진 항공사의 경우 엔진 시설 내에 엔진 형식별로 별도의 엔진 작업장이 있을 수 있지만, 일부 시설은 결합하여 운영할 수 있다.

모든 항공사가 앞에서 언급한 것과 같은 엔진 작업장을 가지고 있는 것은 아니다. 항공사와 항공기 소유자 또는 항공기 엔진 제작사와의 협정에 따라 항공사는 QEC 없이 엔진을 장탈하고 장착할 수 있다. 항공기에서 장탈 된 엔진은 오버-홀을 위해 항공기 리스 회사나 엔진 제작사로 다시 보내진다.

---

3) QECA 개념은 보잉(boeing)사 개념이며, 에어버스(airbus)사에서는 EBU(engine buildup unit)라고 한다. 이렇게 기본 엔진에 QECA가 장착된 형태를 파워플랜트(powerplant)라고 한다.

[그림 10-4] 가스터빈엔진 내시경 검사(borescope inspection)

3.2.4 항공전자 작업장(Avionics shop)

항공전자는 항공에 사용되는 전기 및 전자 시스템을 모두 포함하는 광범위한 종류의 시스템을 말한다. 항공전자 작업장은 여러 요인에 따라 다양한 구조로 운영될 수 있다. 모터, 발전기, 배전 시스템 또는 전원 버스(power buses)와 같은 전기 시스템 장비품만 취급하는 별도의 전기 작업장이 있을 수 있다. 라디오, 내비게이션, 컴퓨터, 내부 전화(PA 방송 시스템), 미디어, 조종실 계기, 각종 제어 장치 등을 포함한 전자 시스템은 대형 항공사의 다양한 전문 작업장에 의해 처리된다. 항공전자 수리 작업장은 항공기 시스템과 유사한 실물 모형(mock up)을 가지고 있으며, 수리 후 항공기에 장착하기 전에 부품을 테스트할 수 있다. 또한, 항공전자 정비사는 와이어 번들(wire bundle)에 있는 와이어 가닥수 때문에 작업이 매우 지루할 수 있는 엔진 하니스(engine harnesses)를 수리하기도 한다.

새로운 개조, 새로운 항공전자 시스템 설치 또는 항공기 구조물 내에 전선 작업이 필요할 경우, 'C'와 'D' 체크는 검사와 수리를 위해 모든 항공기 측면 패널, 천장 패널, 조종실 컴퓨터 선반(racks) 및 계기판이 장탈되기 때문에 가장 적합한 시간이다. 항공전자 정비사는 항법 및 무선

[그림 10-5] 아날로그 형식의 조종실 계기

[그림 10-6] 디지털 형식의 조종실 계기

통신 오류를 진단하기 위해 사용하는 장비의 복잡성으로 인해 정교한 고장탐구 전문가여야 하며, 시스템 오작동의 문제점을 찾아내야 한다.

기존의 항공기는 조종실 계기판(instrument panel)에 아날로그 형식(analog type)의 계기들이 장착되어 사용됐다. 그러나 최근의 신형 항공기들은 디스플레이 장치(display unit)라는 CRT에 항법에 관련된 모든 데이터를 집적하여 지시할 수 있도록 설계되었다. 그 결과 신형 항공기 조종실 계기판에는 많은 계기의 수가 감소하고, 조종사당 2개의 CRT로 대체할 수 있게 되었다. 그러나 이러한 전자 디스플레이는 계기 작업장보다는 전자 작업장의 영역이다.

[그림 10-5]와 [그림 10-6]은 아날로그와 디지털 항공기의 차이를 보여주고 있다.

3.2.5 지상지원장비 작업장(Ground support equipment hop)

현대 상용 항공기는 다양한 정비작업을 지원하기 위해 상당한 양의 공구와 장비가 필요하므로 지상 지원 장비 작업장은 가장 바쁜 작업장 중 하나이다.

지상 지원 장비 작업장은 가장 붐비는 작업장 중 하나이다. 현대 상용 항공기는 정비 및 운영 활동을 지원하기 위해 상당한 양의 공구와 장비가 있어야 한다.

일반적인 정비를 위해 사용하는 공구 및 테스트 세트(test sets) 외에도 다양한 지상 지원 장비가 있다. 또한, 여러 유형의 항공기에 범용적으로 사용하는 장비도 있지만, 한 가지 유형의 항공기만을 위해 설계된 특수 공구와 지그도 있다.

지상 지원 장비(GSE)는 "항공기와 모든 수송 장비(airborne equipment)의 운영 및 정비를 지원하는 데 필요한 장비"로 정의된다. 이러한 GSE에는 간단한 잭(jack) 및 스탠드(stand)부터 12억원에 이르는 고가의 토우바리스 견인차(towbarless towing vehicle)에 이르기까지 다양한 장비가 포함된다.

GSE는 [그림 10-7]과 같이 두 가지 광범위한 범주로 나눌 수 있다.

① 항공기 턴어라운드 및 지상 이동작업 중에 필요한 항공기 서비스와 취급을 지원하는 장비

② 턴어라운드 시 또는 예정된 또는 예정되지 않은 운항이 중단된 시간에 정비를 촉진하는 데 사용되는 장비

첫 번째 범주인 서비스 및 취급 장비는 공항 당국이나 터미널 운영자가 소유하고 운영하는 GSE와 항공사 자체 소유의 GSE로 더 세분화할 수 있다. 두 번째 범주인 정비 장비는 운항정비, 점검 정비에서 사용하거나 두 활동에서 공유할 수 있는 장비가 포함된다.

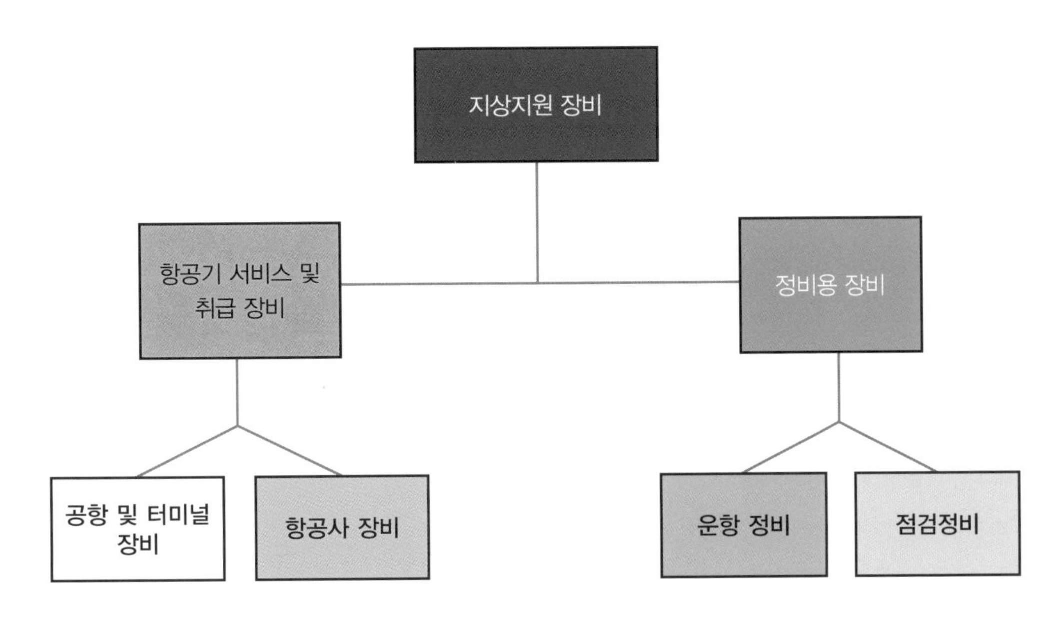

[그림 10-7] 지상지원장비 분류

〈표 10-1〉은 항공기 취급, 서비스 및 정비에 사용되는 일반적인 지상 지원 장비의 목록으로서 GSE의 일반적인 소유권과 사용법을 보여주고 있다.

<표 10-1> 지상 지원 장비(GSE) 목록

장비 명칭	공항 소유	항공사 소유	사용 (L,H,B) *	취급 및 서비스	정비용
Air start units	X	L	X		
APU cradles	X	B		X	
Axle jacks	X	B		X	
Baggage carts	X	L	X		
Baggage loaders(at A/C)		X	L	X	
Battery charging equipment		X	B		X
Boarding wheelchairs		X	L	X	
Cargo container/pallet handling		X	L	X	
Cargo trailers	X	L	X		
Communications equipment		X	B	X	X

장비 명칭	공항 소유	항공사 소유	사용 (L,H,B) *	취급 및 서비스	정비용
Deicing equipment(motorized&stationary)	X		L	X	
Diesel powered ground power units		X	B	X	X
Fixed jacks	X	B			
Hydraulic oil fill carts & couplings		X	B		X
Hydraulic test carts		X	B		X
Lavatory service components		X	B	X	
Lifting equipment: cranes & platforms		X	B		X
Nitrogen servicing equipment		X	B		X
Oxygen servicing equipment		X	B		X
Passenger loading bridges	X		L	X	
Passenger loading stairs(powered & unpowered)	X	X	L	X	
Pneumatic air start units, couplings & accessories		X	B	X	X
Potable water service components		X	B	X	
Power supplies: 28 vdc & 400 Hertz		X	B	X	X
Recovery jacks	X	L		X	
Refueling trucks	X	L	X		
Snow removal equipment(ramp & runway)	X		L	X	
Specialized maintenance tools		X	B		X
Stands and scaffolding(many variations)		X	B	X	X
Thrust reverser dollies		X	B		X
Towbarless A/C handling tractors	X	X	L	X	X
Towbars	X	L	X	X	
Towing tractors(gas, diesel, electric)	X	X	B	X	X
Variable jacks	X	B		X	
Weigh systems	X	L		X	
Wheel and tire build-up fixtures		X	B		X
Wheel and tire dollies		X	B		X
Wheel chocks	X	B	X	X	

*L: line; H: hangar; B: both line and hangar.

서비스 중 신뢰성과 수익성을 극대화하기 위해, 운영자는 신규 모델의 장비를 도입할 때는 운용 중인 항공기와 적합한지를 검토하여야 한다. 예인(tug), 견인(tow), 토우바(towbar) 및 기타 특수 공구와 고정 장치(fixture)는 특정 항공기 모델에만 적합할 수 있으며, 또 다른 GSE와 공구는 여러 항공기 유형에 공용으로 사용될 수 있기 때문이다.

GSE 및 시설 조직은 신규 항공기의 구매 또는 임대를 고려할 때 초기에 기술부서와 협력하여 신규 모델에 사용할 수 있는 기존 장비와 공구를 검토해서 새로운 모델용으로 특별히 주문해야 하는 추가 장비와 공구를 결정해야 한다. 이러한 검토는 항공기가 도착할 때 이러한 공구와 장비를 사용할 수 있도록 초도 항공기 인도 전 최소 9개월에서 12개월 전에 수행되어야 한다.

3.2.6 기계 부품 작업장(Mechanical component shop)

기계 부품 작업장은 항공사 규모와 요구사항에 따라 분리되거나 통합될 수 있다. 이러한 작업장에는 유압, 공압, 산소계통 및 조종장치 등이 포함된다. 배터리 작업장도 정비사가 항공기 배터리를 수리, 보관 및 충전하는 기계 부품 작업장의 일부이다.

휠, 타이어 및 브레이크 작업장은 항공기와 관련된 다음과 같은 다양한 작업을 수행한다.

① 항공기 휠의 수리, 조립 및 분해

② 항공기 타이어의 수리, 서비스 및 재생(retread)

③ 항공기 브레이크의 조정 및 배치

다시 말해서, 이러한 작업은 작업량과 기종의 복잡성에 따라 하나 또는 여러 개의 작업장에서 수행될 수 있다.

3.3 공장 정비작업의 외주(Outsourcing of shop maintenance work)

운항 및 점검 정비와 마찬가지로, 특정 항공사의 정비 일부 또는 전부를 다른 항공사 또는 외부 정비조직에 위탁할 수 있다. 부분 위탁의 경우, 오버-홀 작업장의 감독자는 이러한 활동을 항공사 정비계획 전반으로 조정할 책임이 있다. 모든 공장 정비가 외부 계약자에 의해 이루어진다면, 항공사에는 공장 정비작업장이 존재하지 않을 것이다.

단, 외주작업이 항공사의 일정과 정비계획 내에 완료되도록 하려면 정비조직의 항공기 정비부서에 있는 사람을 오버-홀 작업장 정비 코디네이터로 지정해야 한다. 품질 보증은 이러한 외부 계약자가 가져야 할 기준을 확인하여야 한다.

4 오버-홀 작업장의 운영

운항정비 작업은 때때로 정신없이 바쁜 비행 일정, 정비 비상사태, 악천후 그리고 늘 조마조마한 '시간제한(time limitations)'의 영향을 받는다. 점검 작업은 각 작업을 완료하는 데 더 많은 시간을 할애할수록 덜 바쁠 수 있지만, 여전히 시간제한과 다른 압박들이 있다. 반면에 오버홀 작업장은 운영 특성상 시간과 일정에 대한 압박이 다소 완화된다.

정비, 수리 또는 오버홀 작업을 위해 입고되는 품목은 대개 관련된 장비 또는 시스템 유형의 전문가에 의해 다루어진다. 기본적인 고장탐구를 통해 부품에 문제가 있어 교환할 필요가 있다고 판단되면, 정비사는 문제가 있는 부품을 새로운 부품으로 교체해준다. 장탈 된 문제가 있는 부품은 적절한 태그를 달아 해당 작업장으로 보내진다.

그런 다음 공장정비사 또는 업무 한정 정비사는 표준 벤치 체크(bench check)[4] 절차를 사용하여 문제를 확인하고 필요한 수리를 수행하고, 작업이 성공적으로 완료되었는지 확인한다. 정비가 완료되면 적절한 서류를 작성해서 첨부해서 사용 가능한 부품이 필요할 때 재 불출 될 수 있도록 부품창고에 저장하기 위해 자재부서로 다시 보내진다.

각 정비작업장에는 수리 가능, 수리 불가능 및 폐기부품을 적절히 분리할 수 있는 작업 공간과 보관 공간이 있다. 일반적으로 작업에 필요한 작은 부품을 위한 예비 부품 영역이 있으며, 자재 담당이 관리한다. 즉, 작업 영역과 이러한 영역이 가까우면 정비사가 '부품 추적'에 소비하는 시간이 최소화된다. 물론 각 작업장에는 작업하는 장비의 유형에 필요한 공구, 작업 벤치, 테스트 스탠드 및 테스트 장비가 갖춰져 있다. 수행하는 작업 및 취급하는 위험 물질(있는 경우)에 대한 적절한 안전 장구는 직원이 쉽게 사용할 수 있고 접근할 수 있어야 한다. 아울러 행정

4) 수리 작업장의 벤치(bench)에서 부품 또는 부분품의 사용 가능 여부 또는 조절, 수리, 오버홀이 필요한지를 결정하기 위한 기능 점검.

및 관리 기능에 적합한 사무실 공간이 제공되어야 한다.

오버홀 작업장은 일반적으로 야근 여부와 관계없이 표준 근무조를 운영하고 야간 근무와 주말 근무는 항공사와 업무량에 따라 달라진다. 작업의 긴급도는 운항정비 또는 점검 정비보다 느릴 수 있지만, 정비 또는 평균 수리 시간(mean time to repair: MTTR)을 줄이는 것도 중요하다. 부품의 재고량은 기종의 고장률뿐만 아니라 수리 가능한 품목이 정비를 완료하여 사용 가능 품목으로 전환되는 데 걸리는 시간에 기초한다. 순서는 다음과 같다.

① 항공기에서 부품을 장탈

② 교환을 위해 해당 부품을 자재로 반납

③ 수리 시설(사내 또는 외주)로 발송

④ 재불출을 위해 사용 가능한 부품을 저장창고로 반납

5 작업장 자료수집(Shop data collection)

본서의 제14장에서 상세히 논의될 항공사의 정비 신뢰성 프로그램은 정비조직 활동 전반에 걸쳐 많은 자료수집작업이 요구되는데 이러한 데이터의 매우 중요한 출처는 오버홀 작업장이다.

운항정비 및 점검 정비 보고서는 시스템 및 구성 요소에 대한 정보를 제공하는 반면, 작업장 데이터는 항공기 고장 및 기록의 원인이 되는 장비 및 하위 시스템의 내부 구성 요소에 대한 유용한 정보를 제공한다.

이러한 작업장 자료수집 작업은 작업장 분해(tear-down) 보고서를 통해 제출되며, 이 보고서에는 서비스, 수리 및 오버홀 작업과 해당 정비작업에 사용된 부품과 소모품이 나타나 있으므로 이러한 구성 요소를 신뢰성에 의해 추적하여 항공사나 장비 제조업체가 우려해야 할 불필요하게 높은 고장률이 있는지 판단하게 된다.

제 11 장 자재 지원

지속적인 기업 활동을 위해서는 기업 경영에 필요로 하는 자재의 지속적인 공급이 요구된다. 따라서 자재관리가 목표로 하는 것은 경영에 요구되는 자재 지원을 적기, 적소, 적량의 원칙을 달성하여야 한다. 또한, 재고투자 비용을 최소로 해야 하는 동시에 이 두 가지 기능을 수행하는 데 있어 투자와 효용도를 평가 분석하는 데 있다.

즉, 자재관리의 목표는 효과성(effectiveness), 경제성(economy), 효율성(efficiency)의 제 요소를 지속 발전시키는 데 있다.

1 자재관리 조직과 기능

자재관리란 생산에 필요한 여러 가지 자재를 합리적으로 관리하여 생산을 지원하는 일을 의미하며, 필요한 자재를 적정한 가격으로, 필요한 부문에, 필요한 시점에 공급할 수 있도록 계획을 세워 구매하고 보관하는 일을 말한다.

자재관리부서는 항공사의 정비조직 내의 핵심 부서로서 항공사에서 비용지출 면에서 큰 비중을 차지하기 때문에 정비조직의 관리자뿐만 아니라 항공사의 고위 경영진의 엄격한 결재를 받고 있다. 정비 분야에서의 우려는 큰 수준의 운영비용으로서 두드러진 논쟁의 근원이 된다. 그 논쟁은 "누가 자재를 관리해야 하는가, 정비인가 또는 재무인가?"이다.

항공사의 규모와 관계없이 전 세계의 수많은 항공사에서 꽤 성공적으로 증명된 것은 자재는 정비조직 일부가 되어야 한다는 것이다. 재무, 회계 등의 정비조직 이외의 부서에서 관리할 경우, 정비에 대한 지식과 특성을 이해하지 못하여 부품의 수요예측, 부품의 우선순위 및 재고량, 적절한 대체품의 결정 등에서 잘못된 의사결정을 초래할 수 있다는 우려가 있다.

논쟁의 다른 측면은 정비조직이 맡을 경우, 정비는 예산과 비용을 완전히 이해하지 못해서 부품확보에 너무 많은 돈을 쓰거나 어려울 때를 대비한 과도한 재고 수준 관리로 많은 자산을 묶어두는 결과를 초래할 것이라는 의견도 있다. 불행히도 두 가지 상황 모두 가능성이 있는 이야기로서 오늘날의 항공사에는 두 가지 상황이 모두 존재한다. 그리고 토론은 뚜렷한 해결책이 없이 계속되고 있다. 그러나 여기서 강조해야 할 것은 이러한 두 가지 극단은 모두 피해야 한다는 것이다.

공연예술계(오케스트라, 발레 및 연극 등)에서는 "예술적인 결정은 비예술적인 사람들이 해서는 안 된다."라는 주장을 이사회에 강력하게 주장하고 있다. 다시 말해, 이사회의 결정은 예술적 목적이 아닌 사업적 목적이라는 것이다. 이것을 항공 분야에 적용하면 "기술적인 결정은 비기술적인 사람들에 의해서 내려지면 안 된다."라고 말할 수 있으며, 이는 정비 분야에서 기술적 배경을 가진 경영진이 필요하다는 철학의 배경이 된다.

정비조직의 정비사, 엔지니어 및 기술 경영진은 노후 장비의 요구 사항 변화와 노후화에 따른 예비 부품의 필요성 증가를 인지하고 있다. 또한 정비 전문가들은 경험을 통해서 어떤 대체품이 주어진 부품에 대해서 합리적인지 아닌지를 알고 있다. 이 사람들의 과거 경험은 재무나 행정에서 근무하던 사람들의 경험보다 정비조직의 목표를 달성하는데 더 많은 도움이 된다.

결론적으로 자재 지원 노력에서 비용과 관련된 지출 등은 회계와 재무부서의 감독하에서 정비조직의 필수적인 부분이 되어야 한다. 실제 우리나라의 대형 국적항공사에서도 자재부서를 회계와 재무 차원의 구매부서와 정비에 필요한 자재를 원활하게 지원하기 위한 정비조직 내의 보급부서로 이원화되어 있다.

자재 지원 기능은 다음과 같다.

① 정비조직 운영의 모든 측면에 필요한 부품과 물자를 제공

② 정비 시 신속한 접근을 위해서 가깝고 편리한 위치에 적절한 공급물자를 유지

③ 예산 제한 내에서 정비조직에 적절한 도움을 제공

2 항공 정비 자재의 특징

항공기 정비를 위해 사용되는 부품들은 항공기의 감항성에 영향을 주므로 감항 관리에 필요한 품질보증문서들이 요구되며, 대부분 외국에서 제작되므로 국내에서 사용하기 위해서는 통관절차가 필요하다.

특히 다품종 소량으로 소요되기 때문에 부품가격이 유동적이고, 항공기와 부품 등의 개조가 빈번하며, 사용 시간에 제한받는 특징 등이 있고, 재고 관리품목이 다양하며, 항공기 운영에 따라 초도 소요 신품목이 지속해서 발생된다.

또한, 운항 중 비 계획적인 결함 발생 등으로 인한 작업 계획의 가변성으로 사용량이 불규칙하며, 고장탐구 또는 감항성 개선지시 등의 수행에 따른 일시적인 소요 등이 발생하고, 각종 규정과 경년 항공기[1]에 따른 정비방식과 범위가 지속해서 변하기 때문에 소요량을 예측하기가 어려우며, 항공기의 성능 개조 등에 따라 장탈된 부품들로 인하여 잉여 또는 불용자재들이 발생하기도 한다.

앞에서 언급한 바와 같이 다품종 소량으로 사용됨에 따라 거래하는 부품공급사가 전 세계에 방대하게 위치되어 있다. 그러므로 위치에 따른 시차 발생과 원거리 수송 및 각종 법규에 따른 선적 방법 및 통관의 제약 등으로 인하여 자재의 적기 확보가 어렵다.

3 자재관리(Materiel management)

자재(materiel), 재고(inventory), 저장(stores) 그리고 물류(logistics)관리의 주요 기능은 항공 재고 관리의 범위와 물류를 이해하는 것이다.

이러한 책임에는 저장된 부품의 보충, 재고 비용, 신규 및 사내 가용 재고 예측, 재고의 현실적 및 물리적 공간, 최소 및 최대 보충, 수리 부품, 반품 및 결함 부품, 모조 부품, 공급 네트워크

1) 경년항공기란 제작일자가 20년을 초과한 항공기를 말한다.

및 수요 파악, 항공기 부품 활용의 지속적인 프로세스 등이 포함된다.

저장관리(stores management)는 항공기 제작사, 부품 오버-홀 업체, 항공기 부품 공급업자 그리고 하드웨어와 소프트웨어 판매업자들과 지속적인 소통이 필요하다. 이들은 항공기 규모, 부품 활용도, 부품 신뢰성, 공급 업체의 수리 능력 및 수리 기간을 고려하여 필요한 재고량을 결정해야 한다. 관리자는 부품의 사용량과 입고량의 균형을 맞추기 위해서 목표 재고량을 설정한다. 이에 따라 재고 관리, 저장, 구매(purchasing), 발송 및 검수(shipping and receiving)에 대해서 살펴보자.

3.1 재고 관리(Inventory control)

재고 관리는 항공기 부품의 공급, 저장 및 접근성을 감독하기 위한 지속적인 노력을 말한다. 필요한 모든 부품과 소모품을 확보하여 정비조직에서 필요로 하는 장소에서 사용할 수 있는지 확인하는 것은 재고 관리의 책임이다. 즉, 재고 관리의 궁극적인 목표는 적정재고수준을 유지하는 것이다.

적정재고 수준이란 수요를 가장 경제적이고 효과적으로 충족시켜줄 수 있는 재고량을 말한다. 즉, 최소의 비용으로 수요를 충족시킬 수 있는 경제성과 효과성 모두를 만족하는 재고 수준을 말하며, 이는 언제라도 신청행위만 있으면 즉시 불출할 수 있도록 대비하는 계속 공급의 원칙과 수요를 맞춤에서도 무제한의 재고량을 확보 유지하는 것이 아니라 재고 투자액을 가장 절감할 수 있는 경제성 확보의 원칙이 균형을 이루는 점에서 적정재고 수준이 성립된다.

[그림 11-1]은 자재 지원 수준에 따라 투자 비용의 증가세를 보여주고 있다. 자재 지원 수준이 90% 이상이 되면 투자 비용이 급격하게 증가하는 것을 볼 수 있다.

또한, 적정 재고 수준을 결정할 때는 구매해서 입고될 때까지의 소요 기간과 소요량의 변화, 기자재 운영 정책의 변경, 부품의 가격과 감항성에 미치는 영향 등을 고려하여야 한다.

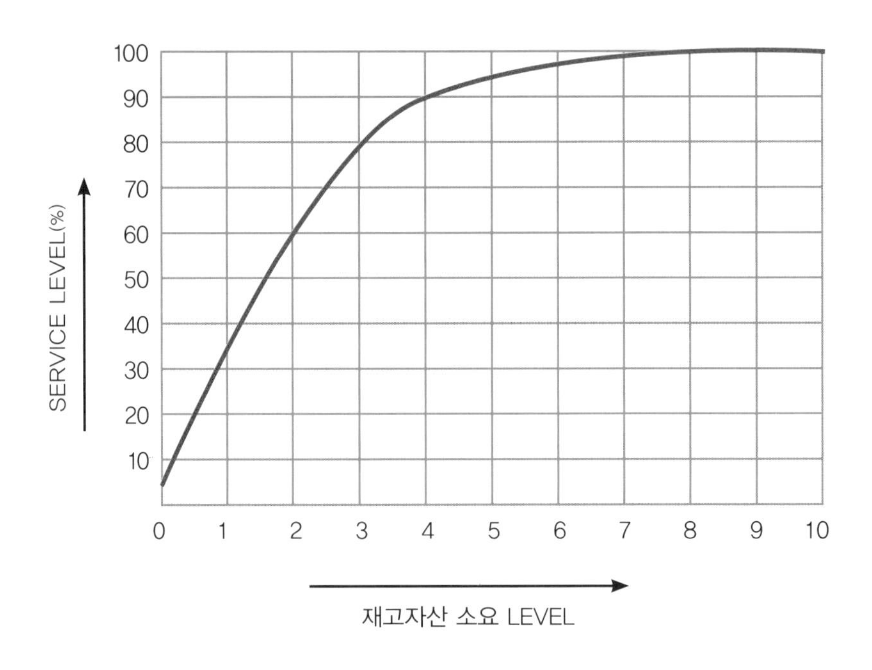

[그림 11-1] 자재 지원 수준(service level) vs 재고 자산(투자)

3.2 저장(Stores)

자재의 저장이란 검수 완료된 자재를 수요의 발생 또는 처분 등 사용자의 요구에 응할 수 있도록 본래의 상태로 유지 관리하는 행위를 말하며, 효율적인 저장관리는 지원 효율 향상과 경제적인 자재 지원을 가능하게 하는 중요한 요소가 된다.

3.3 구매(Purchasing)

구매는 정비에서 사용하는 모든 부품과 소모품의 조달을 담당한다. 주로 규격, 비용, 배송 등과 같은 것들을 주의하면서 공급자 및 제작사와 거래한다. 본질적으로 구매는 자재의 주요 예산 관리 기능이 있으며, 지출 및 예산 문제에 있어서 재무와 긴밀하게 협력한다.

항공기 운항 중지(AOG) 상황에서 구매되는 부품들은 특별배송 등으로 가격이 비싸지므로 이를 대비하기 위해서 구매와 재고 관리는 서로 협력하여야 한다.

3.4 발송 및 수령(Shipping and receiving)

발송 및 수령 부서는 저장관리 부서 중에서 가장 바쁜 곳 중의 하나이다. 여기서는 일반적으로 항공사로 들어오고 나가는 부품과 물품을 포장하거나 해체하는 업무를 한다. 그리고 물품의 발송과 수령에 관련하여 필요한 어느 검사든 처리할 수 있는 능력을 유지하여야 한다.

또한, 위험물도 발송하고 수령하기 때문에 위험물 취급에 적합한 인력과 관리가 요구된다. 위험물이 선적될 컨테이너가 충분한지 확인하고 회사의 위험물 정책에 따라 서류를 올바르게 작성하는 것도 이 부서의 책임이다. 그러므로 발송 및 수령 부서에 속해있는 인원들은 가연성, 부식성 그리고 온도에 민감한 품목과 같은 것을 분리할 수 있는 프로세스를 물질안전보건자료(materiel safety data sheet: MSDS)에서 요구하는 대로 알고 있어야 한다.

[그림 11-2] MSDS 경고 표지 사례(출처: 한국산업안전보건공단)

4 자재의 지원 기능(Support functions of materiel)

이러한 지원 기능은 주문(ordering), 저장(storing), 불출(issuing), 관리(controlling) 및 취급(handling) 등으로 구분할 수 있으며, 마지막 취급은 관련된 여러 시설 간의 부품 이동을 다룬다.

4.1 부품 주문(Parts ordering)

부품 주문에는 새로운 항공기 도입 또는 장비가 도입될 때 실시하는 초도 구매(initial provisioning)를 포함하여 기존 재고품의 재고량이 일정 수준 아래로 떨어질 때마다 재주문하는 것 등이 있다. 초도 구매는 기체 제작사에서 제공한 권장 예비 부품 목록(recommended spare parts list)으로 검토한다. 이 목록은 제작사의 권장 사항과 유사한 작업에서 이미 장비를 사용하고 있는 항공사의 경험을 기반으로 만들어져 있다.

초도 구매는 항공사의 경험을 바탕으로 검토하기 때문에 재고 수준 및 보유 수량의 변경은 불가피하다. 사용 중인 부분품과 일상적인 작업에 필요한 수량은 다양한 변수에 의해 결정되며 작업 특성에 따라 다르다.

부품 주문에 영향을 주는 변수는 다음과 같다.

① 운항 일정(flight schedule): 운항 시간과 주기, 운항 거리, 운항환경 등의 운항 스케줄은 정비와 운용(operation)을 지원하기 위해 요구되는 부품의 수와 부품의 사용률에 영향을 준다.

② 정비수행 장소: 정비를 효율적으로 수행하기 위해 운항정비 지역의 현장재고(bench stock) 운영 등은 재고 수준(level)에 영향을 미친다.

③ 정비 품질: 정비사의 역량과 기술에 따라 요구되는 예비 부품에 영향을 준다.

④ 부품 사용률: 사용률은 부품을 구매하는 빈도수에 영향을 미치기 때문에, 사용률을 설정하고 사용된 모든 부품 및 공급품의 재주문 시점을 설정하는 것이 필요하다.

⑤ 수리 가능한 품목: 수리를 위한 수리 기간(turnaround time: TAT)이 존재하기 때문에, 수리 기간에 다른 항공기 정비에 사용할 새로운 재고가 요구되어 재고의 수준(level)과 재주문 시점에 영향을 미친다.

4.2 부품 저장(Parts storage)

부품의 저장이란 검수 완료된 부품을 수요의 발생 또는 처분 등 사용자의 요구에 응할 수 있도록 본래의 상태로 유지 관리하는 행위를 말하며, 효율적인 저장관리는 지원 효율 향상과 경제적인 자재 지원을 가능하게 하는 중요한 요소가 된다.

부품 저장의 일반적인 원칙은 다음과 같다.

① 위치표시의 원칙: 저장위치의 표시 및 저장위치의 최신 상태 유지

② 분류저장의 원칙: 물건 종류별, 성질별(ESDS 품목 등), 상태별, 규격별로 구분 저장

③ 품질 보존의 원칙: 품질변화를 방지하고, 입고 시의 품질을 보존키 위한 적합한 시설 구비 및 자재저장

④ 선입선출의 원칙: 자산의 회전 및 활용도를 높이기 위해, 선입선출(first in first out)을 원칙으로 한다. 특히 시한성품목(shelf life limit item)과 변질하기 쉬운 물자는 제작 일자, 입고순위, 유효 만료 일자 등을 고려하여 순위에 따라 불출할 수 있도록 저장관리

⑤ 공간 활용의 원칙: 불필요 위치(location)삭제 또는 버킷(buckets) 등 저장 공간을 효율적으로 활용하고 관리

항공사에서 가장 많이 선택되는 기초적이고 표준이 되는 위치표시 방법은 열-칸-빈(row-shelf-bin)이라는 방법이다. 이 저장 방법은 선반 또는 보관함에 배열하는 것으로서 쉽게 찾고, 이용할 수 있도록 좌표를 표시해야 한다. 예를 들면 부품 번호(part number)가 1234-5678-C인 부품이 있다고 할 때, 이 부품의 위치는 D-2-14라고 하면, D 열(row)의 2번 칸(shelf) 14번째 보관함(bin)을 뜻한다. 열(row)은 A, B, C … 이고, 칸은 위쪽부터 아래로 1, 2, 3 …, 보관함은 왼쪽부터 오른쪽으로 1, 2, 3, 4 … 로 설정하면 쉽게 찾을 수 있다. 하지만 대부분 항공사는 여러 종류의 항공기를 가지고 있기에 각 모델에 대한 별도의 부품 보관함을 가지고 있는 때도 있다.

[그림 11-3]은 전형적인 항공기 부품 저장창고를 보여주고 있다.

특정 작업을 위해서는 추가적인 저장 시설이 필요할 수 있다. 예를 들어 정비의 효율성을 높이고, 정비에 걸리는 시간을 최소화하기 위해서는 운항정비(line station)에서 예비 부품을 사용할 수 있어야 한다. 자재를 저장하고 보관하는 부서는 부품을 정리하는데 필요한 선반과 보관함이 있기에 넓은 공간이 필요하며, 항공정비사 또는 자재 직원에 의해 필요한 부품을 쉽게 찾을 수 있도록 저장해야 한다. 창고(store)는 저장관리 담당자의 편리성을 위해서 다음과 같이 세

[그림 11-3] 항공기 부품 저장창고

분화한다.

① 격리 구역(quarantine area)

② 인화성, 위험물 및 냉동 구역(flammable, hazmat, and refrigeration area)

③ 사용 가능, 사용 불가능 및 폐기 부품구역(serviceable, non-serviceable, and red-tag parts area)

④ 부품 불출 및 반납구역(parts issue and return area)

⑤ 부품 검수 구역(parts receiving inspection area)

4.3 부품 불출(Parts issue)

부품의 불출은 정비사(수요자)의 요구에 따라 요구된 자재를 인도하는 행위를 말하며 저장관리의 마지막 단계로 적정의 자재가 인도되어 수요자의 요구를 충족시켜야 함은 물론 선입·선출이 준수되어 불필요한 잉여품이 발생하여 비경제적인 요소가 발생하지 않도록 해야 한다.

불출의 일반 원칙은 다음과 같다.

① 선입·선출(先入·先出)

② 저장 유효일자가 짧은 물품 우선 불출

③ 변질 가능성이 많은 물품 우선 불출

④ 수량 확인에 지장이 없는 한 원래 포장(original packing) 상태로 불출

⑤ 포장을 개봉함으로써 변질의 염려가 있는 물품은 불출 단위에 의한 원래 포장(original packing) 상태로 불출

4.3.1 부품 불출대(parts window)

정비사에게 필요한 부품을 불출하는 것도 자재관리의 주된 업무 중 하나이다. 볼트, 너트 및 기타 일반적인 하드웨어와 같은 품목은 작업 장소 근처에 접근하기 쉬운 보관함(bin)에 저장하여 정비사가 쉽게 접근할 수 있도록 해야 한다. 그러나 보기류(accessory) 및 주요 부품들의 경우에는 작업 현장에서 관리되는 것보다 정비사의 필요에 따라서 불출해주고, 부품 태그(part tag), 중요 서류 및 컴퓨터 작업등을 적절하게 처리할 수 있는 부품 불출대(parts window) 또는 자재 직원이 있는 저장 시설에서 관리하는 것이 더 좋을 것이다.

정비사는 수리가 가능한 부품일 경우에는 교체하려는 부품과 새로 불출(issue)받은 부품을 교환해야 한다. 이 교환은 정비사에 의해 적절히 작성된 정비 태그를 보장할 수 있는 자재관리 담당자에 의해서 처리된다. 정비사가 반납한 부품은 다시 사용 가능 품으로 원상 될 수 있도록 적절한 수리 작업장으로 전달된다. 반면, 수리할 수 없는 부품의 경우에는 폐기할 책임이 있다.

부품 불출대(parts issue window)는 정비사가 정비를 위해 필요한 부품을 찾는 시간을 최소화하기 위해서 가능한 현장(work center)과 가까운 장소에 위치해야 한다. 일부 항공사에서는 현장에서 필요한 부품을 현장의 컴퓨터를 통해서 신청하면, 신청한 부품을 정비사에게 전달해주기도 한다.

어떤 불출(issue) 방법을 사용하든, 부품이 교환되고, 사용될 때마다 '재고 수량(quantity on hand)'에 대한 정보를 업데이트할 책임은 자재부서에 있다. 수리가 가능한 부품의 경우에는 부품이 항상 어디에 있는지 반드시 추적할 수 있어야 한다(작업장, 창고, 이동 중, 항공기 장착 등).

4.3.2 개조작업을 위한 키트(kit)

자재에 의해서 제공되는 또 다른 유용한 서비스는 특정한 정비 행위를 위한 키트(kit)가 준비되어 있다는 것이다.

특정 부품을 장탈·착하기 위해서는 기본 공구와 부품뿐만 아니라 특정한 하드웨어가 필요하다. 빈번하게 사용되는 오-링(O-ring), 개스킷(gasket)과 같은 하드웨어는 재사용이 불가능하다.

특정 SB와 AD에 따라서 작업을 완료하기 위해서는 추가적인 부품(harnesses, brackets hardware)들이 필요하다. 따라서 자재부서는 이 작업에 필요한 자재들을 키트로 조합해서 정비사에게 불출해주면 정비를 더욱 효율적으로 할 수 있게 해준다. 이러한 키트는 정비부서 또는 기술부서의 도움을 받아서 조합할 수 있다. 종종 SB, AD와 같은 개조는 항공기 제작사 또는 부품 제조업체에 의해 키트 형태로 항공사에 제공되기도 한다.

4.3.3 플라이 어웨이 키트(Flyaway kits: FAK)

일부 항공사는 항공기에 플라이 어웨이 키트(flyaway kits: FAK)를 탑재하여 운항지점 정비 활동을 지원한다. FAK는 고장 발생률이 높고 항공기 감항성에 절대적인 영향을 주는 중요 부품

[그림 11-4] FAK 컨테이너

들을 키트(kit)화 하여 항공기에 탑재 운영하는 부품(parts)을 말하며, 고장 발생 시 부품을 지원 받기가 곤란한 지역을 운영하는 항공기에 주로 탑재하여 운영한다. 그러나 항공기 탑재로 인한 추가 중량은 운송에 제한요소가 될 수 있다.

FAK로 탑재되는 부품은 사용 빈도 등의 이력에 대한 과거 경험과 최소 장비 목록(MEL)의 부품 요구 사항을 기반으로 해야 한다. 또한, FAK 목록은 탑재된 부품이 기록되어야 하며, 항공기 정비부서에서 모니터링하고, 항상 완전한 키트가 항공기에 탑재되도록 자재를 교체해주어야 한다.

[그림 11-4]는 전형적인 FAK 컨테이너로서 타이어를 비롯한 타이어 교체에 필요한 장비까지 실려 있는 것을 볼 수 있다.

4.4 부품관리(Parts control)

부품관리에는 다양한 활동들이 있다. 우리는 이미 모든 부품의 저장위치를 식별하고 처리를 통해 수리가능 부품과 같은 특정 구성품을 추적해야 할 필요성을 언급했으며, 정비사가 부품 추적에 걸리는 시간을 최소화하기 위하여 정비 작업장 근처에 부품과 소모품을 제공해야 하는 자재의 직무에 대해서도 언급했다. 이러한 목적 달성을 위해 자재 인원의 추가 투입은 효율적인 정비작업에 큰 도움이 된다.

4.4.1 시한성 부품관리

위에서 언급한 자재부서에서 부품을 추적해야 하는 또 다른 이유는 시한성 부품(time-limited parts)의 위치와 비행시간/주기(flight hour/cycle) 등을 정확히 추적해야 하기 때문이다. 이 부품들은 정해진 기간이 경과하기 전에 장탈되어야 한다.

시한성 부품의 시간과 주기는 장착되어 사용될 때만 누적된다. 따라서 항공기에 장착된 시한성 부품을 반드시 인지해야 하고, 시간과 주기를 반드시 기록해야 한다. 만약 시한성 부품이 시간이 도래되기 전에 장탈되었더라도 필요에 따라 수리, 복원, 오버-홀 작업을 할 수 있다. 이렇게 수리를 마치고 저장되어있던 시한성 부품을 다른 항공기에 사용하면 시간은 장착되는 즉시 다시 시작된다. 이러한 시한성 부품의 추적은 컴퓨터 시스템을 활용하고 있다.

4.4.2 유용된 부품관리

운항 또는 점검 정비작업을 쉽게 하고 운항 중의 항공기의 지연을 최소화하기 위하여 엔진 등과 같은 대형 장비품에서 부품을 유용하는 경우가 있다. 이것은 정비를 촉진하고 비행 일정에 대한 영향을 최소화한다는 측면에서는 긍정적으로 볼 수 있지만, 부품이 유용된 장비품을 사용할 수 없거나 추가적인 정비가 요구되는 등 자재비용과 정비작업에 부정적인 영향을 미친다.

부품유용이 정상적인 절차에 따라 허가를 받아 자재부서에 통보된 경우, 자재부서는 유용된 부품의 재주문 또는 사용 가능 부품으로의 전환을 위한 후속 수리를 위한 조치를 해야 한다.

4.4.3 반납대기 부품관리

많은 항공사에서 이용하는 부품관리 프로세스 중 하나는 부품 격리(parts quarantine) 구역이다.

우리나라 항공사에서는 반납장 또는 반납대기장으로 통칭하고 있다. 이 구역은 항공기에서 장탈되어 반납된 부품이 수리가 필요한지, 재 불출(reissue)을 위해서 창고로 입고될 수 있는지를 결정할 때까지 분리해두는 구역이다. 만약 교체된 부품으로 항공기 고장 등의 문제가 해결되었다면, 격리 상태의 장탈된 부품에 문제가 있다고 판단하고, 자재는 수리 작업장으로 부품을 보낸다. 반대로 교체 부품이 항공기의 문제를 해결하지 못했다면 격리 상태의 부품에도 문제가 없다고 판단하고 부품을 저장창고에 보낸다. 즉 고장탐구를 위해 일시적으로 항공기에 장착했지만, 문제가 해결되지 않을 때는 미사용 부품으로 반납하여 사용 가능 부품으로 전환하는 것이다. 하지만 이것이 항상 좋은 방법은 아니다. 일부 항공사는 격리된 부품이 사용할 수 있는지를 확인하기 위해서 창고로 입고하기 전에 검사를 위해 수리 작업장으로 보내기도 한다.

4.5 부품 취급(Parts handling)

부품과 소모품 취급을 '포장 발송 및 검수'라고 통칭해서 정의하고 있으나, '검수'에 대한 용어 정의는 명확하게 설명되지 않고 있다.

부품의 취급은 부품과 소모품 등의 부품 번호(part number), 일련번호(serial number), 개조 현황(modification status), 사용 가능성(serviceability), 유효기간(expiration) 등이 맞는지 확인하는 QC

의 검사를 수반한 검수로부터 시작한다. 이러한 작업은 QC 검사원 또는 QC가 지정한 자재부서의 검수 담당자에 의해서 진행될 수 있다. 검수 후에는 적절한 장소(창고, 점검 정비, 운항정비, 지원 작업장 등)로 분배하고, 그에 따라 컴퓨터 기록을 업데이트한다.

부품이 교환되어 자재로 들어오면, 제일 먼저 하는 것이 부품의 보증 상태를 확인하는 것이다. 만약 이 부품이 아직 보증 기간이 남아있다면, 수리를 위해 공급 업체에서 지정한 수리 작업장으로 보내진다. 해당 부품이 보증 기간이 만료되었다면, 항공사 자체의 수리 작업장 또는 타사 작업장으로 보내져 수리 받는다. 보증 수리를 위해서 부품을 발송했을 때 사용 가능한 상태로 되돌아오는 시간(turnaround time: TAT)이 길어지는 경우가 있다. 이럴 때 항공사는 두 가지 선택이 있다. 재고 수준(stock level)을 올려서 재주문량을 증가시키는 방법과 항공사 자체에서 수리 능력을 보유한 경우, 공급 업체와 협의해서 항공사 자체에서 수리를 진행하는 방법이 있다. 자체수리로 처리하면 수리 기간을 단축할 수 있을 뿐만 아니라 수리비 청구 등을 통한 추가적인 경제적 이익도 가져온다.

5 기타 자재 기능(Other material functions)

앞에서 소개한 자재의 다섯 가지 기능은 정비부서에 직접적인 영향을 미치는 자재부서의 기본적인 기능이다. 자재 지원 또는 정비지원 활동을 위한 저장과 자재의 몇 가지 다른 기능과 활동이 존재한다.

5.1 구형 부품(Obsolete parts)

구형 부품은 부품 업그레이드 때문에 더는 필요하지 않게 된 부품이다. 항공사가 항공기를 업그레이드하면 이전에 쓰던 부품은 쓸모가 없는 잉여부품(surplus parts)이 된다. 오늘날 이러한 잉여부품들은 여전히 발생하고 있고, 이 부품들은 업그레이드할 수 있는 다른 정비조직이나 항공사에 판매되고 있다. 재고 관리는 새로운 부품을 구매하고, 저장에 필요한 공간을 만들기 위해서는 시기적절하게 잉여부품 구매자를 찾아야 한다. 지정된 기간 내에 구매자를 찾지 못하면, 잉여된 구형 부품은 폐기해야 한다.

5.2 수령검사(Receiving inspection)

수령검사는 정비용 부품과 자재 입고 시 불량 자재, 비인가 부품, 비인가 의심 부품의 유입 방지를 위해 품질기준을 충족하는지를 확인하는 행위이다.

QC는 새로운 부품을 구매하거나, 수리 후 입고될 때 또는 다른 항공사에서 대여한 부품을 반납 받은 경우, 부품의 상태를 검사하는 중요한 역할을 한다. QC는 검수하는 물품이 판매 계약서상의 규격, 설계, 재질과 일치하는가 또는 상태와 성능이 사용 가능한지를 기술적인 측면에서 검사를 한다.

수리된 부품은 일반적으로 인증된 업체에서 수리해서 입고되는데 이때 QC 검사원은 그 부품을 검사하고, 문제 해결을 위한 조치 사항 및 부품의 감항성을 결정하기 위해서 어떤 종류의 테스트를 진행했는지에 대해서 기록한 수리 업체의 품질보증문서를 검토한다. 모든 검토가 끝난 후, QC 검사원이 품질보증문서에 서명하거나 스탬프를 찍으면 그 부품은 이제 사용 가능한 상태가 되어 창고로 입고된다.

그림 [11-5]는 미연방 항공청(FAA)과 유럽항공안전청(EASA)의 품질보증문서를 보여주고 있다.

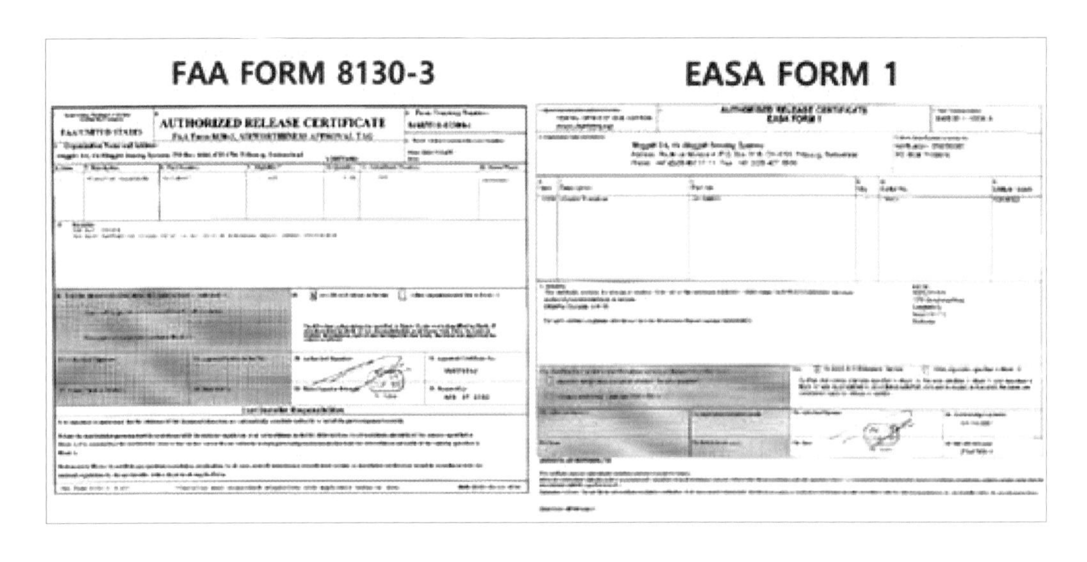

[그림 11-5] 품질보증문서

5.3 대여부품과 모조 부품(Loaner parts&bogus parts)

5.3.1 임차부품(Loaner parts)

같은 종류의 항공기를 보유한 항공사들은 서로 임차부품(loaner parts) 계약을 체결하여 계약한 항공사 중 한 곳이 다른 항공사가 가지고 있는 부품이 필요할 때, 해당 부품을 타 항공사에서 빌릴 수 있다. 이런 부품을 대여부품이라고 한다. 필요한 부품을 지원받은 항공사는 해당 부품이 대여한 것이며, 자사 항공기에 사용하기에 충분하다는 것을 나타내는 서류를 작성해야 한다. 이 서류는 항공정비사와 두 항공사의 저장부서에서 대여된 부품을 추적할 때 도움이 된다. 대여 항공사가 자사의 부품으로 교체하면, 장탈된 대여부품은 원래 항공사에 반환하여야 한다.

항공사가 IATP(international airlines technical pool)에 회원으로 가입하면 회원사 간 사전에 계약하여 필요시 해당 항공사에 요청하여 무료로 빌려서 사용하기도 한다. IATP는 항공기 자재, 정비용 장비, 인원 등 상호 기술적인 지원을 제공하는 것을 목적으로 설립된 국제 항공사 기구이다. 반면에 타 항공사와의 POOL 계약 품목에도 포함되어 있지 않았을 때 동종 항공기를 취항하고 있는 항공사로 문의하여 임대료(charge basis)를 지불하고 임차하여 사용한다.

5.3.2 모조 부품(Bogus parts)

모조 부품은 비인가 부품으로서 항공업계에 유통되고 있으며, 그 비용은 수백만 달러로 추정된다. 모조 부품은 위조, 도난, 무단으로 판매된 부품이다. 시한(time-limit)이 초과하여도 추적이 어렵고, 부품에 대한 서류의 부족으로 적절한 인증서가 없다.

예를 들면, 항공기 엔진 마운트 볼트는 엔진을 고정하기 위해 특수 재질로 만들어진다. 위조 부품은 불량한 재질로 만들어져서 항공기에 손상을 입힐 수 있다. 항공기 제작사가 항공기 또는 항공기 시스템에 필요한 부품을 만들 때, 설계자들은 역동적인 항공기에 대응하기 위한 응력을 견딜 수 있는지 확인하기 위해 부품에 사용되는 재질은 연구하고 시험하는데 많은 시간을 들인다. 따라서 저렴한 재질로 누군가에게 만들어진 위조 부품은 항공기 또는 항공기 부품에 손상을 입힐 수 있고 자주 망가져서 빈번한 교체가 필요하게 된다.

이런 위조 부품을 발견하기 위해서는 훈련된 식별 능력이 필요하다. 비인가 부품 및 비인가 의심 부품 확인 방법에 대해서 다음과 같이 명시하고 있다.

① 견적 가격이나 광고된 가격이 같은 부품의 다른 공급자가 제시한 가격보다 훨씬 저렴할 경우

② 인도(delivery) 일정이 다른 공급자들에 비하여 훨씬 짧을 경우

③ 확인되지 않은 배급업자로부터 판매 견적서나 설명서를 통하여 부품, 장비품, 또는 자재를 최종 소비자에게 무한정으로 제공 가능하다고 알려올 경우

④ 공급자가 인가된 업체로부터 부품이 생산되었고 항공법 등에서 규정한 데로 검사, 수리, 오버홀, 저장 또는 개조되었음을 입증하는 서류를 제공할 수 없을 때

만약 이 중 하나라도 해당하면, 반드시 부품을 깊이 있게 검사해야 한다. 모조 부품에 대한 처벌은 형사고발과 사건의 심각성에 따라서 큰 금액의 벌금이 부과되며, 부품이 가짜라고 판단되면 감항 당국에 신고하여야 한다.

우리나라 운항 기술 기준(5.8.3)에서는 다음과 같이 비인가 부품 및 비인가 의심 부품의 신고에 대해 명시하고 있다.

① 비인가 부품 또는 비인가 의심 부품을 발견한 자는 이들 부품을 격리하고 국토교통부 장관 및 형식증명 소지자에게 별지 제12호 서식(비인가 의심 부품 신고서)을 작성하여 신고하여야 한다.

② 항공기 감항증명, 수리 개조승인 및 항공 안전 감독 활동 등의 업무를 수행하는 중에 비인가 부품 또는 비인가 의심 부품을 발견한 경우에는 이를 국토교통부 장관(항공기술과장)에게 보고하여야 하며, 국토교통부장관(항공기술과장)은 이를 형식증명 보유자에게 통보한다.

③ ①에 따라 신고한 자가 익명으로 신고하고자 할 경우 국토교통부장관은 신고자의 익명성을 보장하여야 한다.

감항 당국은 비인가 부품으로 확인되면, 항공사들의 주의를 촉구하기 위하여 [그림 11-6]과 같이 공지한다.

UNAPPROVED PARTS NOTIFICATION

Aircraft Certification Service

No.: 2011-20100321015

Date: January 25, 2011

http://www.faa.gov/aircraft/safety/programs/sups/upn

AFFECTED PRODUCTS:

Cessna Aircraft: Models 180, 185 and 188 series aircraft.

Note: Additional Cessna aircraft models may be affected; however, specific information pertaining to these products is unknown at this time.

PURPOSE:

This notification advises all aircraft owners, operators, maintenance organizations, and parts distributors, of unapproved parts that were sold that may have been installed on these aircraft and possibly others.

BACKGROUND:

Information received during a Federal Aviation Administration (FAA) suspected unapproved parts (SUP) investigation indicated that TD Aerospace Machine, Inc. manufactured and sold titanium spring main landing gear assemblies, part numbers XP0741001-77 & -88, and steel spring main landing gear assemblies, part numbers PP0741001-7 & -8 without FAA approval.

TD Aerospace Machine, owned by Thomas R. Anderson, is located at the physical address: 474 Highline Drive #B East, East Wenatchee, WA 98802, and mailing address: 331 Valley Mall Pkwy #388, East Wenatchee, WA 98802. Mr. Anderson previously owned XP Modifications of Arlington, WA, which had FAA Parts Manufacturer Approval (PMA) in conjunction with the STC's listed below. PMA was cancelled for XP Modifications on March 4, 2008.

- STC SA2359NM: Installation of tail wheel assembly.
- STC SA00800SE: Installation of modified main landing gear assembly.
- STC SA01087SE: Installation of titanium main landing gear assembly in accordance with XP Modifications, Inc. Master Drawing List XP010101MDL, Revision A, dated January 28, 2003, or later FAA approved revision.

EASA SIB No: 2014-12

EASA Safety Information Bulletin

SIB No.: 2014-12
Issued: 06 May 2014

Subject: Non-conforming Standard Hardware

Ref. Publication: Federal Aviation Administration (FAA) Special Airworthiness Information Bulletin (SAIB) HQ-14-16 dated 28 April 2014

Applicability: Manufacturers, owners, operators, and maintenance personnel of aircraft, engines, propellers, parts and appliances.

Description: Prompted by EASA SIB 2012-06R2, the FAA issued the referenced SAIB, addressing the same subject, but providing more detailed information on potentially non-conforming Military Specifications (MS), Army Navy Standards (AN) and National Aerospace Standards (NAS) fasteners.

After reviewing the available information and recognising that the FAA may not be the 'State of Design' authority for all the affected fasteners, EASA concurs with the SAIB and the recommendations contained therein.

This SIB is published to ensure that all affected persons who may have purchased any affected fasteners, and/or installed these on aircraft, engines, propellers, parts or appliances being in civil aviation service in an EASA Member State, are aware of these recommendations.

Recommendation(s): See referenced FAA SAIB.

Contact(s): For further information contact the Safety Information Section, Executive Directorate, EASA. E-mail: ADs@easa.europa.eu.

This is information only. Recommendations are not mandatory.

1/1

[그림 11-6] 비인가 부품 공지 사례

5.4 재고 수준 조정(Stock level adjustments)

필요한 부품, 재고량 및 재주문 시점은 실제 정비작업에 의해서 결정되고, 항공사마다 다르다. 이것은 또한 계절에 따라 달라질 수 있고, 정비의 질에 따라서 달라지기도 한다. 관리자가 완전히 이런 변화를 통제할 수는 없지만 계속해서 감시하고, 적절하게 처리되어야 한다. 따라서 부품 사용에 대한 지속적인 감시가 필요하며 필요에 따라서 조정이 필요하다.

5.5 시효성 자재관리(Shelf life item)

시효성 자재관리는 항공기 정비용 자재 중 제작사 권고 또는 각종 매뉴얼 상의 저장한계(시효)가 있는 자재관리를 말한다.

저장한계(shelf life)는 부품의 퇴화와 화학변화에 기초한 한계에서 항공사의 저장 창고(stores inventory)에 부품이 얼마나 오래 보유될 수 있는지에 대한 기간을 말한다. 어떤 품목도 정해진 저장한계를 초과하지 않게 관리하고, 항공기에 사용되지 않게 하는 것이 항공사 저장관리부서의 책임이다. 항공사는 산업안전 및 환경 당국의 규제 요건에 해당하는 저장기간이 만료된 품목을 처분하는 방법에 대한 계획이 있어야 한다.

시효성 부품(shelf life limited parts)은 몇 가지 저장 요건이 있다. 높은 온도와 외부 환경 노출에 민감하고, 연소하고, 부식하려는 경향을 지니고 있다. 그래서 금속 캐비닛에 보관해야 하고, 위험물질(hazardous material), 냉각제(refrigerant)와 같은 라벨이 부착되어야 한다. 시효성 부품은 다음과 같다.

① 오-링(O rings)

② 항공용 그리스(aviation grease)

③ 페인트 및 페인트 관련 항목(paint and paint-related items)

④ 침투유(penetrating oil)

⑤ 항균 제품(antiseize products)

⑥ 절연 컴파운드(insulating compounds)

⑦ 항공용 실란트(aviation sealants)

⑧ 드라이 필름 윤활제(dry-film lubricants)

저장관리부서는 반드시 보름 또는 한 달에 한 번씩 검사를 수행해서 저장한계가 만료된 품목들을 색출해서 저장기간 연장을 위한 재인증을 받아야 하고, 소모품일 경우에는 회사의 지침에 따라서 폐기해야 한다. QC 검사원은 시효성 프로그램(shelf life program)을 검토하여 기간이 지난 항목의 품목을 파악하고, 기간이 만료된 시효성 부품을 폐기하기 위한 시설, 시스템을 감시하는 중요한 역할을 한다.

5.6 부품의 맞교환, 보증 및 개조

5.6.1 부품의 맞교환(exchanges)

AOG 상황을 막기 위해 부품은 빈번하게 공급 업체와 맞교환된다. 저장관리부서는 반드시 맞교환된 부품이 발송된 이전 부품과 같은지 확인하여야 하며, 부품의 업그레이드 또는 개조로 인해 항공기 시스템이 손상되지 않도록 해야 한다. 부품 맞교환은 항공업계에서는 아주 흔한 일이다.

5.6.2 보증처리(warranty)

보증처리는 정비부서의 도움이 필요하다. 정비사가 어느 한 부품을 사용 불가능으로 반품을 했다면, 그 부품에는 초록색 태그(green tag)가 달려있을 것이다. 그 태그에는 해당 부품을 반품을 결정하게 된 내용이 쓰여있다.

항공사의 저장관리 부서는 보증처리가 지연되지 않도록 서둘러야 한다.

5.6.3 부품의 개조(modification)

항공기 부품은 시스템 통합(system integration), 감항성 개선(AD) 및 지속적인 고장률 개선을 위한 개조(modification)를 위해 설계 및 부품을 다시 검토한다. 부품 개조의 필요성이 확인되면, 공급 업체는 자사 부품에 대해 수리 지시(repair orders)를 발행하고, 프로세스를 시작한다.

항공사의 자재관리부서는 개조와 업그레이드를 목적으로 부품을 공급 업체에 발송한다. 부적절한 개조는 오히려 항공 안전을 위협할 수 있기에 개조 과정은 지속적인 모니터링과 공급 업체, 저장 관리자, 기술(engineering) 부서 사이의 원활한 의사소통이 필요하다.

업그레이드되고, 개조된 부품은 개조되기 전의 부품 번호(part number)와 같은 번호를 가지지만, 대시(-) 번호가 더 높거나 부품 번호 끝에 알파벳을 붙일 수 있다. 부품 번호가 8260121-2인 시동기 발전기 베어링(starter generator bearing)을 가지고 예를 들어 보자. 새로 개조된 부품 번호는 8260121-3 또는 8260121-2A일 것이고, 이는 AD에 따라 개조가 완료되었거나 부품에 동봉된 적절한 서류에 따라서 개조되었다는 것을 의미한다. 또한, 저장관리 부서는 개조 전의 부품이 불출되는 것을 방지하기 위해 업데이트된 부품 번호로 불출할 수 있도록 하여야 한다.

5.7 비용 절감 노력(Budgeting efforts)

현대적인 경영접근 방식은 모든 관리자가 조직의 비용 요구 사항을 알고 있어야 한다는 것이다. 만약 정비조직이 이번 장에서 처음부터 언급된 자재관리에 대한 완전한 통제를 원한다면, 정비조직은 발생한 비용과 전체 활동에 대한 예산에 대해서 완전한 책임을 져야 한다.

재고 수준을 설정하는 데 있어 가장 큰 문제 중 하나는 재고 품목의 비용이다. 일부 항공사는 품목이 정말 필요할 때 재고가 없는 것을 방지하기 위해 재고를 필요 이상으로 쌓아놓는다. 이 과도한 재고량은 정비 지연을 방지하고, 정비 시간을 최소화할 수 있다. 하지만 사용되지 않는 부품에 비용이 너무 많이 들어갈 수 있고, 이 부품들이 저장시한 품목이면 저장기간이 끝나버리는 상황이 발생할 수 있다.

일부 항공사들이 수용하는 또 다른 극단적인 방법은 예비 부품(spare part)에 아주 적은 투자를 해서, 항공사의 운용비용을 최소화하는 것이다. 이 방법의 단점은 정비가 지연, 취소될 수 있고, 비행 일정의 취소, 승객의 만족도가 감소되고, 정비의 질까지 떨어질 수 있다.

제12장 품질 보증

정비조직의 품질 보증은 운항, 객실, 운송, 영업 부문 및 승객의 요구를 만족시킬 수 있는 안전하고도 쾌적한 항공기를 정시에 이들에게 제공하는 것(품질)을 보증하는 것이며, 품질 보증 활동이란 이러한 품질 보증을 도모하기 위해 수행되는 모든 활동이다.

1 품질 보증 요건(Requirement for quality assurance)

항공사는 항공기가 감항성이 있는 상태로 유지하기 위해서 운영기준(operation specifications: Ops Spec)에 따라서 정비 및 검사 프로그램을 운영해야 한다.

이를 지속적 감항성 유지 프로그램(continuous airworthiness maintenance program) 또는 CAMP 라고 하며, 운영자의 운영기준에 정의되어 있다. 운영기준은 감항 당국에 의해 승인되었지만, 이러한 프로그램의 효과성을 보장하기 위하여 국토교통부 운항기술 기준 5.9(항공기 및 장비품의 지속적인 감항성 유지)는 다음과 같이 추가 요건을 제시하고 있다.

항공기 소유자 등은 항공기 등에 대하여 지속해서 감항성을 유지하고 항공기 등의 감항성 유지를 위하여 다음 사항을 확인하여야 한다.

① 감항성에 영향을 미치는 모든 정비, 오버홀, 개조 및 수리가 항공 관련 법령 및 이 규정에서 정한 방법 및 기준·절차에 따라 수행되고 있는지의 여부.

② 정비 또는 수리·개조 등을 수행하는 경우 관련 규정에 따라 항공기 정비일지에 항공기가 감항성이 있음을 증명하는 적합한 기록유지 여부

③ 항공기 정비 작업 후 사용가 판정(return to service)은 수행된 정비 작업이 규정된 방법에 따라 만족스럽게 종료되었을 때 이루어질 것

④ 정비 확인 시 종결되지 않은 결함 사항 등이 있는 경우 수정되지 아니한 정비 항목들의 목록을 항공기 정비일지에 기록하고 있는지의 여부

또한 국토교통부 운항기술 기준 9.1.19 정비요건(AOC maintenance requirements)에서는 운항증명 소지자의 책임을 명시하고 있으며, 요약하면 다음과 같다.

① 항공기의 감항성과 운용하는 장비와 비상 장비의 사용 가능함을 보증하여야 한다.

② 운영 중인 각각의 항공기의 감항증명서가 여전히 유효한지를 보증하여야 한다.

③ 항공기/항공 제품에 대한 정비, 예방정비와 개조가 정비규정(maintenance control manual)

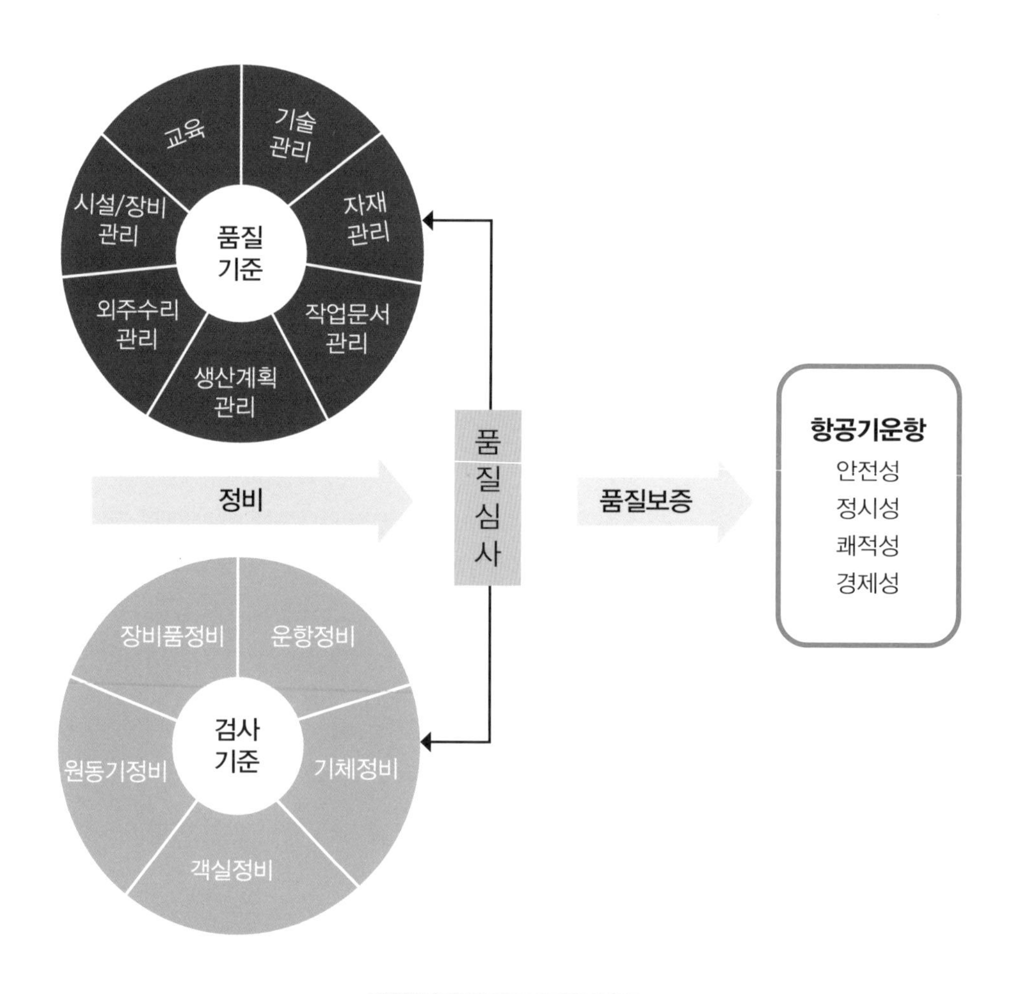

[그림 12-1] 품질 보증 체계

또는 지속적인 감항성을 위한 현행 지침 및 적용되는 항공 법규에 의거하여 수행됨을 보증하여야 한다.

④ 어떤 정비, 예방정비 또는 개조의 수행을 위해 타인 또는 제3의 업체와 계약할 수 있지만 그러한 계약 하에서 수행된 모든 작업들에 대한 책임은 운항증명 소지자에게 있다.

품질에 영향을 미치는 직능을 구분하여 조직을 편성하고 이에 종사하는 직원의 권한과 책임을 명확히 규정하여야 하며, 품질 보증 활동상 요구되는 지침(관리기준)을 설정하여 성문화하고 최신의 상태로 유지될 수 있도록 관리하여야 한다.

또한, 요구되는 지침은 요구 사항에 합치하지 않는 불만족 사항(결함)의 예방과 조기 발견이 가능하여야 하고, 시정조치가 적시에 행하여지도록 규칙화되어야 하며, 품질에 관한 직능을 수행하는 직원은 품질상의 문제점 식별 및 평가, 해결책 수립 및 건의를 위한 기술지식과 경험이 풍부하여야 하며, 명확한 책임과 권한이 부여되고 조직상 활동의 자유가 보장되어야 한다.

아울러, 항공기재의 생산에 관계되는 전 부서/공장에서의 품질 보증 활동 상태와 효율성을 평가하기 위하여 규칙적인 심사가 실시되어야 한다.

2 품질심사(Quality audits)

품질심사는 항공법에서 요구하는 기본 기능이며 신뢰성 부문, 검사 부문, 작업 현장 및 위탁업체와도 협력하여 모든 정비 및 지원 업무의 항공법, 사규, 절차, 규격서, 일반 실무기준, 안전지시 등의 준수 상태를 표본 조사하고, 규정/절차 등의 적합성과 유효성도 점검한다.

품질심사 프로그램과 품질 관련 업무에 대한 책임은 품질 보증 관리자에게 있으며, 품질심사 프로그램은 품질관리를 위한 도구로써 아래 사항의 평가 결과를 정비본부장과 정비조직의 각 부서장에게 보고하여 목적을 달성하도록 하여야 한다.

① 정비 부서/공장, 정비 체제 및 작업 결과 등이 정비 품질 목표 달성에 효과적이며 적절함.

② 개선 조치 및 이의 이행이 관련되는 규정에 어긋나지 않음. 그러나 품질심사로 인해 종사자들이 자신의 업무를 지속해서 자체 점검하고 발생한 문제점을 전달할 필요성이 없어지는 것은 아니다.

품질심사는 해당 분야별로 작성된 점검표에 따라 수행하여야 하고, 반복적으로 수행하며 특별심사는 부 정기적으로 필요에 따라 수행하여야 한다.

또한, 품질심사 중에 심사원은 인명을 위험하게 하거나 장비에 손상을 줄 수 있는 불만족 상황(1급 지적사항 포함) 발견 시 즉각적인 시정조치를 하도록 담당자 및 해당 관리자에게 바로 알려주고 품질 보증 관리자와 필요하면 경영층에게도 보고하여야 한다. 품질심사 결과보고서는 관리자에게 현재 문제가 있는 분야와 잠재적인 문제가 있는 분야를 알려주는 수단이다. 관리자는 심사에서 발견된 문제점을 담당자의 과실을 처벌하는 기준으로 삼지 않으며, 해당 업무의 시스템을 개선하는 지표로 활용하여야 한다.

여러 부서 또는 정비 현장에서 공통으로 사용하는 절차와 관련하여 특정 부서 또는 정비 현장에서 절차상의 중요한 하자가 발견되는 경우, 이를 다른 부서 또는 정비 현장에 확대 적용하기도 한다.

2.1 품질심사 분야

일반적인 품질심사 분야는 다음과 같다.

① 시설 설비 및 환경

② 교육훈련 및 자격인정

③ 장비 및 공구관리(적합성과 교정)

④ 기술자료 및 출판물 관리

⑤ 자재 저장 및 취급

⑥ 정비 확인 및 검사, 정비 작업, 정비기록 및 보존, 결함 보고, 항공기 등에 대한 실사

⑦ 운항기술 기준 제6장 정비조직의 인증(approval for maintenance organization) 및 제9장 항공운송사업의 운항증명 및 관리(air operator certification and administration)에 의한 인가 내용의 개정관리

⑧ 감항성 개선지시, 정비프로그램, 수리/개조, 품질 시스템, 신뢰성관리, 정비이월 등

⑨ 항공기 제·방빙 작업, 작업장관리, 정비규정/ 절차

⑩ 계약업체 등

2.2 품질심사 분야 및 주기

품질심사는 절차심사(procedure audit), 이행상태심사(compliance audit), 생산품 심사(product audit), 그 밖의 심사(miscellaneous audit)로 구분한다.

① 절차 심사(procedure audit): 각 부서/공장이 제정/관리하는 정비 관련 규정, 절차 및 프로그램의 적절성 및 유효성을 평가한다.

② 이행상태 심사(compliance audit): 주요 정비업무 관련 규정, 절차 및 기준의 이행상태를 확인한다.

③ 생산품 심사(product audit): 생산품이 사용에 필요한 요건을 갖추고 있는지 확인하는 것으로 운항정비, 정시 점검, 엔진 정비, 장비품 정비 분야에 적용하며 항공기 기종, 정시 점검 종류, 엔진 형식 및 장비품별 표본검사(sampling) 방식으로 수행한다.

④ 기타 심사: 절차심사, 이행상태 심사, 또는 생산품 심사 이외의 공항지점 정비, 공급사(supplier) 심사 등을 포함한다.

심사 주체에 따라 내부 심사(internal audit)와 외부 심사(external audit)로 구분되며, 실시 시기에 따라 정기 심사(scheduled audit)와 부정기심사(unscheduled audit)로 분류된다.

내부 심사 및 외부 심사 중 정기 심사는 실시 주기 및 방법에 따라 실시함을 원칙으로 하며, 부정기심사는 정기 심사 외에 다음과 같이 필요하다고 판단하면 수시로 실시할 수 있다.

① 정비조직의 기능상 중요한 변경이 있는 경우

② 심사 지적사항의 재발에 따라 시정조치 확인이 필요한 경우

③ 기타 항공기 정비 품질을 위해 필요한 경우

2.3 품질심사 절차

품질심사 절차는 [그림 12-2]와 같다.

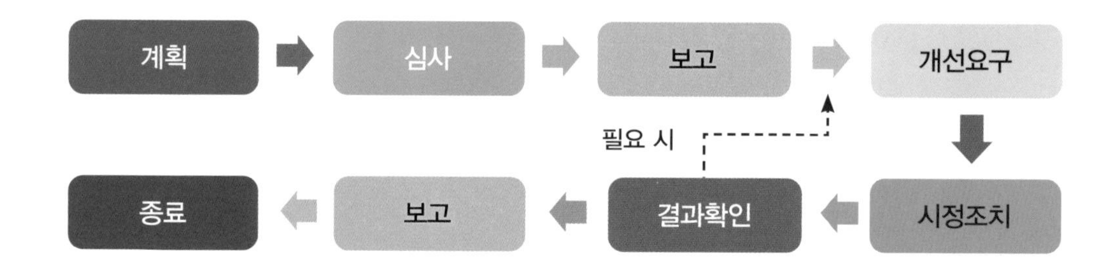

[그림 12-2] 품질심사 절차

2.3.1 심사계획

심사원은 이전 심사의 지적 및 조치사항, 착안 사항, 심사 범위, 관련 점검표 및 최근의 법규/규정/절차상의 변경사항 등을 검토하여 심사목적에 맞는 세부 심사계획을 준비한다.

2.3.2 심사실시

심사원은 수검 부서/공장의 관련 관리자가 참석하는 품질심사 사전 회의를 열어, 심사목적, 범위, 방법, 일정 및 심사원을 소개하고, 점검표에 따라 담당자 면담, 서류 검토, 작업 관찰 및 표본검사를 하고 점검 결과를 기록한다.

문제점을 발견한 경우, 그것을 증빙하는 자료를 기록하거나 수집하고, 문제점이 국한된 사항인지 전반적인 사항인지 확인하는 데 필요하면 심사 범위를 확대할 수 있으며, 심사 중에 항공기 감항성이나 안전에 중대한 영향을 주는 지적사항(1급 지적사항)을 발견한 경우, 시정조치를 할 때까지 해당 작업이나 업무를 중지시키고 그 내용을 정비조직 책임자에게 보고하고, 해당 부서/공장은 신속한 조치 후 그 결과를 품질보증부서 관리자를 거쳐서 정비조직 책임자에게 보고하여야 한다.

선임심사원(심사원)은 심사 후 심사원과 품질심사 평가 회의를 열어 심사 결과를 분석하고 종합한 후, 심사원과 수검 부서/공장의 관련 관리자가 참석하는 품질심사 종결 회의(out-briefing)를 열어 심사 결과 및 지적사항을 설명한다.

심사 결과에 대한 수검 부서/공장의 동의가 필요한 것은 아니나 이견이 발생한 경우, 최종 판정의 권한은 품질보증부서 관리자가 갖는다.

2.3.3 심사 결과 보고

품질심사 결과보고서는 수행된 모든 심사 별로 작성하여야 하며, 품질 보증 관리자에게 보고한 후 피 심사 부서 또는 개선 조치와 관련이 있는 모든 단위 부서에 배포하여야 한다.

심사 결과 보고는 최소한 다음 사항이 포함되어야 한다.

① 심사 결과 요약(심사 전반에 대한 결론)

② 내부 절차의 관련 항공법 만족 여부

③ 내부 절차와 해당 업무 내용의 일치 여부

④ 업무 수행 시 관련 절차의 준수 여부

⑤ 지적사항 / 우려 사항

⑥ 기타 소견

2.3.4 시정조치 및 결과 보고

시정 요구 문서에 명시된 시한까지 수검 분야의 관리자/책임자는 발견사항에 대한 조치내용을 서면으로 품질보증부서 관리자에게 제출하여야 하며, 통보 문서는 해당 관리자/책임자의 승인을 받아야 한다.

제출하는 조치사항에는 근본 원인, 시정조치와 예방 조치가 포함되어야 하며, 각 발견사항에 대해 해당 분야에 적용되었고 그 내용이 유효한 것인지 평가하여야 한다. 또한, 품질 심사원은 불만족한 조치사항은 해당 관리자에게 통보하여 추가 조치를 요구할 수 있다.

2.3.5 심사종결(Audit closure)

품질보증부서 관리자는 품질심사 결과에 대한 조치내용이 적절하다고 판단되면, 해당 품질심사가 종료되었음을 관련 부서/공장장과 해당 심사원에게 통보한다.

3 품질기준(기술기준, 작업기준)

품질의 설계에 있어서는 설계 요소의 중요도를 검토하고 그의 가치와 가격을 고려하여 도면, 기술지시, 규격 또는 명세서 등으로 그 요구 성능을 구체화하여 경제성, 신뢰성, 정비성 등을 종합적으로 만족시켜야 한다.

부분품, 부품, 재료 등은 사용 목적에 가장 적합한 품질의 것을 선정하여야 하며, 그 적용에 있어서는 필요에 따라 기술상, 관계법상의 조건을 만족시키는 지침을 준수하여야 한다.

설정된 설계도면, 기술지시, 규격 또는 명세서 등 품질에 관한 기준은 항시 최신의 상태로 이용될 수 있도록 관리 유지되어야 하며, 이러한 기준의 기술상 적합성 및 제안되는 기술변경의 타당성 검토 및 평가를 할 수 있도록 지침이 설정 유지되어야 한다.

품질에 영향을 미치는 모든 생산작업에 관해서는 작업기준 및 지침을 작성하고 최신의 상태로 관리 유지되어야 한다.

작업기준 및 지침은 각 공정에 요구되는 설비, 장구, 공구, 작업 방법, 작업조건, 작업상의 주의사항, 불만족 사항에 대한 조치 등 해당 작업수행에 요구되는 기준이 포함되어야 하며 합격, 불합격의 판정 기준이 될 수 있어야 한다.

3.1 생산설비, 정밀측정장비 및 시험장치

생산되는 항공 기재의 품질을 일정하게 유지 보증하는 데 필요한 생산설비를 준비하고 유지하여야 하며, 설비를 활용하는 데 항공 기재의 품질에 악영향을 미치지 않도록 관리하여야 한다.

기술상 요구되는 정밀측정장비 및 시험장치를 준비하고 유지하여야 하며, 정밀측정장비 및 시험장치 등은 항상 사용 목적에 따라 정확하게 관리되어야 한다. 또한, 정밀도를 유지하기 위하여 적절한 주기에 의한 정기적인 교정 또는 검사가 이뤄질 수 있도록 충분한 관리가 이루어져야 하며, 정확도(정도)는 원칙적으로 국가 기준 또는 국제기준에 부합되는 것이어야 한다.

3.2 국내·외 외주품의 관리

외주로 구매되거나 수리되는 재료, 부품, 장비품 등의 모든 항공 기재는 요구되는 품질기준에 합치되고 있음을 외주회사에 의해 이를 보증하도록 하여야 하고, 외주회사 선정 시는 원칙적으로 사전에 그 회사의 품질관리 능력을 조사하여 능력이 있다고 인정된 회사를 선정하여야 한다.

납품되는 항공 기재가 해당 외주회사에 의해 보증된 것이라 하더라도 수령 시점에 있어서는 기술상의 요구에 합치되고 있는가를 확인하기 위한 수령검사를 하여야 하며, 그 검사 방법은 외주회사의 품질관리 능력 및 과거의 납품실적에 따라 적절히 조정되어야 한다.

외주의 경우 제품에 대한 주문서(또는 계약서)에는 적용되어야 할 기술적 요구 사항이 구체적으로 기술되어야 하며, 시험 또는 검사에 관한 사항, 기록에 관한 사항 등 품질관리에 관한 사항도 포함되어야 한다.

외주품의 품질 보증을 위하여 외주회사의 품질관리 유효성과 안전성에 대해 외주품의 기능과 발주량을 고려하여 적절한 주기에 의한 품질심사를 하여야 하며, 외주품의 수령검사 및 외주회사에 대한 품질심사 시 발견된 결함이나 문제에 대해서는 그의 중요도 및 빈도에 따라 개선대책 및 재발 방지 조치가 취해질 수 있어야 한다.

3.3 공정관리

"공정 담당은 스스로 이를 보증한다."라는 품질관리 기본방침 아래에 모든 항공 기재의 생산작업은 문서화된 작업지시 및 작업표준에 따라 관리된 상태 아래에서 수행되고 있음을 보증하여야 하며 결함을 시정하고 재발 방지대책을 수립, 실시하여 공정능력의 안정화에 노력하여야 하고, 적절한 공정관리와 품질 보증을 기할 수 있도록 현재의 공정능력이 파악되어 있어야 한다.

품질 보증과 공정능력의 파악을 위해 공정 중의 적절한 개소에서 해당 공정이 작업지시 및 작업표준에 부합된 것인가를 효과적으로 확인(검사 또는 시험)하도록 하여야 하며, 처리된 공정에 대한 물리적 확인이 불가능하거나 불편한 경우에는 그의 처리 방법, 설비, 기구 및 인원 등을 심사하는 관리 방법이 준비되어야 한다. 또한, 공정 중의 확인(검사, 시험 또는 심사) 기록은 완성품의 품질 증거로서 가능한 것이어야 한다.

완성품이 요구품질에 합치하고 있음을 확인하는 데 필요한 검사, 시험을 하여야 하며 이러한 완성품의 검사, 시험은 제품의 사용 목적 또는 기능이 충분히 확인될 수 있어야 한다.

3.4 특수공정

통상적인 방법에 따른 제품의 검사만으로는 그 품질을 보증하기가 곤란한 생산공정 및 특수검사 공정에 대해서는 요구품질을 만족시킬 수 있는 검사제도가 확립되어야 하며, 그에 수반되는 관계 법규상의 조치가 요구될 때 이를 만족시키도록 하여야 한다.

3.5 품질 상태의 표시

항공 기재의 품질 상태를 명확하게 식별할 수 있는 제도와 방법이 유지되어야 하며, 품질의 상태는 검사 또는 정해진 방법에 따라 표시되어야 한다.

3.6 기록

기록은 품질 보증의 근거이므로 그 내용은 객관적이고 구체적이어야 하며 관계 당국 및 고객(customer)의 심사에 받을 수 있도록 보관되어야 한다.

항공 기재의 생산에 수반되는 검사 또는 시험기록에는 실제로 관측한 내용, 발견된 결함 및 이의 시정조치 내용에 대한 기록이 포함 유지되어야 하며, 이러한 기록들은 정확하게 해석되고, 해석된 결과는 재발 방지 조치에 반영되도록 적절한 지침에 의해 활용되어야 한다.

3.7 취급 및 저장

항공 기재의 취급 및 저장 중 제품의 손상, 변질, 성능저하 등을 방지하기 위한 보호 수단을 마련하여야 하며, 보관 중 변질 또는 성능저하를 초래할 우려가 있는 특정품목에 대해서는 그 품목을 본래의 사용 목적에 지장 없이 최대한으로 사용할 수 있는 시한을 지정하고 이에 수반되는 특정한 검사, 정비 또는 저장하도록 한다.

항공 기재를 취급할 때는 검수, 발송, 운반 등에 관한 지침을 규정하여 이에 따라 처리되도록 관리하여야 한다.

사용 가능품이라고 판정되지 않은 부적격 항공 기재는 사용 가능품으로 혼용되지 않도록 수리품, 폐품 또는 작업대기, 부품대기, 검사 또는 시험 대기 등으로 구분하여 명확하게 식별되고 격리 보관하여야 하며, 부적격 항공 기재의 수리 또는 개조작업은 성문화된 지침에 따라 처리되어야 한다.

3.8 교육훈련

항공 기재 생산에 관계되는 부문에 종사하는 전 직원에게 품질관리의 개념과 필요한 수법을 습득하게 하여 품질 의식을 높이고 스스로 품질의 유지와 향상에 대처할 수 있도록 각각의 직무에 따르는 교육훈련이 이행되어야 한다.

교육훈련을 받은 직원은 습득한 지식 및 기능을 자신의 담당업무에 활용하고 응용하도록 하여야 한다.

3.9 시정조치

품질 보증 활동은 품질 보증에 저해되는 현상을 신속히 발견하는 것뿐만 아니라 이를 즉각 시정토록 하여야 하며, 시정은 현상만을 제거하는 것은 물론 근본 원인을 규명하여 재발을 방지할 수 있도록 조치되어야 한다.

4 정비작업문서의 기록

정비의 기록은 정비행위에 대한 품질을 보증하는 근거자료이므로 그 내용은 객관적이고 구체적이어야 한다.

결함, 조치사항, 수행된 작업의 결과 및 시험 내용은 해당 작업문서에 기록하고 정비확인자 또는 검사자가 확인 날인 하며, 모호한 용어는 지양하고 서술적으로 이해하기 쉽도록 기록하여야 한다.

정비작업문서의 기록은 정자 및 인쇄체 대문자로 하며, 약어는 규정된 범위에서 사용하는 것을 원칙으로 하고, 기록은 검은색 필기구를 사용해서 하며, 잘못 기록되었을 때는 해당 내용에 두 줄을 긋고 정정된 사유 및 내용을 기록하고 확인자 또는 검사자가 정정 확인 날인을 하여야 하며, 수정액의 사용은 금한다.

날짜(date)는 '일-월-년(DDMMYY)'으로 기록하고 월(month)의 표기는 영문 3글자(예: JAN)로 한다. 단, 절차나 양식(form)에 별도의 표기 방법이 명시되었으면 해당 양식에 따라야 한다.

4.1 주요 정비 이력 유지 관리

항공기, 엔진과 부품 등에 대한 다음의 정비 이력은 정비작업문서나 로그 북(log book)에 기록하거나 시스템에 의해 관리함으로써 유지 관리 되도록 하여야 한다. 주요 정비 이력 내용은 다음과 같다.

① 총사용 시간(total time in service)

② 시한성 부품 현황(life limited parts status)

③ 시간 규제부품 현황(time regulated parts status)

④ 감항성 개선지시 및 기술 개선 회보 현황(airworthiness directives and service bulletin status)

⑤ 대 수리/개조 현황(major repairs/alterations status)

⑥ 정비프로그램에 의한 항공기 검사 현황(aircraft inspection status by maintenance program)

정비작업문서에는 항공기, 엔진과 부품 등의 정비, 수리, 개조 등에 사용되는 작업 카드(check or job card), 작업서(work sheet), 기술지시서(engineering order), 작업지시 및 수정기록(job order&correction record: JOCR), 구조결함보고서(structure defect report: SDR), 작업장 지시(shop order), 마스터 지침(master instruction) 등이 있으며, 다음의 내용이 포함되어야 한다.

① 수행된 작업의 내용

② 작업 완료 일자

③ 작업자 성명 및 직책

④ 정비, 수리 또는 개조에 관한 사항

⑤ 작업에 사용된 근거자료

4.2 정비작업문서의 유지 보관

정비작업문서는 작업수행 본(원본)을 항공기 기번별, 부품별 또는 문서 종류별로 분류하여 쉽게 접근할 수 있도록 유지 및 보관해야 한다.

정비의 기록 사항은 관계 당국 및 고객(customer)의 검사 또는 요구에 이용될 수 있도록 유지 보관되어야 하며, 항공기가 임대(lease)되는 경우 임차자(lessee)의 요구에 해당 항공기의 정비기록이 이용할 수 있도록 지원할 수 있어야 한다. 또한, 항공기가 매각되거나 임대인에게 반납되는 경우 해당 항공기 정비기록은 새로운 소유주에게 이관되어야 한다.

제13장 품질관리

품질관리(검사)는 항공안전법 및 동법 시행규칙에서 정해진 감항성 확보를 위한 정비종사자의 작업행위가 관련 법규, 규정, 절차 등의 기술기준에 적합한지를 확인하는 것이다.

1 품질관리 일반

항공사 정비조직의 검사 기능은 앞에서 논의한 바와 같이 운영기준(ops specs)에 의해 수립된 기본적인 정비프로그램 일부로서 감항성에 지대한 영향을 미치는 지정된 검사항목에 대해서는 정비확인자에 의한 사용 가능 판정에 대하여 검사원이 검사를 수행하여 정비 품질을 보증하고, 인적오류(human error)와 사고를 사전에 방지하여 과징금 및 행정처분 유발 등의 문제를 예방하는 것을 원칙으로 한다.

정비 확인과 검사는 동일인이 이중으로 할 수 없으며, 검사원이 서명 또는 날인(stamping)을 할 때 반드시 등록된 서명과 스탬프로 하여야 하고, 비파괴검사(NDI 및 BSI)는 특수한 검사장비 또는 검사 기술이 요구되는 작업 항목으로서 해당 검사원이 직접 검사를 하여야 한다.

검사원은 그의 권한과 책임을 타인에게 위임할 수 없으며, 검사 결과 불합격으로 판정된 사항에 대하여 검사원은 재작업을 지시하고, 그 결과에 대하여 재검사하여야 한다. 또한, 검사원 임면에 대한 현황과 관련 도장(stamp) 번호를 나타내는 등록대장이 유지되어야 하며, 각 검사원에 대한 업무 범위, 자격증 소지 현황 등이 수록되어야 한다.

2 품질관리 조직(Quality control organization)

2.1 품질관리자(Quality manager)의 요건

품질관리자는 정비프로그램 중 필수 검사 기능에 대한 책임을 진다. 대부분 조직에 있어서 가장 작은 규모인 경우를 제외하고 품질관리자는 검사 지적사항과 관련한 의견 대립에 대한 조정기능을 하는 것뿐만 아니라 일반 검사 기능에 대해 위임된 업무의 책임을 진다.

항공 운송사업자의 품질관리자는 정비, 예방정비 및 개조 기능을 수행하는 데 대한 책임이 있는 관리자의 아래에 있는 조직에 소속되도록 하여서는 아니 된다. 품질관리자는 자격증명을 가진 항공정비사이어야 한다. 이와 같은 기준은 품질관리자가 항공 운송사업자의 항공기와 구성품들을 감독하고 검사하는 것과 관련된 고유한 책임에 관한 지식이 있다는 것을 보장한다. 품질관리자의 직위에 대한 기타 모든 법적인 요건들은 항공정비사 자격증명을 가진 자와 같은 기준이다.

2.2 검사와 정비부서의 분리·독립

검사 부문은 정비조직 내부의 일부분이므로, 검사조직에 대한 법적인 요건은 없다. 항공안전법 등에는 정비를 '검사, 오버홀, 수리, 저장 및 부품의 교환'이라고 정의하고 있다. 만약 검사 부문을 선택한다면, 정비조직의 내부에 하나의 독립된 부서로서 구성하여야 한다.

항공안전법 등에는 항공 운송사업자는 정비, 예방정비 및 개조 행위의 기능으로부터 필수 검사 기능(required inspection functions)[1]을 분리하고, 검사, 수리, 오버홀 및 부품의 교환을 포함한 모든 정비기능을 수행하는 조직을 구성하여야 한다. 이 조직 분리는 다른 정비, 예방정비 및 개조 기능의 수행뿐만 아니라 필수 검사 기능의 전반적인 책임이 있는 관리 감독(administrative control) 단계 아래에 있어야 한다. 정비본부장은 다른 정비(검사 포함), 예방정비 및 개조 기능뿐

1) '필수 검사항목(required inspection items)'이란 작업 수행자 이외의 사람에 의해 검사돼야 하는 정비 또는 개조 항목으로써 적절하게 수행되지 않거나 부적절한 부품 또는 자재가 사용될 경우, 항공기의 안전한 작동을 위험하게 하는 고장, 기능장애 또는 결함을 초래할 수 있는 최소한의 항목을 말한다.

만 아니라 필수 검사 기능의 요건에 대하여 전반적인 권한과 책임을 갖고 있다.

3 QC 검사원 자격(Inspector qualifications)

품질관리 검사원은 반드시 항공 정비 관련 자격과 더불어 경력을 갖추어야 하며, 회사에서 요구하는 모든 훈련 및 항공기 기종 교육을 이수하여야 하고, 항공사 규정, 정책 및 절차에 대한 지식이 있어야 한다. 또한, 회사의 필수 검사항목(RII) 프로그램을 알아야 한다. 그리고 QC 검사원 과정을 수료하고 항공사의 QC 조직이 수행하는 자격시험을 통과하여야 한다.

우리나라 국토교통부 운항기술기준(6.4.3)에서는 검사원의 자격요건을 다음과 같이 규정하고 있다.

[그림 13-1] 항공기 검사원

① 품목에 대하여 정비 등을 수행한 후 감항성 유무를 결정하기 위하여 사용된 검사 방법, 절차, 기술, 기능, 보조재, 장비와 공구 등에 대하여 훈련되고 익숙하여야 한다.

② 품목의 다양한 검사 대상에 따라 적합한 측정·검사장비 및 시각 점검 보조기구 등을 능숙하게 사용하여야 한다.

③ 검사원은 항공안전법 제35조 제8호에 따른 자격증명[2]을 갖춘 자이어야 한다. 다만, 대한민국 외의 지역에 위치한 정비조직인 경우 해당 항공 당국이 정한 규정에 따른 자격요건을 갖춘 자이어야 한다.

④ 관련 법규, 규정에 익숙하여야 하며, 관련 매뉴얼, 작업지시서 등을 충분히 이해할 수 있어야 한다.

4 기본적인 검사 정책(Basic inspection policies)

항공사는 모든 전담 및 위촉 검사원이 준수해야 할 기본적인 검사정책을 수립해야 한다. 주요 기본 정책은 다음과 같다.

① 작업완결의 공식적인 승인을 위해 검사원 스탬프 사용

② 교대 근무 중의 검사의 연속성

③ 검사원의 결정에 대한 대응책

④ 불합격 처리된 작업의 재검사

⑤ 자기 일의 검사

4.1 검사 스탬프(Inspection stamp)

정비 확인과 검사는 동일인이 이중으로 할 수 없으며, 검사원이 서명 또는 날인(stamping)을 할 때 반드시 등록된 서명과 스탬프로 하여야 한다.

---

2) 항공정비사 자격증명을 의미함

ACCESS : 445

1 CHECK #4 ENGINE INTEGRATED DRIVE GENERATOR QUICK ATTACH/DETACH RING TENSION BOLT TORQUE AND CONDITION PER MM24-11-08 P.B 600, PARA 3.(TASK 24-11-08-206-012, IDG Quick Attach-Detach (QAD) Ring Tension Bolt Torque Check)

[그림 13-2] 스탬프 사용 사례

검사원 임면에 대한 현황과 관련 스탬프 번호를 나타내는 등록대장이 유지되어야 하며, 각 검사원에 대한 업무 범위, 자격증 소지 현황 등이 수록되어야 한다.

검사원의 날인은 검사 결과가 판정 기준에 합치될 때 한하여 해당 정비양식의 지정된 검사자 란에 스탬프 하여 당해 작업의 검사 행위의 완료를 표시하여야 한다. 만약, 검사 결과가 판정 기준에 합치되지 않는다고 판정되면 스탬프의 날인을 보류하고 해당 작업에 대하여 재검사할 것임을 통보하여야 한다.

검사 스탬프가 마모 및 파손 등으로 검사업무에 지장을 초래한다고 판단되면 재교부받아야 하며, 검사원에서 해임 또는 이직할 경우에는 즉시 반납하여야 한다.

4.2 검사의 연속성(Continuity of inspection)

작업이 둘 이상의 교대 근무(shift work)[3] 에 걸쳐있을 때, 즉, 지시된 항공기, 엔진과 부품의 단위 작업이나 검사를 주어진 근무 시간 내에 완료 시키지 못할 때는 해당 작업 또는 검사를 정확히 인수/인계하여 완벽하게 완료시키는 데 필요한 지침이 마련되어야 한다.

근무 교대 및 기타 사유로 인해 정비작업이나 검사가 중단되었을 경우, 수행 중이던 정비/검사에 대한 관리 책임자는 그 작업을 인수하게 되는 책임자에게 다음 사항을 알려주어야 한다.

① 근무 시간 중 발생한 정비/검사에 대한 전반적인 현황

② 근무 시간 내에 완료 시키지 못하고 인계하는 정비/검사 현황

3) 정비/검사를 지속해서 수행하기 위해 계획하여 시행하는 근무 형태

중단되었던 검사를 다시 수행하게 되는 실제 검사원은 검사를 착수하기 전에 인수한 작업 공정의 한 단계 앞에 이미 완료된 공정이 정확히 수행되었는지 반드시 확인하여야 한다.

4.3 검사원 결정 대응(Countermand of inspector's decisions)

정비사는 검사가 요구되는 정비작업 수행 시에는 해당 검사원에게 검사를 요청하여 작업에 대한 공정검사 또는 완성검사를 받도록 하여야 한다. 특히, 입회 검사가 요구될 때는 작업 개시 전 반드시 해당 검사원을 입회토록 하여야 하며, 검사원에 의해 불합격 판정이 되었을 때는 재작업 실시 후 검사원에게 재검사 받아야 한다.

검사원은 검사기준 및 기술기준에 의해 검사를 수행하고, 검사 결과 검사기준에 미달하는 사항에 대해서는 불합격 처리하여야 한다. 또한, 불합격 대상을 합격품으로 서명 또는 스탬프 날인을 요청받을 경우, 이를 거절할 수 있는 권한을 갖는다. 만약, 현장 작업 부문과 검사업무에 관하여 이견 발생 시 품질관리부서 관리자와 협의 처리하여야 한다.

5 기타 품질관리 업무(Other QC activities)

위에서 언급 한 검사 활동 외에도 품질관리(QC) 조직은 특수한 비파괴 검사, 정비에 사용되는 측정 도구 및 테스트 장비 등의 교정 또는 정비에 관련된 항공기 결함 등의 문제에 대한 감항 당국의 보고에 대한 책임이 있다.

5.1 비파괴 시험 및 검사(Nondestructive test and inspection)

구성품의 분해 또는 파손을 피하고자, 부품을 영구적으로 파괴하지 않고 특정 구성부품 및 시스템 상태를 보거나 검사할 수 있는 몇 가지 테스트 및 검사 방법이 개발되었는데 이러한 기술을 비파괴시험 또는 비파괴 검사 기술이라고 한다.

항공기 정비에 사용되는 NDT/NDI 기술에는 염색침투탐상검사(dye penetrant inspection), 와전류검사(eddy current inspection), 초음파검사(ultrasonic inspection), 자분탐상검사(magnetic particle inspection), 그리고 엑스레이검사(X-ray inspection)들이 있다.

5.1.1 염색침투탐상검사(Dye penetrant inspection)

염색침투탐상검사는 비(非)다공성 재질(nonporous material)의 부품 표면에 나타나는 결함을 검출하기 위한 비파괴시험의 한 가지 방법으로 알루미늄, 마그네슘, 황동, 구리, 주철, 스테인리스강, 그리고 티타늄과 같은 금속에서 신뢰성 있는 검사 방법으로 사용된다.

이는 부품 표면의 갈라진 공간에 유입되어 잔류하는 침투액을 사용하는 검사 방법으로 검사 결과를 명확하게 확인하는 방법이다. 염색침투탐상검사는 침투 재료로 염색제를 사용하며, 형광 침투탐상검사(fluorescent penetrant inspection)는 침투 재료로 형광염료(fluorescent dye)를 사용하여 가시도를 증대시킬 수 있다. 형광염료 사용 시, 자외선 원(UV, ultraviolet light), 즉 블랙라이트(black light)를 사용하여 검사한다.

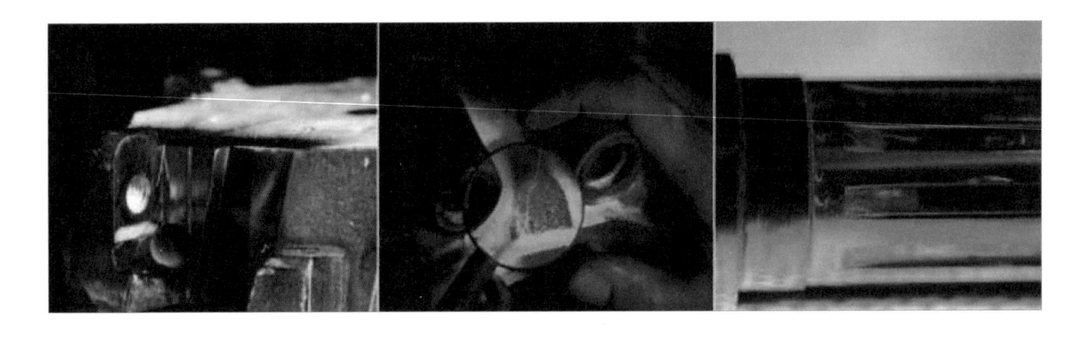

[그림 13-3] 염색침투탐상검사

5.1.2 와전류검사(Eddy current inspection)

코일에 교류전류를 흘려주면 자기장이 발생하게 되는데, 코일을 도체에 가까이 가져갈 때 전자유도에 의해 도체 내부에 생기는 맴돌이 전류를 와전류라 한다. 와전류탐상 검사는 시험

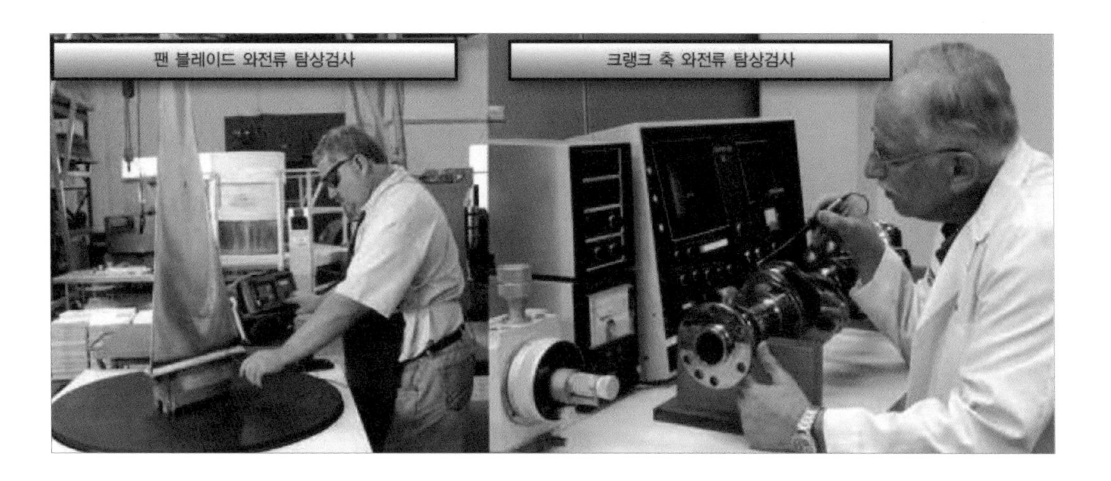

[그림 13-4] 와전류 탐상검사

[그림 13-5] 초음파검사

체에 접촉하지 않는 비접촉식 검사법으로 다른 비파괴검사법에 비해 자동 및 고속 탐상이 가능하며 각종 도체의 물리적 성질을 측정하고 표면 결함을 검출한다. 와류탐상검사는 프라이머(primer), 페인트, 그리고 아노다이징 필름(anodized film)과 같은 표면처리가 된 부품 표면을 제거하지 않고도 수행할 수 있어 부품 판정에 대해 신속하고 빠른 의사결정을 하는 데 효과적이다.

5.1.3 초음파검사(Ultrasonic inspection)

초음파검사는 모든 종류의 재료에 적용할 수 있으며 소모품이 거의 없으므로 경제적인 검사 방법이다. 이를 위해서 검사 표준 시험편이 필요하며 검사 대상물의 한쪽 면만 노출되면 검사할 수 있으며 판독이 객관적이다.

5.1.4 자분탐상검사(Magnetic particle inspection)

자분탐상검사는 강자성체로 된 시험체의 표면 및 표면 바로 밑의 불연속을 검출하기 위하여 시험체에 자장을 걸어 자화시킨 후 자분(ferromagnetic particles)을 적용하고, 누설 자장으로 인해 형성된 자분의 배열 상태를 관찰하여 불연속의 크기, 위치 및 형상 등을 검사하는 방법이다.

부품 표면에 존재하는 결함을 검출하는 방법으로, 침투탐상검사와 더불어 자분탐상검사가 널리 적용되며 강자성체의 표면 결함 탐상에는 일반적으로 침투탐상검사보다 감도가 우수하다.

자속이 누설된 부분(magnetic field discontinuity)에서는 N극과 S극이 생겨서 국부적인 자석이 형성되고 여기에 강자성체의 분말을 산포하면 자분은 결함 부분(interruption)에 흡착되며 흡착된 자분 모양을 관찰하여 결함을 검출한다.

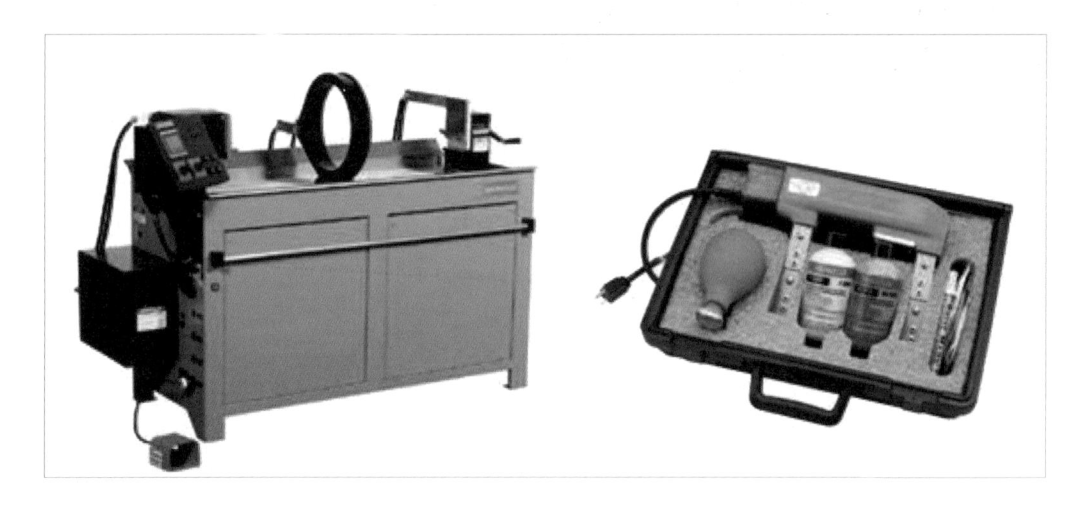

[그림 13-6] 고정식과 이동식 자분탐사 검사장비

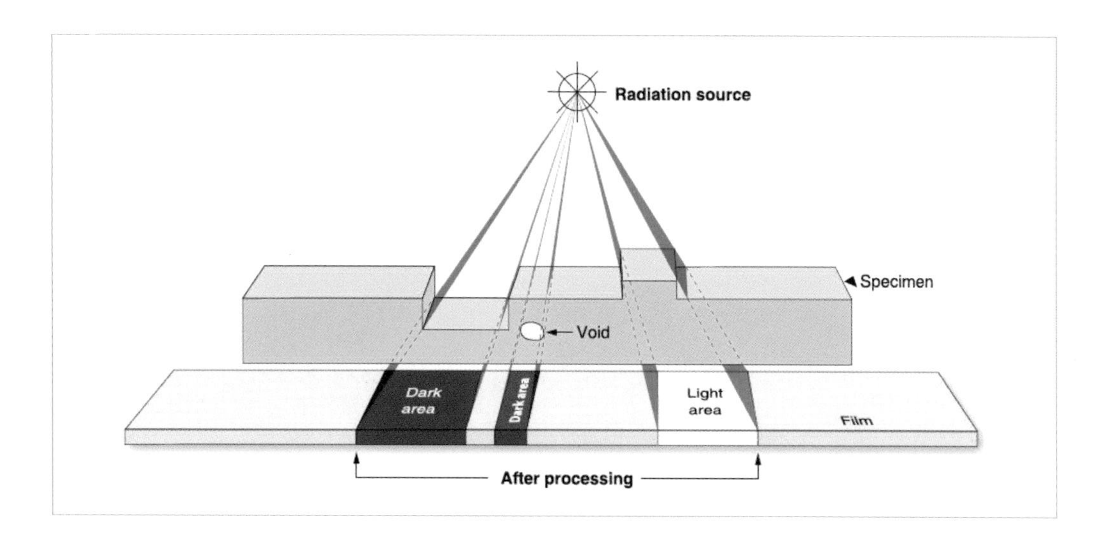

[그림 13-7] 방사선사진

5.1.5 엑스레이검사(X-ray)

엔진 구성 부분의 구조적 짜임새(structure integrity)에 관한 판단이 필요할 때 활용되는 검사 방법으로, 사용되는 엑스레이는 금속 또는 비금속에 대해 불연속점(discontinuity)을 검출하여 결함을 판단한다. 투과성 방사선을 검사하고자 하는 부품에 투영시켜 필름에 잔상(invisible or latent image)을 생기게 하여 물체의 방사선사진(radiograph), 또는 엑스레이사진(shadow picture)을 생성한다. 운반이 자유로운 장점이 있으며, 엔진 구성 부분의 거의 모든 결함의 검출에 활용되고, 빠르고 신뢰도 있는 검사 방법으로 활용된다. 그러나 이 검사 방법은 검사 비용이 많이 들며 방사선 안전 등의 해결해야 할 문제점도 있다.

품질관리 조직은 이러한 테스트 및 검사를 수행하거나 때에 따라서 이러한 기술을 교육할 책임이 있다.

5.2 공구 및 테스트 장비 교정(Calibration of tools and test equipment)

정비에 사용되는 특정 측정 공구 및 테스트 장비는 정기적으로 교정(calibration)[4]해야 한다. 정밀측정장비(precision measurement equipment: PME)로 등록되어 주기적인 교정을 받는 측정기는 국가측정에 대한 소급성이 인정되어야 하며, 외국에서 교정된 측정기도 해당 국가의 국가표준소급성이 인정된 경우는 이를 인정할 수 있다.

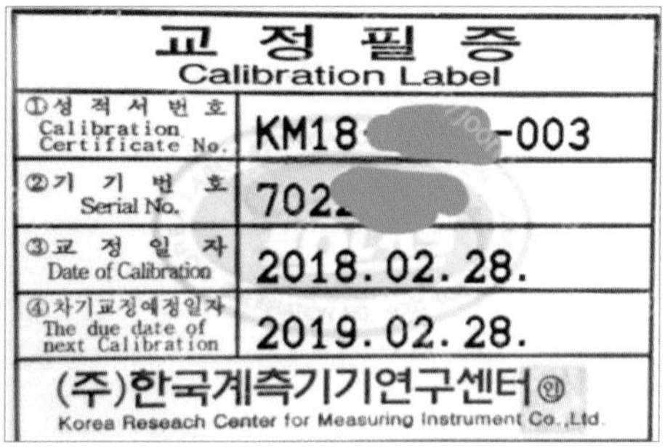

교 정 필 증 Calibration Label	
①성 적 서 번 호 Calibration Certificate No.	KM18 -003
②기 기 번 호 Serial No.	702
③교 정 일 자 Date of Calibration	2018. 02. 28.
④차기교정예정일자 The due date of next Calibration	2019. 02. 28.
(주)한국계측기기연구센터 Korea Reseach Center for Measuring Instrument Co.,Ltd	

[그림 13-8] 계측기 교정 필증

등록된 모든 측정기에는 마지막 교정 날짜 또는 교정 예정 날짜를 식별하는 유효한 측정기 관리 표찰, 교정 필증, 또는 측정기 상태표식 표찰 중의 하나를 부착하여 해당 측정기의 상태를 사용자가 알 수 있게 표시해야 한다.

정비사는 이러한 표찰이 부착된 측정기와 테스트 장비만 사용해야 하며, 이러한 규정이 제대로 준수되는지 품질관리(QC)와 품질보증(QA)은 모니터링 하여야 한다.

그러나 유효한 표찰이 부착되어 있더라도 때때로 오작동하는 경우가 있으므로 우수한 정비사는 이러한 문제를 감지할 수 있어야 한다.

5.3 항공기 등에 발생한 고장, 결함 또는 기능장애 보고

항공안전법 제33조는 항공기 등에 발생한 고장, 결함 또는 기능장애가 발생하였을 경우 국토교통부 장관에게 보고하게 되어있으며, 이에 따라 운항 기술기준 9.1.19.3의 3) 항은 다음과 같이 명시하고 있다.

운송사업자의 경우, 결함 발견 후 72시간 이내에 국토교통부 장관에게 기능 불능(failure), 고장(malfunction)과 결함(defect)을 보고하는 절차: 추가로 전화/텔렉스/팩스/인터넷(http://esky.go.kr) 등에 의해 국토교통부 장관에게 즉각적인 보고가 이루어져야 하는 항목들은 다음 각목과 같으며, 가능한 이른 시일 안에(최대 72시간 이내) 공식적인 보고가 이루어져야 한다.

---

4) 특정 조건에서 측정기 또는 측정시스템 등에 의하여 결정된 값을 표준에 의하여 결정된 값과의 관계로 확정하려는 일련의 작업을 말한다.

[그림 13-9] 국토교통부 통합항공 안전 정보시스템(http://esky.go.kr)

① 주요 구조부재 기능 불능

② 조종 계통 기능 불능

③ 항공기 화재

④ 엔진 구조부 고장 또는

⑤ 기타 안전에 즉각적인 위험 요소가 될 수 있다고 고려되는 기타 상황

정비통제센터(MCC)는 이러한 사고가 발생할 때마다 품질관리(QC)에 통지하고 품질관리는 보고서를 작성하여 국토교통부에 보고하여야 한다.

5.4 필수 검사 항목(Required inspection items: RII)

운항증명 소지자는 운송사업용 항공기의 기체에 필수 검사 항목(required inspection items: RII) 검사제도를 운용하여야 한다.

'필수 검사 항목(required inspection items)'이란 작업 수행자 이외의 사람에 의해 검사돼야 하는 정비 또는 개조 항목으로써 적절하게 수행되지 않거나 부적절한 부품 또는 자재가 사용될 경우, 항공기의 안전한 작동을 위험하게 하는 고장, 기능장애 또는 결함을 초래할 수 있는 최소한의 항목을 말한다(운항 기술기준 5.1.2, 12).

미국 연방 항공청(FAA)에서는 비행안전에 직결되는 항목으로서 RII 항목을 다음과 같이 규정하고 있다.

① 비행 조종 장치의 장착, 리깅 또는 조정

② 주요 구조 부품의 장착 및 수리

③ 엔진 장착

④ 엔진, 변속기, 기어 박스 및 내비게이션 장비와 같은 구성부품의 오버홀, 교정 또는 리깅

RII 검사를 수행하기 위해서는 적합한 조직을 갖추어야 하며, 정비를 수행하는 조직으로부터 독립적으로 운영되어야 하며, RII 검사원이라도 직접 작업에 참여한 자는 RII 검사를 수행할 수 없다. 또한, RII 검사원에 대한 현황을 나타내는 등록대장이 유지되어야 하며, 등록대장에는 각 검사원에 대한 업무 범위, 자격증 소지 현황 등이 수록되어야 한다.

RII 검사원은 기종별 RII 항목에 관련되는 기술교육(RII 관련 ATA chapter)을 이수하고, RII 제도의 절차에 대하여 교육을 이수한 자 중에서 임명하여야 하며, 위탁 정비회사의 RII 검사원 자격은 인가된 확인 정비사에게 해당 항공사의 RII 제도에 대한 교육을 이수한 자 중에서 임명하여야 한다.

또한, RII 검사원은 해당 검사업무 수행 능력 향상 및 유지를 위하여 필요한 교육을 주기적으로 이수하여야 하며, RII 항목에 대한 검사를 하고, 작업문서의 해당란에 날인하여야 한다.

제14장 신뢰성관리

신뢰성관리는 항공 기재의 운용실적을 바탕으로 수집된 항공기 system, powerplant, component, structure의 신뢰성 자료를 감시하여, 대책이 있어야 하는 대상을 발견하고 합리적인 대책을 강구함으로써 항공기의 안전성, 정시성, 쾌적성을 보증하는 동시에 경제적인 정비수행을 목적으로 한다.

1 신뢰성의 개념

신뢰성은 일관성(consistency)과 관련이 있으며, 제품 등이 의도한 설계에 따라 지정된 시간과 조건에서 고장 없이 요구되는 기능을 수행할 수 있는 '확률'로 정의할 수 있다.

신뢰성 프로그램은 항공기를 정비하는 환경에서 더 나은 운영 성과를 달성하기 위한 중요한 수단으로서 항공기 결함과 같은 정비 관련 문제를 줄이고 항공기 운항성능을 향상하기 위하여 만들어졌다. 즉, 항공기에서 심각한 문제가 발생하기 전에 이상 징후들을 조직적으로 처리하기 위한 프로그램이라고 할 수 있으며, 항공사의 특정 작업요건 등에 따라 운용되고 있다.

신뢰성이라는 단어는 여러 의미가 있지만, 본 장에서는 항공 정비 분야와 관련된 의미만 사용하고자 한다. 항공사에서는 신뢰성이라는 단어는 2가지 방식으로 접근할 수 있다. 하나는 항공사의 운영과 정비조직의 운영을 하나로 보는 방식이고 다른 하나는 이 둘을 따로따로 보는 방식이다.

첫 번째 접근 방식은 항공사의 전체적인 신뢰성을 보는 방식으로서 항공사의 전반적인 신뢰도를 살펴보는 접근법이다. 이는 기본적으로 디스패치 신뢰성(dispatch reliability), 즉 항공사가 예정된 항공편의 정시 출발[1]을 달성하는 빈도에 의해 측정된다. 이러한 접근방식을 사용하는 항공사는 항공기 지연을 추적해서 지연 사유를 정비, 운항, 항공 교통 관제(ATC) 등으로 분류하여 이에 따라 기록한다. 하지만 정비조직은 정비로 인한 지연에만 신경을 쓴다.

여기서 정비로 인한 항공기 지연(technical delay)란 항공기의 출발이 정비 상의 이유로 계획된 출발 시간 보다 15분 이상 지연된 유상 비행으로서 다음 사항은 제외된다.

① 낙뢰(lightning strikes), 조류충돌(bird strike) 및 외부 이물질에 의한 손상(foreign object damage)으로 인한 지연

② 시스템이나 구성품(component)이 규정된 한계치 이내(minimum equipment list 허용범위)이지만 운항승무원의 비행 거절로 인한 지연

③ 계획정비 또는 기술지시 등의 수행이 미 종료된 상태에서 비행편명이 지정된 항공기의 지연

④ 특정 항공기가 동일 성격의 항공기재 결함으로 연속적인 지연이 발생될 때 연속되는 비행편의 지연

신뢰성에 대해 이러한 접근방식을 사용하는 항공사는 지연을 초래하지 않는 정비 문제(인력 또는 관련 장비)를 간과하고 지연을 일으키는 문제만을 추적 및 조사하게 되는데, 이것은 정비 프로그램을 수립할 때 일부분에만 효과적으로 적용될 뿐 전반적인 정비 프로그램 수립에는 큰 도움이 되지 않는다.

두 번째 접근법(실제로 일차적 접근법이라고 부름)은 항공기 지연과 상관없이 항공기 정비 문제를 해결하도록 특별히 설계된 프로그램으로서 신뢰성을 고려하고 장비의 전반적인 신뢰성을 개선하기 위해 해당 항목에 대한 분석 및 시정 조치를 제공하는 접근법이다. 이는 전체 정비 작업뿐만 아니라 종국에는 디스패치 신뢰성 향상에도 이바지하게 된다.

디스패치 신뢰성은 여기에서 다룰 신뢰성 프로그램과는 별개의 부분이지만, 이 두 방법의 차이점을 찾고 그 차이를 이해해야 한다. 또한 모든 지연이 정비나 장비 때문에 발생하는 것은 아니라는 것을 깨달아야 한다. 물론 지연이 발생하게 되면, 정비에 관심의 초점이 쏠리는 것은 사실이지만 지연을 초래한 장비, 정비 절차 또는 인력만을 조사할 수는 없다. 이는 나중에 논의

1) 정시 출발이란 항공기가 예정된 출발 시간으로부터 15분 이내에 게이트에서 push-back 하는 것을 의미함

할 내용에서 소개되겠지만 디스패치 신뢰성은 전체 신뢰성의 하위 개념으로 이해되어야 한다.

2 신뢰성의 유형(Types of reliability)

신뢰성이라는 용어는 다양한 측면에서 사용될 수 있지만, 여기서는 특히 정비 프로그램과 관련된 신뢰성에 대해 논의할 것이다. 항공기 정비행위와 관련된 신뢰성에는 통계적 신뢰성, 역사적 신뢰성, 이벤트 지향적 신뢰성, 디스패치 신뢰성 등 네 가지 유형이 있다.

신뢰성이라는 용어는 항공사 운영의 전반적인 신뢰성, 항공기 구성품 또는 시스템의 신뢰성, 프로세스, 기능 또는 개인의 신뢰성 등 다양한 측면에서 논의될 수 있지만, 여기서는 특별히 정비 프로그램과 관련한 신뢰성에 대해 논의할 것이다.

항공기 정비행위와 관련된 신뢰성에는 통계적 신뢰성, 역사적 신뢰성, 이벤트 지향적 신뢰성, 디스패치(운항) 신뢰성 등 네 가지 유형이 있다. 디스패치 신뢰성은 이벤트 지향적 신뢰성의 깊은 연관이 있으므로 별도로 논의하도록 하자.

2.1 통계적 신뢰성(Statistical reliability)

통계적 신뢰성은 시스템 또는 구성품의 고장, 장탈 및 수리율에 대한 수집 및 분석을 기반으로 한다. 이제부터는 이러한 다양한 유형의 정비 작업이 요구되는 사건들을 '중요 사건(event)'[2] 이라고 하기로 한다.

중요 사건 발생 비율은 1,000 비행시간당 중요 사건 발생률 또는 100 비행 사이클 당 중요 사건 발생률을 기준으로 계산된다.

이렇게 하면 분석을 위해 변수(parameter)를 정규화 시킬 수 있으며, 이를 통해 다른 자료들도 적절하게 사용될 수 있다.

2) 항공기의 안전 및 정시성에 중대한 영향을 미친 운항 저해 사항으로서 정비로 인한 1 시간 이상의 지연 및 결항, 비행장애(technical incidents) 등이 있다.

많은 항공사가 통계 분석을 사용하지만, 일부 항공사는 통계를 생각보다 더 신뢰하는 경우가 있다. 예를 들어 항공기가 10대 이상인 항공사는 통계적 접근법을 사용하는 경향이 있지만, 통계에 관한 이론 대부분은 자료 개수가 약 30개 미만이면 통계 계산은 그다지 신뢰할만하지 않다고 말한다. 통계의 부적절한 사용의 또 다른 사례로 신뢰성에 관한 항공 산업 세미나에서 항공사가 통계적 신뢰성 사용을 중단하는 이유를 발표한 바 있다.

예를 들어 일 년 중 두 달만 기상 레이더를 사용하는 경우, 일반적인 방식으로 고장률의 평균값과 경보 수준을 계산할 때 항상 경계 상태에 있는 것으로 나타나지만, 이것은 사실이 아니다.

[그림 14-1]의 상단 곡선은 장비가 사용 중일 때 수집된 자료에 대한 2개의 자료 포인트를 보여주고 있다. 하지만 장비를 사용하지 않고 자료가 수집되지 않은 달(12개월 열)은 10개의 '0' 데이터 지점을 표시하고 있다. 이러한 '0'들은 유효한 통계 데이터 포인트가 아니다. 이 값은 고장이 0인 경우를 나타내는 것이 아니라 '자료 없음'을 나타내므로 계산에 사용해서는 안 되는 것이다. 그러나 이러한 자료를 사용하면 평균값이 4.8(아래쪽 점선)로 생성되고 두 표준편차에서 평균 27.6(위쪽 실선) 이상의 값이 생성된다.

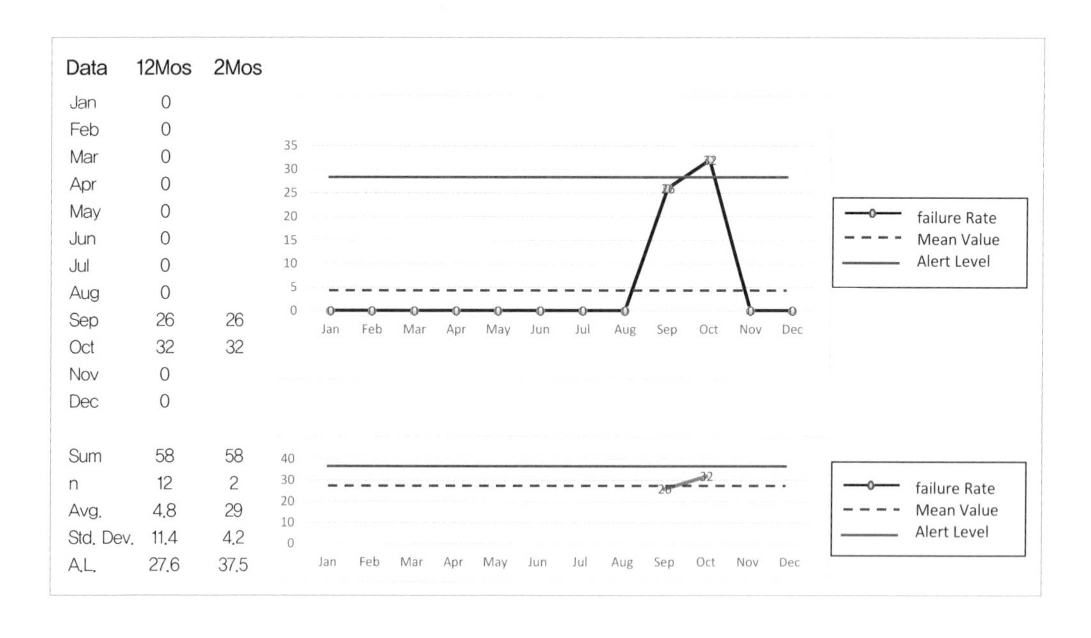

Data	12Mos	2Mos
Jan	0	
Feb	0	
Mar	0	
Apr	0	
May	0	
Jun	0	
Jul	0	
Aug	0	
Sep	26	26
Oct	32	32
Nov	0	
Dec	0	
Sum	58	58
n	12	2
Avg.	4.8	29
Std. Dev.	11.4	4.2
A.L.	27.6	37.5

[그림 14-1] 경보 수준 계산 방법 비교

통계학의 자료처리에서 쓰레기가 들어가면 쓰레기가 나온다는 말이 있다. 즉, 유용한 결과를 얻으려면 유용한 자료를 사용해야 한다는 것이다.

수학에 대해 이해해야 할 한 가지는 공식은 입력 데이터가 정확한지 아닌지와 무관하게 수치적인 답을 만들어 낸다는 것이다. 이는 [그림 14-1]의 하단 그래프에서 표시된 두 개의 유효한 데이터 포인트만 있지만 여기서 유일하게 의미 있는 통계량은 29(점선)라는 두 숫자의 평균뿐이다. 이 자료를 활용하여 적절한 공식이나 계산기를 사용한다면 표준편차를 계산할 수 있지만 두 개의 데이터 포인트를 이용한 변수는 의미가 없다. 계산을 통해 설정된 경고 수준은 37.5(실선)라는 것이다.

2.2 역사적 신뢰성(Historical reliability)

역사적 신뢰성은 단순히 현재의 사건 발생률을 과거의 경험과 비교하는 것이다. [그림 14-1]의 예에서 수집된 자료는 장비가 사용 중인 2개월 동안 26과 32의 항공기 고장을 보여준다. 이 자료가 옳고 그름에 대해 통계적 신뢰성은 답을 주지 못하지만, 역사적 신뢰성은 답을 줄 수 있다. 같은 기간, 같은 장비에 대한 작년 자료와 가능한 경우 재작년도의 자료도 사용하여 답을 도출할 수 있다. 만약 현재의 고장률이 과거의 자료에 비해 좋게 비교된다면, 모든 것이 괜찮다고 할 수 있다. 하지만 만약 전년도와 이번 연도까지의 자료가 많은 차이를 보인다면 이는 문제가 발생할 수 있다는 징후가 될 수 있다. 이것이 신뢰성 프로그램의 핵심으로서 문제를 감지하고 후속적으로 해결하는 것이다.

역사적 신뢰성은 다른 사례에서도 사용될 수 있다. 가장 일반적인 것은 새로운 장비(구성품, 시스템, 엔진과 항공기)가 도입될 때, 중요 사건 비율에 대한 이전 자료가 없거나 어떤 종류의 데이터율을 예상해야 하는지에 대한 정보가 없는 경우이다. 이 장비의 '정상'은 무엇이며 '문제'로 간주하는 것이 무엇인지 모를 때 역사적 신뢰성에서는 적절한 자료를 수집하여 말 그대로 '어떤 일이 일어나는지 지켜보기'만 하면 된다. '기준'을 결정하기에 충분한 자료가 수집되면 장비를 통계적 신뢰성 프로그램에 추가할 수 있다.

역사적 신뢰성은 통계 기반 프로그램을 수립하고자 하는 항공사에 의해 사용될 수 있다. 2년 또는 3년 동안 보관된 중요 사건 비율에 대한 자료를 그래픽 또는 도표로 정리하고 분석하여 정상 또는 허용 가능 비율을 결정할 수 있으며, 다음 해에 적용할 수 있는 지침을 수립할 수 있다.

2.3 중요 사건 중심의 신뢰성(Event-oriented reliability)

중요 사건 중심의 신뢰성은 조류 충돌(bird strikes), 경착륙(hard landings), 중량 초과 착륙(overweight landings), 비행 중 엔진정지(in-flight engine shutdowns), 낙뢰 충돌(lighting strikes), 지상 또는 비행 중단, 기타 사건 또는 사고와 같은 일회성 중요 사건과 관련이 있다.

이는 항공사 운영에서 매일 발생하지 않는 중요 사건이므로 사용 가능한 통계 또는 자료 기록이 생성되지 않지만 지속해서 발생하기 때문에 원인을 파악하고 문제의 재발 우려를 예방하거나 감소시키기 위해 발생된 중요 사건은 반드시 조사하여야 한다.

회항 시간 연장 운항(extended diversion time operation: EDTO)[3]을 운영하는 항공기에서 이 프로그램과 관련된 특정 중요 사건은 기존의 신뢰성 프로그램과 다르며, 정비 프로그램을 변경하여 문제점을 줄이거나 제거할 수 있는지를 확인하기 위해 조사가 필요한지 판별하기 위해 과거 자료 및 경보 수준에 의존한다.

EDTO 비행과 관련된 중요 사건은 통계 또는 역사적 신뢰성 프로그램 외에도 '중요 사건 중심의 신뢰성 프로그램'에 의해 추적되는 조치로 감항 당국에 의해 지정된다. 모든 중요 사건이 조사되는 것은 아니지만 문제가 발생할 경우를 대비해 지속해서 모니터링하기도 한다.

2.4. 운항 신뢰성(Dispatch reliability)

운항 신뢰성은 정시 출발과 관련하여 항공사 운영의 전반적인 효과를 측정하는 척도이다. 항공사와 승객뿐만 아니라 감항 당국으로부터 상당한 관심을 받고 있지만, 실제로는 중요 사건 중심의 신뢰성 접근법의 특별한 형태일 뿐이다.

이것은 100회 비행을 기반으로 하는 간단한 계산이다. 이를 통해 디스패치 비율을 백분율

---

3) 쌍발 이상의 터빈엔진 비행기 운항 시, 항로상 교체 공항까지의 회항 시간이 운영국가가 수립한 기준시간(threshold time)보다 긴 경우에 적용하는 비행기 운항을 말한다.

로 편리하게 연관 시킬 수 있다. 디스패치 비율 계산의 예는 다음과 같다.

200편의 항공편에서 8번의 지연과 결항[4]이 발생한다면 100편당 4번의 지연이 있었다는 것을 의미하며 이는 4%의 지연율을 의미한다. 4%의 지연율은 96%(100%-4% 지연=96% 정시 운항)의 정시율을 의미한다. 즉, 96%의 항공편이 정시에 출발한 셈이다.

정시 운항에 대한 감항 당국의 압력에 대응하기 위해 항공사들은 과민하게 반응할 수밖에 없다 보니 디스패치 신뢰성의 사용을 잘못 이해하고 있는 예도 있다. 즉, 일부 항공사의 정비 신뢰성 프로그램은 운항 신뢰성만을 추적하고 있다. 이는 지연 또는 비행 취소의 결과를 초래한 문제만을 추적하고 조사하기 때문에 효과적인 프로그램으로 보일 수는 있지만, 디스패치 신뢰성이 정비 문제만을 가지고 있지는 않다. 하나의 예로 이것을 입증해보도록 하자.

항공기 조종사가 목적지 공항에 도착하기 2시간 전에 방향타 조종(rudder control)에 문제가 있음을 인지하고, 비행일지에 결함 내용을 기록하고 운항 부서에 무선으로 보고하였다. 공항에 도착하자마자 정비사는 항공기 상태를 점검하고, 비행일지를 확인한다. 비행일지에 기록된 방향타 조종 불량 문제를 확인한 정비사는 고장탐구 및 정비 작업을 시작한다. 이 작업은 예정된 처리 시간보다 오래 걸려서 지연이 발생한다. 이때 정비 작업이 진행 중이고, 방향타가 문제이므로 지연의 책임은 정비에 부과되고 지연의 원인에 대해 방향타 시스템을 조사하기로 한다.

하지만 이는 잘못된 방법이다. 정비가 지연의 원인이 되었는지, 방향타 장비가 지연을 일으켰는지, 아니면 운항 지연이 잘못된 항공사 절차로 인한 것인지 알 수 없기 때문이다. 즉, 항공사 절차의 변경이 지연을 예방할 수도 있기 때문이다. 그러므로 그 사건들이 일어난 그대로 보고 우리가 그것들을 어떻게 더 좋게 변화시킬 수 있는지 생각해 봐야 한다. 조종사와 운항 부서가 착륙 2시간 전에 이 문제를 알았다면, 왜 동시에 정비사들에게 알리지 않았는지에 대해 생각해 봐야 한다.

만약 정비부서에서 이 사실을 알았다면 항공기 착륙 전에 문제를 연구하고 몇 가지 고장 탐구를 수행하는 데 시간을 할애할 수 있었을 것이다. 그렇다면, 비행기가 착륙했을 때, 정비팀이 해결책을 가지고 결함을 수정할 수 있었을 가능성이 꽤 있다는 것이다. 따라서 이러한 지연은 절차적 변경으로 방지될 수 있었다고 볼 수 있다. 그러므로 향후 이러한 지연을 방지하기 위해

---

4) 결항(cancellation)이란 정비 상의 이유로 계획되었던 항공기의 유상 비행이 취소된 경우를 말한다.

절차를 변경해야 한다.

정비조직과 항공사는 문제에 대한 사전 경고로부터 이득을 얻을 수 있지만, 이 경고가 항상 지연을 막지는 못할 것이다. 기억해야 할 중요한 것은 만약 지연이 절차에 의해 야기된다면, 그것은 절차에 기인해야 하고, 앞으로 절차를 바꿈으로써 그것을 피해야 한다는 것이다. 이렇게 문제를 감지하고 그것이 누구를 탓하든 무엇을 탓하든 그것을 바로잡는 것이 바로 신뢰성 프로그램이다.

운항 지연을 지나치게 강조하는 또 다른 오류는 일부 항공사가 각 지연을 조사하지만, 그중 장비 문제가 관련된 경우, 지연을 유발하지 않은 다른 유사한 고장을 고려하거나 고려하지 않을 수도 있다는 것이다. 예를 들어, 한 달 동안 방향타 문제가 12건 발생했는데 그중 하나만 지연을 일으킨다면, 실제로 조사할 두 가지 문제가 있다. 첫 번째는 방향타 장비 이외의 문제로 인해 발생할 수 있는 지연과 두 번째로 사실 근본적인 정비 문제와 관련이 있을 수 있는 12건의 방향타 기록이다.

여기서 운항 지연은 하나의 문제이고 방향타 시스템 오작동은 또 다른 문제임을 이해해야 한다. 물론 그것들은 실제로 중복될 수는 있지만, 분명히 두 가지의 다른 문제이다. 지연은 자체적으로 조사해야 하는 중요 사건 지향 신뢰성 문제이며, 12개의 방향타 문제는 통계적(또는 역사적) 신뢰성 프로그램으로 다루어져야 한다. 또한 운항 지연에 대한 조사는 전체 운영 상황을 살펴봐야 하고 장비 문제(지연 유발 여부)는 별도로 조사해야 한다.

3 신뢰성 프로그램(Reliability program)

신뢰성 프로그램은 본질적으로 정비 프로그램을 관리하고 통제하기 위한 일련의 규칙과 관행이다. 신뢰성 프로그램의 주요 기능은 항공 기재 및 관련 장비의 성능을 모니터링하고 시정 조치가 필요한 경우 주의를 환기하는 것이다. 이 프로그램은 첫 번째로 이러한 시정 조치의 효과를 감시하는 기능과 두 번째로 정비 주기 조정이나 정비 프로그램 절차를 조정하는데 필요한 자료를 제공하는 두 가지 추가 기능이 있다.

3.1. 신뢰성 프로그램의 요소(Elements of a reliability program)

우수한 신뢰성 프로그램은 7가지 기본 요소와 많은 절차 및 관리 기능으로 구성된다. 기본 요소에는 자료수집, 문제 감지와 경보시스템, 자료 표시, 자료 분석, 수정 조치, 후속 분석 및 월간 보고서 등이 있다.

3.1.1 자료수집(Data collection)

자료수집 프로세스는 신뢰성관리 부서에 정비 프로그램의 효과를 관찰하는 데 필요한 정보를 제공한다. 자료가 아무런 문제없이 잘되고 있는 항목들은 프로그램에서 제외될 수도 있고 반면에 추적되지 않는 항목은 해당 시스템과 관련된 심각한 문제가 있을 수도 있으므로 프로그램에 추가해야 할 수도 있다. 하지만 기본적으로는 운영 상태를 유지하는 데 필요한 자료를 수집하여야 한다. 일반적으로 수집되는 자료 유형은 다음과 같다.

(1) 각 항공기의 비행시간과 주기(Flight time and flight cycles)

대부분의 신뢰성 계산은 '비율'이며 비행시간 또는 비행 사이클에 기초한다. 예를 들어 1,000 비행시간 당 0.76 고장 또는 100 비행 사이클 당 0.15 장탈 등이 있다.

(2) 15분 이상 지연 및 취소(Cancellations and delays over 15 minutes)

일부 운영자는 이러한 모든 사건에 대한 자료를 수집하지만, 정비는 주로 정비와 관련된 사건과 관련이 있다. 15분이라는 시간은 보통 운항 중에 비행시간 단축 등으로 정시도착이 가능할 수 있어서 보편적으로 사용되고 있다. 그러나 지연 시간이 길어지면 승객의 처지에서는 일정이 중단되거나 연결편 탑승(환승)이 어렵게 되므로 재예약이 필요할 수도 있다. 이러한 매개변수는 일반적으로 위에서 설명한 바와 같이 항공사의 '정시 출발률'로 변환된다.

(3) 비 계획 부품 장탈(Unscheduled component removals)

앞서 언급한 예정에 없던 정비 작업이며, 동시에 신뢰성 프로그램의 우려 사항이다. 항공기 부품이 장탈 되는데 걸리는 시간은 관련된 장비나 시스템에 따라 크게 다를 수 있다. 비율이 만족스럽지 않으면 조사를 수행하고 일종의 시정 조치를 취해야 한다. 일정에 따라 장탈 및 교체되는 구성품(예: HT 항목 및 특정 OC 항목)은 여기에 포함되지 않지만, HT 또는 OC 간격 일정 변경을 정당화하는 데 도움이 되도록 이러한 자료를 수집할 수 있다.

(4) **비 계획 엔진 장탈**(Unscheduled removals of engines)

이는 부품 장탈과 유사하지만 엔진 장탈이 상당한 시간과 인력을 구성하므로 이러한 자료는 별도로 집계된다.

(5) **비행 중 엔진정지**(In-flight shutdown: IFSD)[5)]

이러한 결함은 아마도 항공 분야에서 가장 심각한 것 중 하나일 것이다. 특히 항공기가 두 대의 엔진(또는 하나)만 가지고 있다면 더욱 그렇다. 또한 감항 당국은 72시간 이내에 IFSD의 보고서를 요구하고 있다. 보고서에는 원인 및 시정 조치가 포함되어야 한다. ETOPS 운영자는 IFSD을 추적하고 ETOPS 비행 승인의 하나로 과도한 규제에 대응해야 한다. 그러나 비 ETOPS 운영자도 비행 중 엔진정지를 보고해야 하며 신뢰성 프로그램을 통해 우선순위로 추적하고 대응해야 한다.

(6) **조종사 보고서 또는 로그 북 기록**(Pilot reports or logbook write-ups)

이는 비행 중에 승무원에 의해 기록된 비행 시스템의 오작동 또는 기능 저하이다. 추적은 일반적으로 2자리, 4자리 또는 6자리 숫자를 사용하는 ATA 챕터 번호로 이루어진다. 이를 통해 시스템, 하위 시스템 또는 구성 요소 레벨에 원하는 대로 문제를 정확히 파악할 수 있다. 특정 장비에 대해 어느 수준을 추적할지는 경험에 따라 결정된다.

(7) **객실 일지 기록**(Cabin logbook write-ups)

이러한 기록은 운항승무원들이 다루는 것만큼 심각하지는 않을 수 있지만, 승객의 안락함과 객실 승무원들의 임무 수행 능력에 영향을 미칠 수 있다. 이러한 품목에는 객실 안전 점검, 객실 비상 조명 작동 점검, 구급상자 및 소화기가 포함될 수 있다. 이상이 발견되면 운항승무원이 정비일지에 이 항목을 결함 항목으로 기록한다.

(8) **부품결함**(Component failures)

부품 정비작업장에서 발견된 모든 문제는 신뢰성 프로그램으로 집계된다. 이것은 블랙박스(항공전자) 내의 주요 구성품 또는 기계 시스템 내의 구성품 및 부품 등을 의미한다.

---

5) 엔진 자체의 결함, 승무원의 정지 시도, 또는 기타 외부의 영향을 받아 운항 중에 엔진의 기능이 소멸되어 정지된 상태.(예를 들어 연소정지, 내부고장, 승무원의 엔진정지 시도, 외부물질 흡입, 착빙, 조작 불능 등)

(9) 정비점검 패키지 결과(Maintenance check package findings)

정상적인 정기 정비점검(비 루틴 품목) 중에 수리 또는 조정이 필요한 것으로 밝혀진 시스템 또는 구성 요소는 신뢰성 프로그램으로 추적된다.

(10) 치명적인 결함(Critical failures)

작동 안전에 직접적인 악영향을 미칠 수 있는 기능 상실 또는 2차 손상과 관련된 고장이다.

3.2 문제 감지와 경보 시스템(Problem detection&alerting system)

자료 수집 시스템을 통해 운영자는 정비 또는 정비 프로그램의 효과를 판단하기 위해 현재 성능과 과거 성능을 비교할 수 있다. 이러한 성능이 정상에서 크게 벗어난 영역을 신속하게 식별할 수 있는 경보 시스템을 갖추어야 한다. 이것은 발생 가능한 문제를 조사하는 항목이다. 또한 사건 발생률에 대한 표준은 과거의 성과 분석 및 이러한 표준으로부터의 편차에 따라 설정된다.

이러한 경보 수준은 전년도의 사건 발생률을 3개월 상계한 통계 분석에 기초하고 있다. 고장률의 평균값과 평균으로부터의 표준편차가 계산되고, 경보 수준은 평균값보다 1에서 3 표준편차 정도 높게 설정된다. 관리 상한선(upper control limit: UCL) 값을 일반적으로 경보 수준이라고 한다. 그러나 곡선을 부드럽게 하고 '허위 경보'를 제거하는 데 도움이 될 수 있는 추가 계산이 있다. 이것은 3개월 연속 평균, 즉 추세선이다. UCL에 상대적인 이 두 줄의 위치(월평균 및 3개월 평균)는 경보 상태를 결정하는 데 사용된다.

3.2.1 경보 수준 설정 및 조정(Setting and adjusting alert levels)

경보 수준은 매년 재계산하는 것을 권고하고 있다. 경보 수준을 결정하는 데 사용되는 자료는 전년도에 3개월간 상계(offset)된 중요 사건 발생률을 사용한다.

[그림 14-2]는 사용된 자료와 결과를 그래픽 형태로 보여주고 있다. 이 예시에서는, 그림의 16부터 27까지에 대한 새로운 경보 수준을 수립하고 있다. 이 평균값(경보 수준)은 [그림 14-2]의 상단에 직선으로 표시되어 있다. 이 자료는 그림 왼쪽에 표시된 1부터 12까지의 실제 중요 사건 비율을 사용하여 얻었다. 12부터 16 사이의 세 가지 데이터 포인트는 새로운 자료수집 중

에 사용될 3개월 연속 평균을 계산하는 데 사용될 것이다.

계산에는 기본적인 통계가 사용된다. 원본 자료에서 이러한 데이터 점의 평균과 표준편차를 계산한다. 평균은 새 데이터의 기준선으로 사용되며 [그림 14-2]의 오른쪽에 파란 점선으로 표시된다. 오른쪽에 있는 붉은 라인은 이러한 자료에 대해 선택한 경보 수준이며 계산된 평균에 표준편차 2개를 더한 값과 같다. 이러한 자료를 사용하여 새해의 사건 발생률은 이 지침에 비례하여 표시 및 측정될 것이다.

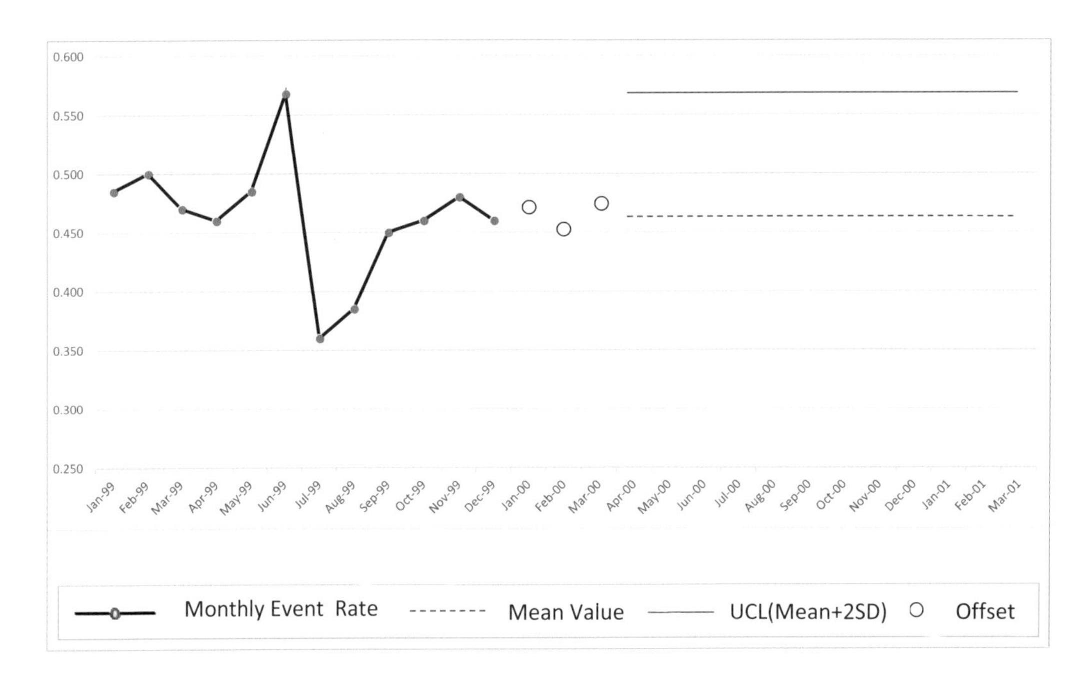

[그림 14-2] 새로운 경보 수준의 설정

3.2.2 경보 상태 읽기(Reading alert status)

[그림 14-3]에 표시된 자료는 평균값(하단 직선) 및 경보 수준(상단 직선)과 함께 사건 발생률 1년(회색의 들쭉날쭉한 선)을 보여준다. 보다시피 중요 사건 속도는 연중(2월, 6월, 10월 및 12월) 여러 번 경보 수준 이상으로 상승하고 있다.

당연히 해당연도의 사건 발생률을 본다면 패턴을 찾기 쉬울 것이다. 하지만 실제로는 한번에는 특정 달과 그 이전 달의 자료만 볼 수 있다. 그러므로 다음 달에 무슨 일이 일어날 것인지에 대한 자료는 얻을 수 없다.

중요 사건 발생률이 경보 수준(2월 기준)을 넘어서면 반드시 심각한 문제가 되는 것은 아니다. 그러나 이 비율이 2개월 연속 경보 수준을 웃도는 경우 조사가 필요할 수 있다. 예비 조사는 계절 변동 또는 기타 일부 일회성 원인을 나타내거나 좀 더 자세한 조사가 필요하다는 것을 의미하는 것일 수 있다. 대개 의도한 대로, 가능한 문제에 대한 '경고'로 간주할 수 있다. 이때는 다음 달에 무슨 일이 일어나는지 기다려 보는 것이 답일 것이다.

[그림 14-3]에서 자료는 다음 달(3월)에 발생률이 기준선을 밑돌았으므로 실제 문제가 없다는 것을 보여주고 있다. 즉, 사건 발생률이 경보 수준을 통과할 때, 그것은 문제의 징후가 아니라 단지 문제의 가능성에 대한 '경고'일 뿐이다. 또한 너무 빨리 반응하는 것은 일반적으로 조사에 걸리는 시간과 노력을 헛되게 되고 이것이 소위 '허위 경보'이다. 경험에 따르면 [그림 14-3]에서와 같이 특정 품목의 사건 발생률은 UCL 위아래 월에 따라 크게 다르며, 이는 일부 장비에서는 일반적이다.

많은 항공사는 3개월 연속 평균을 사용한다. 이것은 그림 [14-3]에 노란 선으로 표시되어 있다. 새로운 데이터 연도의 첫 달 동안, 3개월 평균은 오프셋 데이터 포인트를 사용하여 결정된

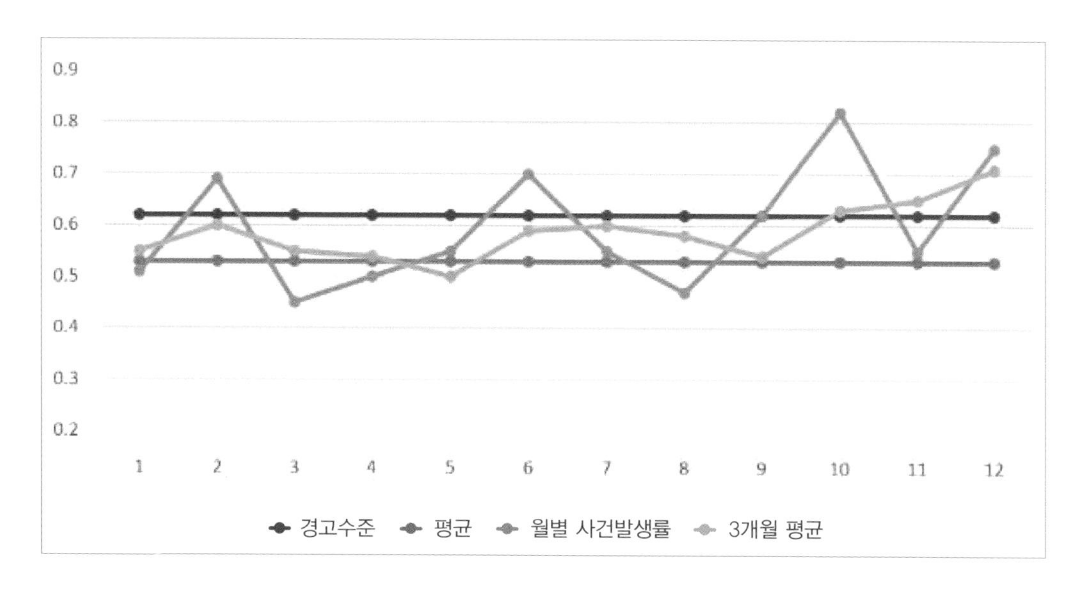

[그림 14-3] 경보 수준 읽기

다.(실제로, 2개월만 오프셋 하면 되지만, 대부분 분기 단위로 유지하는 것을 선호한다) 오프셋의 목적은 새해에 표시된 자료에 비교를 위해 사용하는 평균 및 경고 수준을 결정하는 데 사용된 데이터점이 포함되지 않도록 하는 것이다. 또 중요 사건 비율이 경보 수준 위와 아래로 변동하는 동안 3개월 연속 평균(빨간 선)은 10월까지 이 수준 아래로 유지된다. UCL보다 3개월 평균이 높은 중요 사건 조사율은 활동을 좀 더 자세히 관찰할 필요가 있음을 나타낸다. 이 예시에서는 11월에 중요 사건 비율이 다시 UCL 아래로 떨어졌지만 3개월 평균은 경보 수준 이상으로 유지되었다. 이것은 그 문제를 조사해야 한다는 것을 의미한다.

3.2.3 경보 수준 설정(Setting alert levels)

이러한 관리 상한, 즉 경보 수준을 수학적으로 산출한 것은 문제를 인지시켜주는 것일 뿐, 무엇을 어떻게 조사해야 하는지는 알려주지 않는다. 이 모든 과정은 담당자의 지식과 역량으로부터 시작된다. 이러한 것을 이용하여 경보 레벨을 효과적으로 설정해야 한다.

이 장의 앞부분에서 우리는 통계적 신뢰성을 거부하는 항공사에 관해 이야기했고 그 이유에 대한 예를 들었다. 이러한 결정을 내린 또 다른 이유 중 하나는 “우리는 엔진에 문제가 있다는 것을 알지만, 엔진은 결코 경계 태세에 있지 않다.”라는 것이었다. UCL 개념을 사용하여 발생 가능한 문제에 대해 경고하고 문제가 있다는 것을 알 때 경보 표시가 나타나지 않는 경우, 선택한 경보 수준이 잘못되었다는 것을 뒤늦게 깨닫게 된다. 이 경보 수준은 매우 중요한 매개 변수이며 문제가 존재하거나 발생 중임을 나타내는 사용 가능한 수준으로 설정해야 한다. 이것이 올바르게 설정되지 않으면 경보 레벨은 무용지물이 된다. 그리고 이는 통계의 문제가 아니다.

이러한 경보 수준의 사용은 조사가 필요한 문제가 있거나 발생할 수 있는 경우를 알려주기 위해 만들어졌다고는 하지만, 어떤 조건이 문제를 일으킬 가능성이 있는지를 알고 그에 따라 경보 수준을 설정해야 한다. 즉, 부품 또는 장비의 고장 패턴을 알아야 조사를 진행하는 시기와 조사를 중단해야 하는 시기를 결정할 수 있기 때문이다.

여기서 우리는 ‘허위 경보’를 인식하는 것이 중요하다. 또한 특정 품목에 대한 사건 비율 데이터점이 표준편차의 크기도 알아야 한다. 이러한 지식은 사용 가능한 경보 수준을 설정하는 데 매우 중요하다.

많은 항공사가 모든 경보 수준을 평균보다 표준편차를 높게 설정하는 경향이 있는데 불행하게도 이것은 좋은 관행은 아니다. 이러한 설정값은 설정을 시작하기에는 좋지만, 때에 따라 가

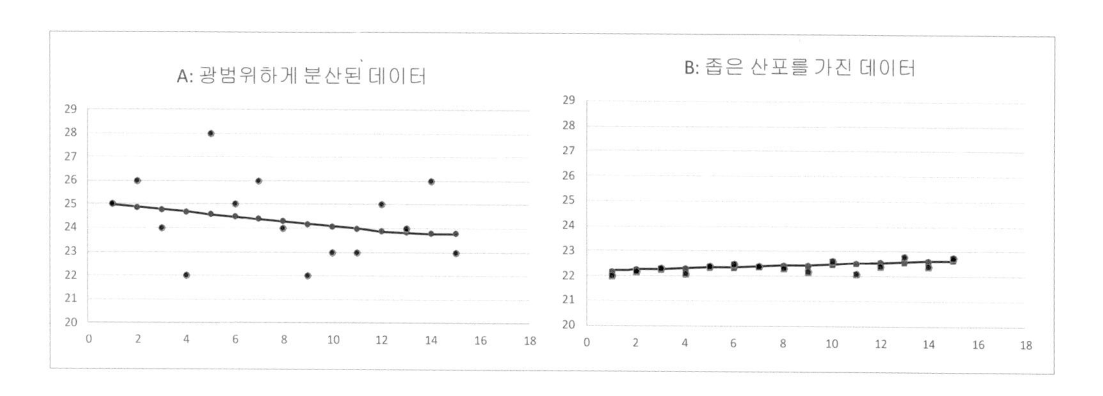

[그림 14-4] 데이터 점의 분산

장 유용한 자료를 제공하고 잘못된 경고를 방지하기 위해 조정이 필요하기 때문이다.

신뢰성 프로그램으로 추적되는 사건 발생률은 [그림 14-3]의 자료에 나타나 있듯이 상당히 불규칙할 수도 있다. 다른 비율의 경우, 수치가 더 안정적일 수 있다. 자료의 이러한 특성은 평균 주위의 데이터 점 분포의 측도인 표준편차의 통계적 모수에 의해 묘사된다. 표준편차가 크면 넓은 분포, 즉 점 값의 큰 변동을 의미하고, 표준편차가 작으면 점들이 서로 더 가깝다는 것을 의미한다.

[그림 14-4]는 두 데이터 세트 간의 차이를 보여주고 있다. (A)의 데이터 점은 평균에 대해 광범위하게 분포되어있지만 (B)의 데이터 점은 모두 평균 주위에 매우 가깝다. 이 두 자료 집합의 평균은 거의 같지만 표준편차는 상당히 다르다.

[그림 14-5]는 종 모양의 분포 곡선 즉, 통계학에서 이야기하는 정규분포를 보여주고 있다. 정규분포는 평균에 가장 많은 수가 몰려있고, 그 평균을 기점으로 해서 좌우 대칭으로 서서히 빈도수가 작아지는 전형적인 분포이다. 이 경우 각자 1σ, 2σ 및 3σ의 표준편차가 그래프에 표시된다. 여기서 볼 수 있듯이 1σ 표준편차에는 오른쪽 34.13%, 왼쪽 34.13% 합이 68.3%로서 평균을 중심으로 1σ 표준편차로 좌우 분포되어있는 비율(확률) 즉, 유효한 사건 발생 확률은 68%만 포함된다. 평균보다 2σ 표준편차가 크더라도 모든 점을 분포에 포함하지 않았다. 실제로 평균보다 크거나 작은 2σ 표준편차는 곡선 아래 점의 95.5%만 포함한다. 즉, 유효 고장률의 95%를 약간 웃도는 수준이다. 그래서 이 범위의 사건 발생률을 명확한 문제로 생각하지 않는 것이다. 다음 달에 이 수준 이상으로 유지되면 문제가 있을 수 있다.

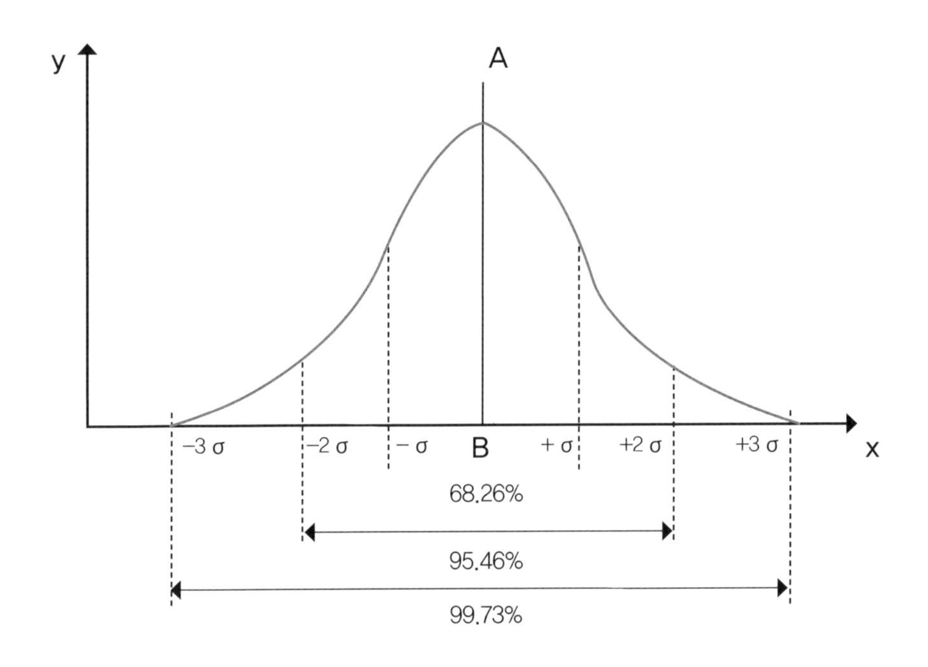

[그림 14-5] 종 모양의 정규분포 곡선

반면, 작업 중인 사건 발생률 자료의 표준편차가 작은 경우 2σ, 3σ의 표준편차를 구분하기가 어려우므로 경보 수준을 3σ의 표준편차로 설정해야 한다.

이러한 경보 수준 시스템은 때때로 과장 될 수 있다. 사용된 통계가 정확하지 않기 때문이다. 사건 발생률은 항상 종 모양의 정규분포를 가지게 되며, 자료가 항상 정확하고 계산이 항상 정확하다고 가정한다. 그러나 이것은 사실이 아닐 수도 있다. 이러한 경보 수준은 조사 대상 및 허용 대상을 식별하기 위한 지침에 불과하다. 그러나 이러한 경보 수준의 사용은 큰 규모의 기재를 보유하고, 적은 인원의 신뢰성관리 직원을 보유한 조직에서는 업무량을 완화하는 데 도움이 된다.

일부 항공사는 사건 발생률만을 사용하며, 가장 높은 비율 10개를 조사하지만, 항상 가장 중요한 장비 문제를 포함하지는 않을 때가 있지만, 경보 수준 접근방식을 사용하면 이러한 문제의 우선순위를 지정하고 가장 중요한 문제를 먼저 처리할 수 있다.

3.3 자료 표시(Data display)

신뢰성 부서에서는 자료를 표시하는 다양한 방법을 사용하여 수집한 자료를 연구하고 분석한다. 운영자 대부분은 자료를 표 형식과 그래픽 형식으로 쉽게 표시할 수 있도록 개인용 컴퓨터를 사용하기도 한다. 자료는 100 또는 1,000 비행시간 또는 비행 사이클 당 사건(event) 발생으로 표시된다. 지연 및 취소와 같은 일부는 출발 100회당 사건 발생으로 제공된다. 값이 100이면 비율을 백분율로 쉽게 변환할 수 있기 때문이다.

표 형식의 자료를 통해 운영자는 같은 시트의 다른 자료와 사건 발생률을 비교할 수 있다. 또한 분기별 또는 연간 자료를 비교할 수 있다(〈표 14-1〉 참조). 반면, 운영자는 그래프를 통해 월별 성과를 더욱 쉽게 확인할 수 있으며, 증가 추세를 보이는 항목을 더 쉽게 기록할 수 있다.

[그림 14-3]에서 비율들은 경보 상태로 향하고 있는 것처럼 보인다. 이것은 분석에 큰 도움이 된다. 수집된 자료 중 일부는 월별, 사건별 또는 표본 추출로 비교할 수 있다.

〈표 14-1〉은 항공기 기단의 운항 기간 1개월 동안 일반 항공사가 기록한 조종사 보고서(pireps) 또는 정비 일지 목록이다. 숫자는 예시일 뿐이며 특정 운용사, 항공기 또는 기단의 크기를 나타내지는 않는다. 이러한 자료의 경우 ATA 챕터 순으로 집계가 되고 중요 사건 비율은 100 착륙당 PIREPS로 계산된다.

이 도표는 3개월 연속 평균과 함께 현재 월(22년 8월)과 이전 2개월의 자료를 보여주고 있다. 경보 수준 또는 UCL과 함께 중요 사건 발생률의 평균값도 포함되어 있다. ATA 챕터 중 7개 챕터의 마지막 열에 경고 표시가 있다.

ATA 21에서는 2개월 연속(7월, 8월) 동안 UCL 이상의 중요 사건 발생 비율을 기록했으며, 따라서 이는 황색경보(YE)를 나타낸다. 이때는 문제의 심각도에 따라 즉각적인 조사가 필요할 수도 있고 필요하지 않을 수도 있다. 그러나 ATA 24는 다르다. 7월의 경우, 1.15로 중요 사건 발생 비율이 높았다. 이러한 비율이 처음이었다면 해당 월의 보고서에 주의 요망(WA)으로 표시되었을 것이다. 이 발생 비율은 7월에 내려갔다가 8월에 다시 올랐다. 하지만 현재 보고서에서는 전체 경보 조건까지 올라왔다. 이는 경보 수준을 넘어섰을 뿐만 아니라 3개월 중 2개월을 넘었으며 다소 불규칙한 것으로 보인다.

<표 14-1> 100 착륙당 조종사 보고(by ATA chapter)

ATA	시스템	보고 건수	22년 6월	22년 7월	22년 8월	3개월 평균	관리상한 (UCL)	평균	경보 상태
21	Air conditioning	114	3.65	3.77	3.80	3.74	3.75	2.70	YE
22	Auto flight	43	1.80	1.48	1.45	1.58	1.39	1.21	WA
23	Communications	69	3.44	2.75	2.33	2.84	2.80	2.30	CL
24	Electrical power	29	1.15	0.87	0.98	1.00	0.94	0.60	AL
25	Equip/furnishings	104	4.17	3.69	3.52	3.79	5.43	4.38	
26	Fire protection	30	1.80	1.30	1.01	1.37	2.19	1.14	
27	Flight controls	48	0.99	3.07	1.62	1.89	1.94	1.26	
28	Fuel	36	0.65	1.16	1.22	1.01	2.32	1.27	
29	Hydraulic power	17	0.73	0.43	0.57	0.58	1.58	0.82	
30	Ice&rain protection	12	0.61	0.65	0.41	0.56	0.72	0.56	
31	Instruments	49	1.76	1.48	1.66	1.63	2.46	1.66	
32	Landing gear	67	2.41	2.06	2.27	2.25	2.72	1.76	
33	Lights	72	3.48	3.15	2.43	3.02	3.32	2.42	
34	Navigation	114	4.81	6.62	3.85	5.09	5.58	4.70	
35	Oxygen	19	0.31	0.67	0.64	0.54	0.41	0.23	YE
36	Pneumatics	25	1.11	0.80	0.85	0.92	1.19	0.77	
38	Water&waste	16	0.42	0.36	0.54	0.44	1.10	0.56	
49	Aux. power	42	1.41	1.48	1.42	1.44	1.63	1.38	
51	Structures	0	0.00	0.00	0.00	0.00	0.16	0.09	
52	Doors	31	1.41	1.05	1.05	1.17	1.62	0.92	
53	Fuselage	0	0.00	0.00	0.00	0.00	0.33	0.02	
54	Nacelles&pylons	1	0.00	0.00	0.08	0.03	0.22	0.10	
55	Stabilizers	0	0.00	0.00	0.00	0.00	0.16	0.09	
56	Windows	0	0.00	0.04	0.00	0.01	0.09	0.06	
57	Wings	0	0.00	0.00	0.00	0.00	0.33	0.15	
71	Power plant	11	0.65	0.54	0.37	0.52	1.30	0.91	
72	Engine	4	0.31	0.29	0.14	0.25	0.47	0.22	
73	Fuel&controls	17	0.96	0.47	0.57	0.67	0.84	0.61	
74	Ignition	11	0.08	0.40	0.37	0.28	0.46	0.30	

75	Air	53	1.52	1.63	1.79	1.65	1.11	0.66	RA
76	Engine control	3	0.23	0.14	0.10	0.16	0.33	0.15	
77	Engine indicating	22	0.53	0.76	0.74	0.68	0.96	0.68	
78	Exhaust	3	0.50	0.43	0.10	0.34	0.90	0.64	
79	Oil	5	0.19	0.22	0.17	0.19	0.83	0.48	
80	Starting	3	0.27	0.29	0.10	0.22	0.28	0.17	CL
	Total	1070							
NOTE: Alert status codes: CL = clear from alert; YE = yellow alert; AL = red alert; RA = remains in alert; WA = watch.									

3.4 자료 분석(Data analysis)

자료 분석의 목적은 발견된 현상에 대한 원인을 규명하여 재발방지에 필요한 대책을 찾아내기 위함이며 이의 분석기법 및 활동은 효과적인 시정대책 도출을 위해 제작사 및 실무 현장의 현실을 수렴하여야 한다.

항목이 경보 상태가 될 때마다 신뢰성 부서는 예비 분석을 수행하여 경보가 유효한지 확인한다. 유효하면 경보 상태에 대한 알림이 기술부서(engineering)에 보내져 보다 자세한 분석이 이루어진다. 기술부서는 정비 및 엔지니어링을 잘 이해하고 있는 숙련된 인력으로 구성되어 있다. 이러한 경보와 관련된 업무는 문제를 해결하고, 문제 해결에 필요한 조치를 결정하며, 이 솔루션을 시행할 기술지시(EO) 또는 기타 공식 문서를 발행하는 것이다.

처음에는 이러한 작업이 정비 작업처럼 보일 수 있다. 하지만 결국에는 문제 해결 및 시정 조치는 정비 작업을 통해서 행해진다는 것이다. 그러나 검사자와 피검사자를 분리한다는 기본 철학을 고수해야 한다. 기술부서는 편견 없이 문제에 대한 분석을 제공하고 모든 가능성을 자유롭게 볼 수 있다. 물론 자체 프로세스, 절차 및 인력을 조사하는 단위는 그렇게 객관적이지 않을 수 있다.

기술부서는 승인 및 개시를 위해 항공사 정비 프로그램 검토위원회에 분석 및 시정 조치 권고사항을 제공해야 한다.

3.5 시정 조치(Corrective action)

시정 조치는 신뢰성관리의 최종단계로서 절차상의 결함을 시정하는 일회성 노력에서부터 정비사 재교육, 기본 정비 프로그램의 변경까지 다양할 수 있다. 이러한 경보 조건을 조사하면 일반적으로 다음 중 하나 이상의 결과가 도출된다.

① 장비의 변경

② 라인, 격납고 또는 공장 공정이나 관행에 대한 변경 또는 수정

③ 결함이 있는 부품(또는 공급업체)의 폐기

④ 정비사 훈련(갱신 또는 업그레이드)

⑤ 프로그램에 정비 작업 추가

⑥ 특정 작업에 대한 정비 간격 축소

결과가 도출되면 기술부서는 적용 가능한 모든 조치를 구현하기 위한 기술지시를 발행한다. 또한 기술지시 진행 상황을 추적하고 필요에 따라 지원을 제공한다. 시정 조치의 완료는 월간 신뢰성 보고서에 명시한다. 신뢰성관리에 의한 지속적인 모니터링은 선택된 시정 조치가 얼마나 효과적인지를 판단하게 된다.

시정 조치는 기술지시 발행 후, 1개월 이내에 완료되어야 한다. 상황에 따라 이월할 수도 있지만, 프로그램을 효과적으로 사용하려면 가능한 한 빨리 시정해야 하며, 이월 및 이월 사유는 월간 보고서에 기록된다.

3.6 후속 분석(Follow-up analysis)

신뢰성 부서는 경보 항목에 대해 취해진 시정 조치가 실제로 효과적이었는지 확인해야 한다. 이것은 중요 사건 비율 감소에 반영되어야 한다. 시정 조치를 한 후에도 사건 발생률이 개선되지 않으면 경보가 재발생되고 조사 및 시정 조치 프로세스가 반복되면 기술부서는 문제에 대해 다른 접근방식을 취해야 한다. 시정 조치가 수많은 항공기에 대한 장기적인 수정을 수반하는 경우, 사건 발생률의 감소는 당분간 눈에 띄지 않을 수도 있다. 이러면, 모든 항공기에 대한 시정 조치가 완료될 때까지 진행 중인 사건 발생률과 함께 월간 보고서의 시정 조치 진행 상황을 지속해서 관찰하는 것이 중요하다. 그런 다음 후속 관찰을 통해서 시정 조치의 효과를 판

단한다. 시정 조치 일부가 완료된 후 합리적인 시간이 지난 후에도 사고 발생률의 유의미한 변화가 없을 때는 문제와 시정 조치를 다시 분석해야 한다.

3.7 신뢰성 보고(Data reporting)

신뢰성 보고서는 매월 발행된다. 일부 조직은 분기별 및 연간 보고서를 요약 형식으로 발행하기도 한다. 그러나 가장 유용한 보고서는 월간이다. 이 보고서에는 항공사와 보고서 이용자에게 이 정보가 의미하는 바에 대한 충분한 설명 없이 과도한 양의 자료와 그래프가 포함되어서는 안 된다. 보고서는 최신의 경보 항목, 조사 중인 항목 및 시정 조치과정에 있거나 완료된 항목에 집중해야 한다. 또한, 진행 중인 분석 또는 구현 중인 항목의 진행 상황도 보고서에 기록하여 해당 조치현황과 비율을 보여줘야 한다. 이러한 항목은 모든 조치가 완료되고 신뢰성 자료가 긍정적인 결과를 나타낼 때까지 월간 보고서에 남아 있어야 한다.

경보 수준 목록(ATA 챕터 또는 항목별) 및 항공기들의 신뢰성에 대한 일반 정보와 같은 기타 정보도 월별 보고서에 포함된다. 운항률, 지연 및/또는 취소 이유, 비행시간 및 주기, 정비 활동에 영향을 미치는 운항 상의 중요한 변경과 같은 항목도 포함될 것이다.

보고서는 항공기별로 구성되어야 한다. 즉, 각 항공기 모델은 보고서의 별도 섹션에서 다루어져야 한다. 월간 신뢰성 보고서는 단순히 경영진을 현혹하도록 설계된 그래프, 표 및 숫자의 집합이 아니다. 또한 품질보증(QA)이나 안전 비행 당국과 같은 다른 사람이 항공사에 발생할 수 있는 문제를 탐지할 수 있는지 확인하는 문서도 아니다. 이 월간 보고서는 정비관리를 위한 작업 도구이다. 운항 중인 항공기 수, 비행시간 등과 같은 운영 통계를 제공하는 것 외에도 어떤 문제가 발생하는지(있는 경우) 그리고 그러한 문제에 대해 어떤 조처를 하고 있는지에 대한 현황을 경영진에게 제공하는 목적이 있다. 또한 시정 조치의 진행 상황과 효과도 추적하고 있다. 또한 보고서 작성 책임은 신뢰성관리 부서에 있다.

4 신뢰성 프로그램의 기타기능 (Other functions of the reliability program)

기술부서에서 경보 항목을 조사하면 정비 프로그램을 변경해야 하는 경우가 많다. 즉, 특정 작업의 변경, 정비 주기의 조정, 구성품에 적용되는 정비 프로세스(HT, OC 및 CM)의 변경 등이 있다.

작업의 변경은 정비 또는 시험 절차를 다시 작성하거나 보다 효과적인 새로운 절차를 구현하는 것이다.

정비 주기 조정은 발생한 문제에 대한 해결책이 될 수 있다. 월별 간격과 같이 현재 수행되는 정비 작업은 실제로 중요 사건 발생 비율을 줄이기 위해 매주 또는 매일 수행해야 한다. 신뢰성 프로그램은 이러한 간격을 조정하는 데 사용되는 규칙과 프로세스를 제공하고 있다.

정비 프로그램 검토위원회(MPRB)는 이러한 변경 사항을 승인해야 하며, 때에 따라 감항 당국의 인가를 받아야 한다. 그러나 일반적으로 더 큰 주기(더 짧은 간격)로의 변경은 어렵지 않다. 그러나 이는 정비 활동의 증가로 인한 정비 비용 증가를 의미한다는 점을 명심해야 한다. 이 비용은 변경하게 만든 중요 사건 발생 비율의 감소와 변경으로 인한 정비 요구 사항의 감소로 상쇄되어야 한다.

이러한 변경으로 인한 경제성 분석은 기술부서에서 경보 조건을 조사하는 동안 해결해야 할 우려 사항 중 하나이다. 하지만 변경 비용은 신뢰성 또는 성능 향상으로 상쇄될 수도 있고, 상쇄되지 않을 수도 있다.

5 신뢰성 프로그램 관리 (Management of the reliability program)

신뢰성 프로그램 관리를 위한 신뢰성관리 조직은 신뢰성 관리위원회를 중심으로 항공기 및 계통의 감시, 분석, 시정조치 등 신뢰성관리방식의 운영을 담당하고 합리적인 시정조치 도출을 위해 유기적인 협조 체제를 가진 조직으로 구성되어야 한다.

신뢰성관리위원회는 신뢰성관리방식 운영 중 필요한 시정조치 대책을 수립하기 위해 소집 운영하며 구성 및 기능은 다음과 같다.

5.1 구성

신뢰성 실적 공지 및 관리상한 초과 항목에 대한 대책 협의를 위하여 기술부서 관리자, 각 공장의 해당 관리자를 중심으로 운영하며 업무협조가 필요한 기타부문 관련 관리자를 소집 운영 한다.

5.2 기능

신뢰성추세를 검토하여 발생 현상에 대한 시정조치 및 대책을 협의하고 도출된 결과를 해당 부서/공장으로 통보하고, 위원장은 통보된 시정조치 및 대책 이행 여부를 확인한다.

제15장 항공 정비 안전

항공기 정비와 관련해서 '안전'이란 용어에는 흔히 두 가지 의미가 함축된 것으로 보고 있다. 하나는 항공정비사와 시설 및 장비 보호를 위한 산업안전과 보건을 강조하는 것이며, 나머지 한 가지는 항공정비사가 항공기 운항을 위해 감항성이 있는 항공기를 제공한다는 것을 보장하기 위한 절차이다. 이 두 가지는 그 관계가 서로 연계되어 있다고 볼 수 있으므로 본 장에서는 직업적인 안전 및 보건과 관련이 있는 산업 안전보건과 항공기 감항성을 보장하기 위한 항공 정비 안전관리 시스템에 대하여 다루고자 한다.

1 산업 안전보건(Industrial safety&health)

우리나라의 '산업안전보건법'은 산업안전 및 보건에 관한 기준을 확립하고 그 책임의 소재를 명확하게 하여 산업재해를 예방하고 쾌적한 작업환경을 조성함으로써 노무를 제공하는 사람의 안전 및 보건을 유지・증진함을 목적으로 산업안전에 관련된 내용을 다루고 있으며, 고용노동부에 관한 법률로 제정되어 있다.

항공 안전 분야에서는 이러한 규정들에 대하여 자세하게 명시되어 있지는 않지만, 항공 정비직무의 특성상 산업안전보건법에서 다루어지는 부분이 다양하다.

1.1. 산업 안전 관련 규정(Safety regulations)

산업안전보건법에서는 고용주는 모든 직원에게 작업장에서 사용되는 화학제품의 위험 요소에 관련된 정보를 제공할 것을 요구한다. 물질안전보건자료(material safety data sheets: MSDS)를 제공하는 것을 통해 이루어질 수 있고 이는 안전 프로그램의 일부가 된다. MSDS는 화학제품의 제조사가 만들며 유해, 위험성, 구성 성분의 명칭 및 함유량, 응급조치 요령, 취급 방법 등을 알려준다. 즉 MSDS는 화학제품의 안전한 사용을 위한 정보자료이다. 항공사의 안전 관리자들은 화학물질을 사용하거나 접촉하는 모든 사람이 MSDS를 사용할 수 있도록 해야 한다.

[그림 15-1] MSDS 의미(출처: 산업안전보건공단)

화학물질을 취급하는 작업장에는 화학물질별로 적절한 MSDS를 구비하여 비치해야 하며 작업장에서 사용하는 화학물질을 담은 용기 및 포장에는 경고 표지를 부착해야 한다. 이 경고 표지에는 명칭, 그림문자, 신호어, 유해·위험 문구, 예방조치 문구와 공급자 정보 등이 포함된다.

제조사의 MSDS는 화학물질의 일반적인 사항만 취급하므로 항공사는 화학물질의 사용을 명확하게 할 뿐 아니라 사고 및 위험 요소 보고에 대한 정보를 제공하는 데 필요한 경우 MSDS에 정보를 추가할 수 있다. 화학물질을 취급할 때는 MSDS에 명시된 적절한 보호장구를 착용하고 만약 건강 이상이 발생하면 즉시 보고하여 조처해야 한다.

소음, 이온화 방사선, 비이온화 방사선, 극한 온도 등과 같은 물리적 위험도 산업안전보건법에 따라 관리되며 항공사 안전 프로그램에서도 다루어져야 한다.

안전 프로그램은 유효성, 교육, 보호 장비의 사용, 안전 대책, 그리고 안전 절차 등에 대해

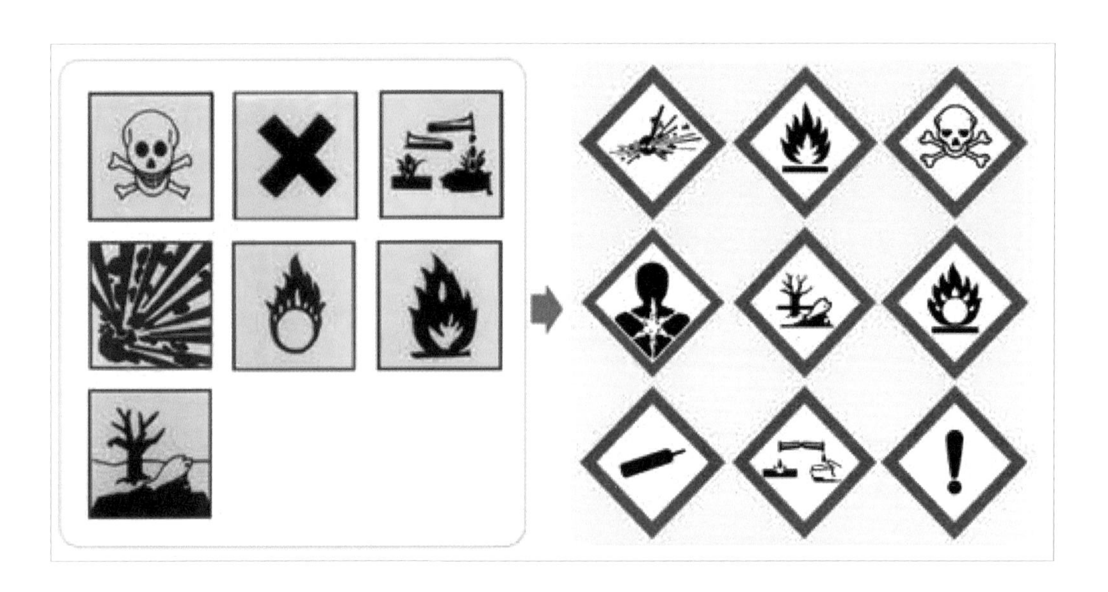

[그림 15-2] 화학물질의 유해성 · 위험성 분류기준 및 경고 표시(출처: 산업안전보건공단)

제공할 수 있어야 한다. 작업 자세, 힘, 진동, 기계적인 스트레스 등은 모든 작업장에서 공통으로 겪는 위험 요소이다. 물론 노출되는 양과 종류는 작업에 따라 다르지만, 항공사의 안전 프로그램은 각 작업장의 특성에 맞춰 다루어져야 한다.

바이러스, 박테리아, 곰팡이, 그리고 기타 질병을 유발할 수 있는 다른 물질들도 규정에 포함되어 있다. 이러한 생물학적인 위험 요소는 수행되는 작업의 종류와 작업환경 조건에 따라 달라진다.

많은 안전보건에 관한 요구사항은 이미 항공 산업에서 문서와 규정으로 다루어지고 있다. 예를 들어 기체 제작사의 정비매뉴얼에는 일반적으로 안전장치의 사용, 보호장구나 장비의 착용, 위험물질의 적절한 취급과 특정 전기 및 기계장치의 잠금 및 꼬리표 부착(tagging)과 같은 정비작업에 관련된 안전 및 유의 사항을 다루고 있으며, 이는 작업자들이 작업 중에 발생할 수 있는 예기치 못한 사고 또는 그에 따른 피해를 방지하기 위함이다.

항공사의 정비규정에는 전체 정비 안전 프로그램의 요약이 포함되어 있어야 하며, 안전 관리자는 산업안전보건법 등의 규정 준수를 보장하기 위해 프로그램의 모든 측면을 감시해야 한다. 물론 이는 QA(품질보증) 감사의 책임 일부이지만 특성상 이러한 활동을 감시하는 별도의 기능으로 안전 관리자를 두기도 한다.

1.2 정비 안전 프로그램(Maintenance safety program)

안전 관리자는 항공사의 전반적인 안전 프로그램에 대한 책임을 진다. 항공기 운항, 정비 및 기타 항공사의 행정 및 관리 기능에 따른 별도의 안전 프로그램마다 관리자가 있을 수 있다. 비록 책임자가 존재하지만 모든 작업자는 개별적으로 자신의 업무 영역에 있어 책임감을 느껴야 한다.

일반적인 중형 항공사는 정비프로그램 심사 부서 내에 정비 안전 프로그램을 다루는 조직을 두고 있다(제5장 정비조직 참조).

정비 안전 프로그램 관리자는 다음과 같은 주요 책임을 진다.

① 다양한 정비조직의 작업영역 내에서 모든 보건 및 안전 위험을 식별하고 평가한다.

② 위험 조건에서 필요한 보호 조치를 결정하고 필요시 작업자가 보호장구나 장치를 착용할 수 있도록 보장한다.

③ 유해한 화학물질을 취급하는 작업자가 해당 화학물질과 관련된 위험 및 취급 절차에 대한 정보를 이해하도록 제조사에서 제공한 자료 및 항공사 운영에 필요하다고 간주하는 추가 정보를 이용할 수 있도록 한다.

④ 위험요인 식별, 안전장치의 위치 및 사용, 관련된 응급조치 및 보고 절차에 대한 교육한다.

⑤ 정비규정(TPPM)에 안전 프로그램을 수립하고 문서화한다.

1.3 안전에 대한 일반적인 책임(General responsibilities for safety)

안전은 누구 하나의 책임이 아닌 모두의 일이다. 그렇지만 안전에 대한 특정 책임은 회사 자체에 부과되며 안전 관리자, 작업장별 감독자와 직원들에게 차례로 부과될 수 있다.

1.3.1 항공사 안전관리(Airline safety management)

어느 항공사나 안전을 최우선으로 생각한다. 최고 경영자에서부터 정비사 및 기타 직원들에 이르기까지 안전을 중요시하며 항공 안전의 선두주자가 되기 위해 노력하고 있다. 안전, 보안 및 품질에 대한 항공사의 책임은 원하는 결과를 성취하기 위해 안전관리 시스템을 통해 그들의 안전 문화를 개발, 시행, 유지 그리고 지속적인 발전을 위해 노력하고 있다. 항공기 정비

작업 외에도 다양한 부서가 존재하기 때문에 각 부서는 직원들에게 사고 예방, 작업 중 부상 방지, 그리고 환경 문제 등에 관한 교육을 시행해야 한다.

항공사는 일반적으로 그들에게 맞는 정책 및 절차를 평가, 변경, 편집, 수정 또는 삭제하는데 도움이 되는 규정 및 절차를 갖고 있으며, 항공사 안전 프로그램은 가능한 가장 안전한 방법으로 그들의 작업을 수행할 수 있도록 돕는다.

안전 프로그램은 회사에 속한 모든 재산과 장비를 대상으로 하고 있으며, 주요 목적은 다른 프로그램이나 매뉴얼을 대체하는 것이 아니라 안전 계획을 함께 공존하고 효과적인 방법으로 극대화하기 위한 것이다. 이는 위험관리에 있어서 조기 경고 시스템과 같은 구실을 한다.

항공사의 안전 매뉴얼에는 정책, 절차 및 업무수행 방법이 반영되어 있다. 또한 이들의 의무는 최고 수준의 안전을 준수하기 위하여 직원, 고객 그리고 판매처까지 확대되어야 하며 개방적인 의사소통, 안전에 대한 우려, 위험요인 식별, 위험하거나 잠재적인 위험이 있는 상황에서의 적절한 대처를 취할 것을 권장하고 있다.

항공사는 모든 시설을 안전하고 위생적인 환경으로 유지해야 한다. 격납고 및 작업장 내의 충분한 양의 최신 구급상자를 비치해야 하고 산(acid)과 부식성의 물질을 취급하는 장소 또는 자극제가 사용되는 장소에는 세안 및 샤워 시설과 정비 작업 구역 전체에는 쉽게 사용이 가능한 화학 및 이산화탄소 형식의 소화기를 비치해야 한다. 소화기는 정기적으로 검사를 진행하여 사용 가능 여부를 확인받고 점검표를 나타내는 태그(tag)를 부착해야 한다.

산성 및 부식성 물질을 취급하는 작업자는 적절한 보호장구를 착용해야 한다. 추가로 보안경 또는 고글, 귀마개 또는 보호장구도 사용할 수 있다.

회사는 이러한 안전 품목의 사용법과 위치, 정책 및 절차 매뉴얼, 안전 장비를 사용하기 위한 필요사항 및 장비를 사용하기 위해 적용되는 절차 등 필요한 교육을 제공할 책임이 있다. 또한 인력과 장비를 보호하기 위해 적절한 항공기 접지, 격납고 내부의 화재 진압 시스템 등을 포함한 라인과 격납고에서의 충분한 소화 능력을 제공해야 한다. 만약 화재가 발생했다면 격납고 또는 건물 내부에서 사람이나 항공기가 이동하기 위한 절차도 필요하다.

1.3.2 안전 관리자 책임(Safety manager responsibilities)

안전 관리자는 안전 프로그램의 관리자이자 감독자이다. 관리자는 안전 규정 및 절차를 수립하고, 품질보증(QA)과 함께 정비조직 시설이 안전 정책을 고수하는지 감사, 안전 프로그램 개선사항 개발, 정비 인력 및 장비 관련 사고에 대한 기록유지 및 청구 등의 책임이 있다. 사건, 사고 기록은 항공사 행정상의 기능(인사, 법률 등)일 수 있지만, 정비 안전 관리자는 자신의 분야인 정비에는 직접 관여한다.

1.3.3 감독자 책임(Supervisor responsibilities)

개별 작업장의 감독자는 청결하고 잘 정돈된 작업환경부터 시설이나 직원의 안전을 책임진다. 감독자는 안전 규정이 잘 시행되는지 확인하고 작업장 내에서 발생할 수 있는 사건, 사고를 방지하기 위해 규정 및 방법에 대한 지침과 해석을 직원들에게 제공해야 한다.

1.3.4 작업자 책임(Employee responsibilities)

항공사의 각 부서의 직원들은 모든 항공사 안전 규정과 규범을 준수하여야 할 책임이 있다. 불합리한 관행 및 장비와 같은 결함 내용을 발견한 즉시 직속 상사 또는 관리자에게 보고해야 한다.

작업자들이 사용하는 공구와 장비의 적절한 사용 또는 기계장치의 적절한 작동은 작업자들에게 책임이 있다. 또한 안전교육에서 배운 안전 규칙을 잘 준수하여야 한다.

1.4 일반적인 안전 규칙(General safety rules)

항공사 정비 안전 프로그램에는 추가적인 논의가 필요한 특별히 우려되는 지역이 몇 군데 있다. 이는 흡연 규정, 화재 예방과 보호, 위험물질의 취급 및 보관, 추락 안전 및 예방 그리고 격납고 내 화재진압 시스템 등이 해당한다.

1.4.1 흡연 규정(Smoking regulations)

흡연 물질은 시가, 담배, 파이프와 성냥, 라이터와 같은 기타 인화성 물질을 통칭한다. 안전 관리자는 금연 구역을 지정해야 하며 이는 반드시 지켜져야 한다.

일반적인 금연 구역은 다음과 같다.

① 항공기 내부

② 램프에 주기 된 항공기의 50 feet 이내의 구역

③ 급유 시 항공기로부터 또는 급유 장비로부터 50 feet 이내의 구역

④ 오일, 솔벤트, 또는 페인트 저장구역으로부터 50 feet 이내의 구역

⑤ 격납고 내부, 다만 흡연 구역으로 지정된 사무실, 샤워실 및 기타 지역은 예외이다.

⑥ 공항 당국이 금연 구역으로 지정한 공항의 모든 장소

이 외에도 연료 유출, 기타 인화성 물질 또는 증기가 노출된 후에는 흡연을 삼가야 한다. 이는 이러한 유출에 관련된 사람들을 만날 수 있는 사람에게도 똑같이 적용된다. 유출된 물질이 모두 청소되고 증기가 제거될 때까지 금연이 요구된다.

불이 붙은 흡연 물질을 지정된 흡연 구역에서 다른 흡연 구역으로 이동할 때는 금연 구역을 통과하여 이동해서는 안 된다. 흡연 물질은 오직 적절한 재떨이 또는 특정 내화성 용기에서만 꺼야 하며 바닥, 쓰레기통 또는 부적절한 기타 용기에서 꺼서는 안 된다.

1.4.2 화재 예방(Fire prevention)

화재의 발화원은 흡연 물질만 있는 것은 아니다. 정전기의 방전은 가연성 증기 및 기타 물질의 점화에 필요한 스파크를 제공할 수 있다. 이러한 이유로 모든 항공기는 격납고, 램프에 있을 때는 적절한 접지가 되어 있어야 하며, 특히 급유나 배유 시에도 접지가 되어 있어야 한다.

다른 연소하기 쉬운 물질로는 천이나 종이와 같은 물질이 있다. 가연성 천은 승인된 밀폐 용기에 보관해야 하며 종이 및 기타 가연성 쓰레기는 적절한 쓰레기통에 버려져야 한다. 그 외의 인화점이 낮은 휘발성 세척액, 오일 및 페인트와 같은 품목도 적절한 보관 및 취급이 필요하다. 이러한 물질이 존재하는 경우 금연이 요구되고 적절한 환기를 해야 한다.

휘발성 물질이 사용되는 모든 작업장의 관리자는 해당 제품이 적절하게 보관되는지 그리고 필요량에 따라 적합한 양이 보관되고 있는지 확인해야 한다. 이러한 휘발성 물질은 화염, 전기 장치의 작동, 용접 작업(아크 또는 아세틸렌) 또는 연삭 작업을 수행하고 있는 실내에서는 사용을 금지해야 한다.

페인트, 약물, 및 니스(광택제)와 같은 인화성 물질은 승인된 밀폐 용기에 과도한 열이나 다른 발화원으로부터 멀리 떨어뜨려서 보관해야 한다. 이러한 물질의 대량 공급품은 정비작업장으로부터 멀리 떨어진 별도의 장소에 보관해야 한다.

만약 항공기에 용접 작업을 수행해야 하는 경우 관리자는 작업의 적절한 절차를 결정하고

작업 중 비상 상황 발생 시 조치를 취할 인원과 장비를 준비해야 한다.

1.4.3 격납고 살수 시스템(Hangar deluge systems)

비행기 격납고는 복잡하고 비싼 구조이며 간혹 건물 자체보다 더 비싼 하나 이상의 항공기를 보관한다. 격납고에 있는 다수의 장비 그리고 항공기가 들어 올려져(jack-up) 있거나, 임시 가설물 또는 정비 작업대 등으로 둘러싸여서 항공기 쉽게 대피하지 못하는 상황에서 격납고의 항공기와 장비들을 보호하기 위한 충분한 화재 진압 장비가 갖춰지어야 한다.

항공기 주변 및 격납고 작업 구역 주변에는 소화기가 배치되며(CO_2, 폼 형식 등) 모든 화재 및 안전 규정이 시행된다. 하지만 5천만에서 수억 달러의 항공기를 보호하는 데 필요한 중요한 시스템이 하나 더 있다. 전 세계의 다양한 격납고에 설치된 이 장비는 '격납고 살수 시스템(hangar deluge system)'으로 알려져 있다. 이는 땅속이나 격납고 바닥 아래에 화재 방지 화학물질 탱크가 있는 정교한 시스템으로, 기본적으로 화제 억제제와 물이 섞여 거품을 만들고 격납고 전체에 분사하기 위해 격납고의 배관 시스템과 연결되어 있다. 시스템은 일반적으로 격납고 내부 또는 그 근처에 제어실이 있어 시스템을 조작하고 소방 장비(이동식, 조정식 노즐)를 특정 구역으로 조정할 수 있으며 또는 격납고 전체에 작동되는 자동 시스템일 수도 있다.

화재진압은 격납고로부터 사람들을 먼저 대피시키고 화재 억제제를 방출하는 것이 순서이다. 항공기 대피는 기수가 격납고 출입구 쪽으로 주기 되어 있고, 이동에 장애가 없다면 대피할 수 있는 시간은 충분할 수 있다.

1.4.4 추락 예방 및 보호(Fall prevention and protection)

추락 방지 및 예방에 관한 산업안전보건법 규정은 작업대, 임시 가설물 및 건설 현장과 같은 높고 불안한 장소를 다루지만 항공정비사들이 가끔 가야 하는 비행기의 날개와 동체는 명확하게 다루지 않지만, 같은 철학이 적용되어야 한다.

위험 구역은 반드시 식별되어야 하며, 이러한 구역에서 작업하는 모든 사람을 보호하기 위해 특정 장비와 절차를 갖추어야 한다. 항공기는 평평한 표면을 가지지 않는다. 그러한 구조물(난간, 안전벨트 및 하네스)에 대한 산안전보건법이 적용되지만, 항공기의 둥근 표면은 추가적인 문제를 나타낸다. 한 예시로 항공기 표면은 걷기에 안전하지 않으며 그런 구역에는 크고 검은 글씨로 'NO STEP'이라고 표시된다. 항공기의 굴곡진 표면과 일반적으로 추락 시 잡을 수 있는

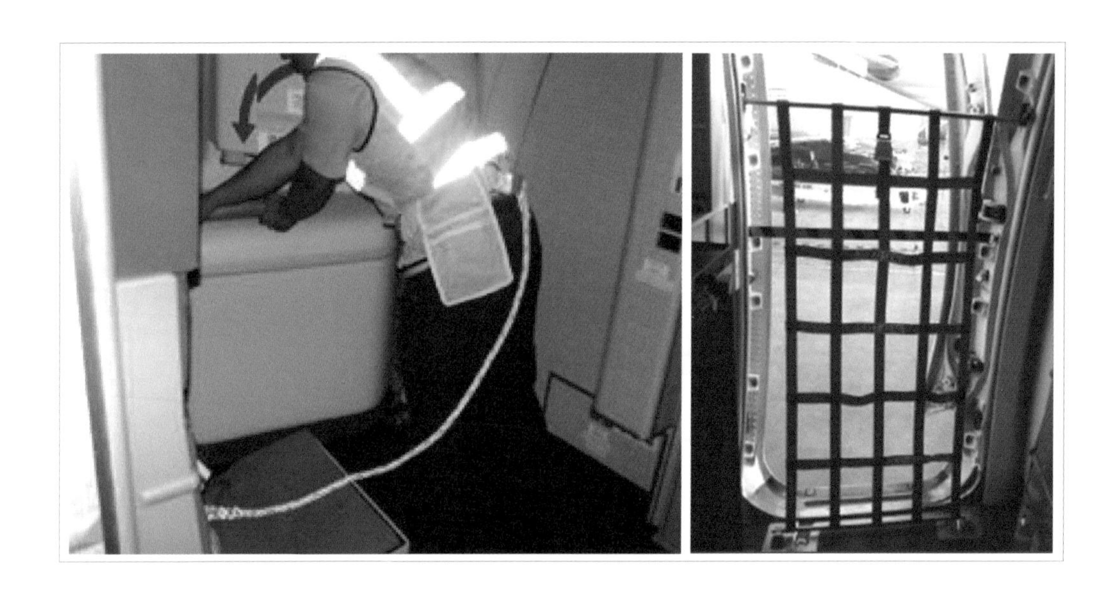

[그림 15-3] 추락방지를 위한 안전벨트 착용 및 항공기 도어 네트(door net) 설치

구조물이 없다는 사실은 항공기 위를 걷는 것이 다른 높은 건물보다 더 위험하게 만든다.

우리나라의 산업안전보건기준에 관한 규칙(약칭: 안전보건규칙)은 물체가 떨어지거나 날아올 위험 또는 근로자가 추락할 위험이 있는 작업은 안전모를 착용하여야 하며, 1미터 이상의 계단은 안전난간을 설치하여야 하고, 높이 또는 깊이 2미터 이상의 추락할 위험이 있는 장소에서 하는 작업은 안전대(安全帶)가 필요한 것으로 명시되어 있다. 747 항공기 동체의 꼭대기는 바닥(tarmac)에서 32피트 2인치로서 이는 3층 높이와 비슷하다.

특히 항공기 출입문을 열거나 닫을 때는 추락 방지를 위해 항공기에 보관된 안전벨트를 착용하여야 하며, 도어를 열어 놓을 때는 도어 네트를 반드시 설치하여야 한다.

1.5 사고 및 상해보고(Accident and injury reporting)

시설 또는 장비에 손상을 입히거나 부상을 입은 항공사 직원과 관련된 각 사고는 직원, 장비 또는 설비가 항공사 또는 다른 단체가 소유했는지와 관계없이 안전 관리자에게 보고해야 한다.

최초 보고는 사건 또는 사고가 발생한 직후 전화, 텔렉스, 팩스, 라디오 또는 기타 가능한 통신 수단을 이용하여 실시해야 한다. 보고서는 모기지에서 발생한 경우 곧장 안전팀에 전달되어야 하며, 지점에서 발생한 경우 정비통제센터(MCC)를 통해 전달되어야 한다. 사건 발생 후 24시간 이내에 사건 사고가 발생한 장소의 감독자는 해당되는 경우 완성된 사건 보고서 또는 인명 피해 보고서를 안전팀에 보내야 한다. 이러한 보고서 양식은 안전팀에서 개발하여 모든 작업장에서도 사용할 수 있도록 해야 한다. 이러한 양식의 샘플과 적절한 작성 및 제출에 대한 지침은 정비규정의 안전 프로그램 부분에 포함되어야 한다.

안전팀은 모기지, 지점 또는 계약자 시설에서 항공사 직원과 관련된 모든 사고 및 사건 활동 일지를 작성한다. 생산계획 및 통제(PP&C) 조직은 조사, 수리, 보험금 청구 또는 기타 필요한 절차를 통해 각 사건 사고 추적에 필요한 작업지시 번호를 발급한다. 이는 또한 사건, 사고에 관련된 시간과 비용 자료를 수집하는 역할을 할 것이다.

2 정비 안전관리 시스템

항공 안전은 항공기 감항성에 달려 있다. 따라서 정비, 검사, 수리 및 분해 정비 분야에서의 안전관리는 항공 안전에 아주 중요하다. 정비조직은 운항 분야에서 요구되는 것과 같이 안전관리에 대한 접근이 엄격해야 할 필요가 있다. 정비작업 시에 규율을 엄격하게 지킨다는 것은 쉬운 일이 아니다. 정비작업은 항공사 자체적으로 수행되거나 아니면 인가된 정비조직과의 계약에 따라 수행되며, 그 결과 이러한 정비작업은 항공사 모기지로부터 멀리 떨어진 곳에서 이루어질 수도 있다.

2.1 정비 안전 일반

정비와 관련된 고장이 발생할 수 있는 조건은 궁극적으로 고장이 발생하기 오래전부터 설정되어 있다고 할 수 있다. 예를 들어 발견되지 않은 피로에 의한 균열은 고장이라는 그 순간까지 수년간 진행되어 온 것일 수도 있다.

운항승무원 오류의 경우에는 그 피드백이 거의 실시간으로 알 수 있는 것과 달리, 정비 요원들은 고장이 발생하기 전까지 정비사들의 작업에서 피드백을 거의 받지 못한다. 이러한 시간 지체가 지속되는 동안, 계속해서 잠재적으로 불안정한 상황에서 작업을 하게 된다.

결과적으로, 정비 분야는 시스템 강화를 위하여 항공기의 다중 안전 시스템을 포함하는 복합적인 안전 방어 수단을 채택한다. 이러한 안전 방어시스템에는 정비조직의 인증, 항공정비사의 자격증명, 감항성 개선지시, 상세한 표준지침서, 작업지시서, 작업에 대한 검사, 작업완료 후 기록 및 서명 등과 같은 내용도 포함된다.

잠재적인 위험은 항공기 정비작업과 관련한 조직의 문제, 작업장 조건 및 인적 능력 등의 변수와 같은 것을 포함하여 정비가 자주 실행되는 여러 조건에 의해 야기될 수 있다.

2.2 정비에 있어서 안전관리

정비 기능의 본질, 항공정비사를 위한 작업환경 및 정비사의 예상된 업무수행 능력을 떨어뜨릴 수도 있는 많은 인적요인 문제들을 고려하면, 안전에 대한 체계적인 접근, 즉 안전관리 시스템(SMS)이 요구된다.

국제민간항공기구(ICAO)의 항공안전관리시스템(safety management system: SMS) 매뉴얼에서는 안전관리 문제가 운항 전반에 걸쳐 안전에 대한 노력을 집중시킬 필요성과 함께, 조직적으로 상호 의존적이면서 또한 상호 밀접한 관계가 있다는 사실을 시스템 전체적인 측면에서 인지하는 방법에 관하여 기술하고 있다. 성공적인 SMS는 다음 3가지를 기초로 수립된다.

① 안전에 대한 기업의 접근

② 프로그램 전파를 위한 효과적인 도구

③ 안전 감독 및 프로그램 평가를 위한 공식적인 시스템

2.2.1 안전에 대한 기업의 접근

안전에 대한 기업의 접근은 조직이 자체의 안전 문제에 대한 철학과 안전 문화를 어떻게 발전시키느냐 하는 것에 대한 문제이다. 조직이 안전관리를 위해 선택하고자 하는 접근 방법을 선택하는 과정에 관련된 문제들은 다음과 같다.

① 정비조직의 크기(대형 항공사는 더 큰 조직을 필요로 하는 경향)

② 운항의 본질(24시간 운항하는 국제선 또는 정기 운항 대비 국내선 또는 부정기 운항)

③ 조직의 상태(항공사의 부서 대비 독립적인 기업)

④ 조직의 성숙도 및 그 노동력(기업의 안전성 및 경험의 정도)

⑤ 실무자-관리자의 상관관계(최근 상황 및 쟁점)

⑥ 현재의 기업문화(대비 요구되는 안전 문화)

⑦ 정비업무의 범위(주기장 작업 대비 기체 또는 주요 시스템의 중정비)

(1) 안전을 위한 조직의 구성

[그림 15-4] 및 [그림 15-5]는 항공사에서 운항, 안전 및 정비부서 사이의 직간접적인 보고 체계를 반영하는 표본 조직 구조 두 가지를 제시하고 있다. 이러한 구조에서 대화채널은 관련된 조직들 사이의 일일 업무 상관관계에서 맺어진 존경과 신뢰에 좌우된다.

항공사의 경우, 안전관리자(SM)는 정비에서의 안전에 대하여 분명하게 규정된 책임 및 보고 체계가 있어야 한다. 정비조직은 안전관리자와 함께 일하는 기술 관련 전문가를 필요로 할 수

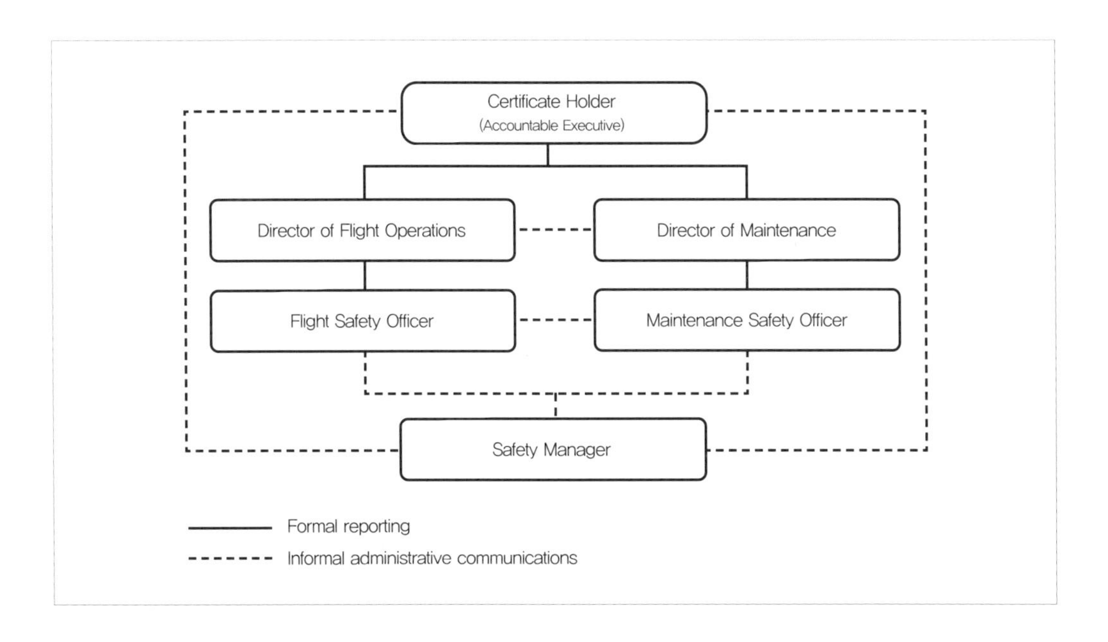

[그림 15-4] 안전관리를 위한 운영기관 조직: 유형 A

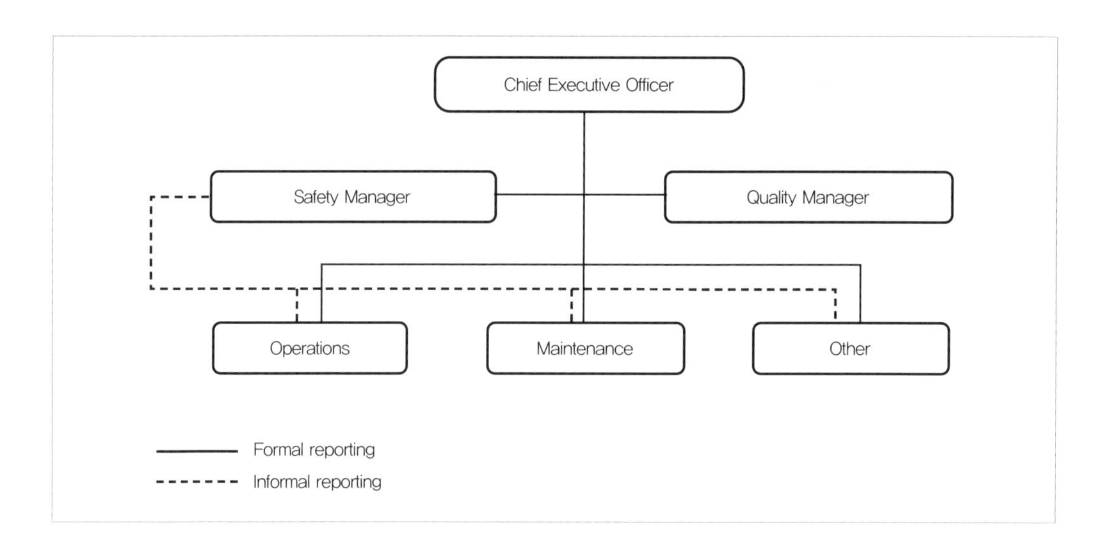

[그림 15-5] 안전관리를 위한 운영기관 조직: 유형 B

있다. 안전관리자(SM)는 최소한 정비부서 전문가의 자문을 요구하여야 한다.

회사 안전위원회에는 정비부서 대표가 포함되어야 한다. 대형 항공사에는 정비 안전 문제를 위한 소위원회 구성이 필요할 수도 있다.

(2) 자료작성 및 기록의 관리

정비부서는 안전관리를 위해 필요한 여러 가지 정보를 시스템적으로 획득, 저장 및 조회하는 시스템에 크게 의존한다. 몇 가지 예를 들면 다음과 같다.

① 기술 도서는 최신자료로 유지하여야 한다(기술지시, 형식증명자료, 감항성 개선지시 및 기술 회보 등).

② 정비결함 및 완료된 작업은 그 내용을 상세하게 기록해야 한다.

③ 경향 분석을 위해 성능 및 시스템 모니터링 자료를 유지해야 한다.

④ 기업의 안전 정책, 목표 및 목적 등은 공식적으로 문서화하여 배포하여야 한다.

⑤ 개인의 훈련, 자격 부여 및 유지에 대한 기록을 반드시 보관해야 한다.

⑥ 구성품의 이력, 수명 등에 대한 정보를 반드시 보관해야 한다.

대형 항공사의 경우는 이런 정보를 대부분 전산화한다. 따라서 정비조직의 SMS 성공 여부는 이에 대한 문서 및 기록관리시스템의 품질 및 적시성에 크게 의존하는 경우가 많다.

(3) 자원 할당

이론상으로 아무리 잘된 SMS라도 적절한 자원이 없는 경우에는 소용이 없다. 사고로 인한 손실을 보지 않도록 보호하기 위해서는 비용이 소요된다. 예를 들어 다음과 같은 경우에는 자원의 할당이 필요하다.

① 정비안전시스템의 설계 및 실행을 위한 전문가

② 전 직원에 대한 안전관리 훈련

③ 안전 관련 자료저장을 위한 정보관리시스템 및 자료 분석을 위한 전문가

(4) 안전 문화

정비조직에서 좋지 못한 안전 문화는 교정이 되지 않은 불안전한(오랫동안 문제를 유발하지 않고 잠재적으로 불안전한 조건을 만들 가능성이 있는) 작업으로 이어질 수 있다. 정비부서의 적극적인 안전 문화 촉진 과정에서 관리의 성공 여부는 대부분 어떤 방법으로 이와 같은 각종 문제를 처리하고 SMS를 실행하는가에 달려 있다.

2.2.2 정비에서의 안전관리를 위한 주요 도구

정비 SMS의 효과적인 운영은 위험을 기반으로 하는 의사 결정을 토대로 하며, 이는 오랫동안 정비 절차에 필수 불가결한 요소가 되었던 개념이다. 예를 들어 정비 주기는 각종 시스템과 부품들이 그 정비 주기 기간 내에서는 고장 나지 않는 확률로 구축이 되어야 한다는 것이다. 각종 부품은 이들이 고장 나지 않고 제 기능을 발휘하고 있어도 '기간 만료(time expired)'로 교체해야 하는 경우가 빈번하다. 이는 지식과 경험을 바탕으로, 예상치 못한 고장이 발생할 위험을 수용 가능한 수준까지 줄일 수 있다.

정비 기능에 대한 SMS의 주요 운용 수단은 다음과 같다.

① 명확하게 정의된 강화된 SOP

② 위험을 기반으로 한 자원 분배

③ 위해요소 및 인시던트 보고시스템

④ 비행 자료 분석프로그램

⑤ 경향 모니터링 및 안전 분석(비용-이익분석 포함)

⑥ 정비 관련 상황 발생에 대한 신뢰성 있는 조사

⑦ 안전관리 훈련

⑧ 의사소통 및 피드백 시스템(정보교환 및 안전 장려 포함)

2.2.3 안전감독 및 프로그램 평가

어떤 시스템이든, 정비 SMS의 각 요소가 의도한 기능을 확실하게 하기 위해서는 피드백이 필요하다. 정비조직에서 안전이 수준 높은 표준상태를 유지한다는 것은 모든 정비작업에서 규칙적인 모니터링과 감독이 있어야 한다는 의미이다. 이는 '문제가 간과되는 것(falling through the cracks)'을 피하려고 직원 사이에(정비 요원과 운항승무원, 다른 상업적인 인력, 또는 순환근무 변경에서의 직원끼리) 공유하는 부분에 해당한다.

항공업계에서 변화는 피할 수 없으며, 이것은 정비 분야도 예외가 아니다. 정비 분야 담당 임원은 정비조직의 현저한 변화에 대해서는 안전 평가를 수행하도록 요구할 수 있다. 반드시 안전 평가를 실행해야 하는 상황에는 법인의 합병, 신기종, 신장비, 새로운 시스템 또는 새로운 시설 등의 도입 등이 있다. 결과에 따라, 어떤 조정의 필요성이 확인되고 수정될 수도 있다.

정비 SMS는 예상한 결과가 달성되었다는 것을 보장하기 위해 정기적으로 평가되어야 한다. 프로그램 평가는 다음과 같은 질문에 대한 만족스러운 응답을 제공해야 한다.

① 적극적인 안전 문화 확립에 있어서, 경영층은 어떤 범위까지 확대할 것인가?

② 위해요소 및 인시던트 보고(기술 교류, 동종항공기 전체)의 경향은 어떤가?

③ 각종 위해요소는 확인되고 해결되었는가?

④ 정비 SMS를 위하여 적절한 자원이 제공되었는가?

2.3 정비작업 중 절차위반에 대한 관리

정비시스템에는 작업 현장에서의 정비사는 물론 모든 기술자, 엔지니어, 계획입안자, 관리자, 저장 관련 관리자 및 정비작업 과정에 관계되는 다른 사람들도 모두 포함된다. 이러한 광범위한 시스템에서 정비의 오류 및 절차 미준수는 피할 수 없는 일이며 또한 침투성이 있다.

정비로 인한 사고와 인시던트들은 기계적인 결함보다는 인간의 행동에 원인이 있을 가능성이 더 크다. 그것들은 종종 수립된 절차 및 실무를 위반하는 것이 포함되어 있다. 기계적인 고장이라도 사고 및 사건들이 고장이 발생하는 시점까지 진행되기 전에 일부 관찰(또는 보고) 과정의 실수를 포함할 수 있다.

정비 오류는 정비사의 통제를 넘는 여러 요인에 의하여 가끔 조장되기도 한다. 다음은 이에 대한 예이다.

① 작업을 수행하는 데 필요한 정보

② 필요한 장비와 도구

③ 항공기 설계 제한사항

④ 업무 또는 임무 요구조건

⑤ 기술적인 지식 또는 기량 요구조건

⑥ 개인적인 능력에 영향을 미치는 각종 요인(SHEL 요인)

⑦ 환경 또는 작업장의 각종 요인

⑧ 기업 분위기 같은 조직적인 각종 요인

⑨ 리더십 및 감독

안전한 정비조직은 정비 오류, 특히 감항성에 위해 할 수 있었던 것에 대하여 양심적인 보고를 하도록 장려한다. 그렇게 함으로써 효과적인 조치를 할 수 있기 때문이다. 이는 일단 오류가 인지되면 직원이 감독관들에게 자기의 실수를 편한 마음으로 보고하는 문화가 요구된다.

항공기 정비에서 절차 미준수 및 오류를 관리하기 위한 새로운 시스템이 개발되고 있다. 이러한 시스템은 전형적으로, 전체적인 정비 SMS의 하위 구성요소이며 다음과 같은 특성이 있다.

① 보고가 필요하지 않을 것 같은 다른 상황에 대해서도 거리낌 없이 보고하도록 장려한다.

② 정비 SMS 활용을 위하여, 직원들에게 부서별 징계 절차에 대한 명확한 정의를 포함하여 그 목적과 절차에 대하여 훈련을 제공한다.(예: 징계 조치는 공포된 지시를 의도적으로 무시했거나 무모한 비행과 같은 사항에만 필요하다.)

③ 보고된 오류에 대한 충분한 수준의 안전 조사를 수행한다.

④ 확인된 안전 결함에 대한 적절한 후속 안전조치를 마련한다.

⑤ 직원들에 대해 피드백을 제공한다.

⑥ 경향 분석에 적합한 자료를 제공한다.

항공정비관리

Aviation Maintenance Management

발행일 2022년 9월 26일

지은이 김천용 · 최세종 공저
펴낸이 박승합
펴낸곳 노드미디어

편　집 박효서
디자인 권정숙

주　소 서울시 용산구 한강대로 341 대한빌딩 206호
전　화 02-754-1867
팩　스 02-753-1867
이메일 nodemedia@daum.net
홈페이지 www.enodemedia.co.kr

등록번호 제302-2008-000043호

ISBN 978-89-8458-351-1 93550
정 가 **26,000원**